高等学校通识教育系列教材

Java 程序开发基础

彭政　何怀文　姚淮锐　编著

清华大学出版社
北京

内 容 简 介

本书从初学者的角度出发，紧密结合 Java 项目开发过程中的技术要求，通过丰富的代码示例、清晰的讲解图例、大量的编程练习详细介绍 Java 开发的实用基础知识，旨在培养学生的实际动手能力和学习自主性。

全书分为 7 章，内容包括 Java 开发简介、类和对象、继承和多态、Java 语言基础类、数组和集合、I/O 框架、数据库访问技术。全书提供了大量程序示例，每章均附有编程习题。本书适合作为应用型本科院校、高等职业院校计算机专业"Java 语言程序设计"课程的配套教材，也可作为 Java 编程爱好者和技术人员的学习入门用书。

本书封面贴有清华大学出版社防伪标签，无标签者不得销售。
版权所有，侵权必究。举报：010-62782989，beiqinquan@tup.tsinghua.edu.cn。

图书在版编目（CIP）数据

Java 程序开发基础/彭政，何怀文，姚淮锐编著. —北京：清华大学出版社，2019（2025.1 重印）
（高等学校通识教育系列教材）
ISBN 978-7-302-51058-1

Ⅰ. ①J… Ⅱ. ①彭… ②何… ③姚… Ⅲ. ①JAVA 语言–程序设计–高等学校–教材 Ⅳ. ①TP312.8

中国版本图书馆 CIP 数据核字（2018）第 192418 号

责任编辑：刘向威　薛　阳
封面设计：文　静
责任校对：焦丽丽
责任印制：曹婉颖

出版发行：清华大学出版社
网　　址：https://www.tup.com.cn, https://www.wqxuetang.com
地　　址：北京清华大学学研大厦 A 座　　邮　编：100084
社 总 机：010-83470000　　邮　购：010-62786544
投稿与读者服务：010-62776969，c-service@tup.tsinghua.edu.cn
质 量 反 馈：010-62772015，zhiliang@tup.tsinghua.edu.cn
印 装 者：三河市龙大印装有限公司
经　　销：全国新华书店
开　　本：185mm×260mm　　印　张：17.5　　字　数：426 千字
版　　次：2019 年 1 月第 1 版　　印　次：2025 年 1 月第 7 次印刷
印　　数：4801～5350
定　　价：49.00 元

产品编号：079592-02

前言

本书以培养应用型人才为目标，对 Java 开发技术的基础内容进行了精心挑选和安排，采用了循序渐进的方式，通过简单、有趣的案例降低学习难度；通过大量渐进、关联的练习提高学生的动手能力和设计思维。本书一共有 7 章，各章的内容介绍如下。

第 1 章 Java 开发简介　对 Java 编程语言进行基本介绍，讲解 Java 开发环境的搭建、使用文本编辑器开发 Java 程序，以及使用集成开发工具 Eclipse 开发 Java 程序的步骤。

第 2 章 类和对象　主要介绍面向对象编程中两个核心的基本概念，即"类"和"对象"；重点讲解类定义中的各个部分，包括成员变量、成员方法、构造方法；讲解程序运行期间内存中数据的变化；介绍几个语法关键字，包括指向对象自身的引用 this、静态修饰符 static、包机制 package 和 import。

第 3 章 继承和多态　主要介绍面向对象编程中两个核心的特性，即"继承"和"多态"；重点讲解子类继承父类，包括继承时子类对父类同名方法的覆盖和同名变量的隐藏，以及对象转型和方法覆盖导致的方法绑定的多态性；介绍抽象类和接口的概念，以及关键字 final 以及访问权限控制。第 2 章和第 3 章是本书的重点。

第 4 章 Java 语言基础类　主要介绍 JDK 提供的一些基础类的使用，包括始祖类 Object、字符串类 String、包装器类、数学类 Math、随机数类 Random、时间和日期类 Date、扫描器类 Scanner；重点讲解 Java 语言中的异常处理机制。

第 5 章 数组和集合　因为在 Java 中，数组是对象，所以在介绍完 Java 面向对象的基础语法之后，才在这一章引入数组的使用。一个数组中只能存放固定数量的对象，当需要一个能够存放不固定数量对象的容器时，就需要用到集合了。本章对 JDK 提供的集合框架做了详细的介绍。除此之外，第 5 章还简单介绍了泛型的语法机制和枚举类型的使用方法。

第 6 章 I/O 框架　在 Java 程序中，对于数据的输入输出操作以"流"方式进行。J2SDK 中提供了各种各样的"流"，用以处理不同类型数据的输入输出。这一章中对 JDK 提供的各种 I/O 流进行了分类梳理、详细介绍。除此之外，第 6 章还介绍了文件类 File 和随机访问文件类 RandomAccessFile。

第 7 章 数据库访问技术　在很多应用系统的开发中，都会采用数据库作为数据持久化的处理方案，掌握通过 Java 程序访问数据库的技术非常重要。本章首先介绍一种常用的关系数据库 MySQL 的安装和基本使用，然后依次介绍了连接数据库、更删改查数据库、批量操作、多表关联操作、事务管理等数据库访问的基础内容。最后介绍了两个开源的第三方库：数据库连接池 C3P0 和 Apache 基金会下的数据库工具包 DbUtils 的使用。第 7 章的内容是本书的难点和重点。

本书的所有示例代码均可在 Eclipse 4.4 和 JDK 1.8 上通过编译和正常运行。

本书第 1～6 章及附录由彭政编写，第 7 章由何怀文编写，姚淮锐参与了本书习题的编写和资料收集工作。全书由彭政组织和设计，完成全书的修改及统稿。在本书的编写过程中，参考了 Java 程序设计的著作文献，同时还查阅了大量的网络资料，在此对所有的作者表示感谢。在本书的编程过程中，还得到电子科技大学中山学院的大力支持，在此一并表示衷心的感谢。

由于编者水平有限，书中不妥和错误之处在所难免，欢迎广大同行和读者批评指正，作者的联系邮箱为 pengzheng_china@hotmail.com。

编 者

2018 年 5 月

目 录

第1章 Java 开发简介 ··· 1
   1.1 Java 语言简介 ··· 1
   1.2 Java 开发环境的搭建 ··· 1
      1.2.1 JDK 的安装和配置 ··· 1
      1.2.2 Eclipse 的安装和配置 ··· 7
   1.3 Java 开发体验 ··· 9
      1.3.1 使用文本编辑器开发 Java 程序 ·· 10
      1.3.2 使用 Eclipse 开发 Java 程序 ··· 11
   习题 1 ·· 16

第2章 类和对象 ·· 17
   2.1 面向对象编程体验 ·· 17
   2.2 类的定义和对象的创建 ··· 18
   2.3 变量和数据类型 ··· 19
      2.3.1 标识符 ··· 19
      2.3.2 数据类型 ··· 20
   2.4 成员方法 ·· 23
   2.5 构造方法 ·· 24
   2.6 Java 程序运行时的内存分析 ··· 26
   2.7 指向对象自身的引用：this ··· 31
   2.8 静态修饰符 static ·· 33
   2.9 包机制：package 和 import ·· 36
   习题 2 ·· 38

第3章 继承和多态 ·· 43
   3.1 子类继承父类 ··· 43
   3.2 方法的覆盖和变量的隐藏 ··· 47
   3.3 终态修饰符 final ··· 52
   3.4 访问权限修饰符 ··· 53
   3.5 对象转型 ·· 57
   3.6 多态性 ·· 60

3.7 抽象类 ... 62
3.8 接口 ... 65
习题 3 ... 68

第 4 章 Java 语言基础类 ... 77

4.1 Java API 文档 ... 77
4.2 始祖类 ... 80
4.3 字符串类 ... 83
4.4 包装器类 ... 90
4.5 数学类 ... 91
4.6 随机数类 ... 92
4.7 时间日期类 ... 92
4.8 扫描器类 ... 95
4.9 Java 异常处理 ... 96
    4.9.1 异常的概念 ... 96
    4.9.2 捕获处理异常 ... 98
    4.9.3 抛出异常 ... 99
    4.9.4 异常的分类 ... 101
    4.9.5 多异常处理 ... 102
    4.9.6 自定义异常 ... 104
习题 4 ... 105

第 5 章 数组和集合 ... 112

5.1 数组 ... 112
    5.1.1 数组的创建 ... 112
    5.1.2 基本数据类型数组 ... 113
    5.1.3 引用数据类型数组 ... 115
    5.1.4 多维数组 ... 118
5.2 集合 ... 119
    5.2.1 集合框架概述 ... 120
    5.2.2 集合 Collection ... 121
    5.2.3 列表 List ... 122
    5.2.4 映射 Map ... 126
    5.2.5 集 Set ... 135
    5.2.6 集合框架小结 ... 139
5.3 泛型 ... 140
5.4 枚举 ... 144
习题 5 ... 146

第 6 章 I/O 框架 ... 156

- 6.1 I/O 流概述 ... 156
- 6.2 字节流 ... 157
- 6.3 字符流 ... 160
- 6.4 节点流 ... 163
- 6.5 过滤流 ... 167
  - 6.5.1 缓冲流 ... 167
  - 6.5.2 数据流 ... 169
  - 6.5.3 打印流 ... 171
- 6.6 对象流 ... 173
  - 6.6.1 对象的克隆 ... 173
  - 6.6.2 对象序列化 ... 176
- 6.7 I/O 流重定向 ... 180
- 6.8 文件类 ... 180
- 6.9 随机访问文件类 ... 185
- 习题 6 ... 186

第 7 章 数据库访问技术 ... 192

- 7.1 MySQL 数据库 ... 192
  - 7.1.1 MySQL 数据库的安装 ... 192
  - 7.1.2 MySQL 数据管理工具 Navicat ... 196
- 7.2 JDBC 连接数据库 ... 200
- 7.3 数据库 CRUD 基本操作 ... 203
  - 7.3.1 基于 Statement 的 CRUD 操作 ... 204
  - 7.3.2 更为安全的 PreparedStatement ... 215
- 7.4 JDBC 批量处理 ... 218
- 7.5 多表关联的数据库操作 ... 220
- 7.6 JDBC 事务控制 ... 223
- 7.7 数据库连接池技术 ... 226
- 7.8 Apache DbUtils 工具包 ... 230
  - 7.8.1 DbUtils 简介 ... 230
  - 7.8.2 DbUtils 的数据 CRUD 操作 ... 230
  - 7.8.3 多表关联的 DbUtils 数据库操作 ... 237
  - 7.8.4 DbUtils 获取新增记录的主键 id ... 240
- 7.9 JDBC 总结 ... 241
- 习题 7 ... 242

附录 A GUI 编程简介 ··· 255
A.1 界面设计 ··· 255
A.2 事件交互 ··· 257
A.3 使用 WindowBuilder 开发 GUI 程序 ·· 258

附录 B Eclipse 使用入门 ·· 262
B.1 插件安装 ··· 262
B.2 设置字符集 ·· 263
B.3 重置透视图 ·· 263
B.4 生成可执行 JAR 文件 ·· 264
B.5 Eclipse 常用快捷键 ··· 265
B.6 Eclipse 中常见的错误提示 ·· 266

参考文献 ·· 270

第 1 章　Java 开发简介

1.1　Java 语言简介

Java 语言是由 Sun Microsystems 公司于 1995 年推出的一种面向对象程序设计语言。它从一开始就以友好的语法、面向对象的特性、简单的内存管理和跨平台的可移植性吸引了全世界的目光。自 Java 语言诞生之后，它一直都是业界最流行的编程语言之一，在过去的 10 年中（2008—2018 年），Java 语言和 C 语言一直占据着 TIOBE 编程语言社区排行榜的前两名。

Java 语言之所以如此被广泛使用，主要有以下几点原因。

（1）Java 平台是**开放的**。Sun 公司在推出 Java 之际就将其作为一种开放的技术。"Java 语言靠群体的力量而非公司的力量"是 Sun 公司的口号之一，并获得了广大软件开发商的认同。Java 技术规范标准是由一个开放的国际组织 JCP（Java Community Process）来管理维护的，任何人都可以向 JCP 提交 Java 规范请求（Java Specification Request，JSR），申请向 Java 平台增添新的 API 和服务。

（2）Java 平台是**开源的**。开源就是某个公司或个人写了一个软件，然后把这个软件的源代码发布到网上，让大家都可以学习和改进。使用、修改他人的开源软件一般要遵循某种许可，比如通用性公开许可证（General Public License，GPL）。很多 Java 项目都是开源的，包括一些 Java 虚拟机（Java Virtual Machine，JVM）、Java 标准库和 Java 开发框架等。

（3）Java 语言本身的优点。Java 语言是一门类 C 的编程语言，很多关键字和基础语法和 C 语言是一样的，对具有 C 语言背景的程序员有一种自然的亲切感。Java 语言是一门简洁的、安全的、便于维护的面向对象的编程语言，在吸收了 C 语言和 C++语言优点的同时，去掉了其中一些复杂的、容易影响程序健壮性的部分语法。Java 语言是一门平台无关的编程语言，Java 源代码编译之后生成的不是机器代码，而是一种称为"字节码"的中间代码，相同的字节码可以在不同的系统平台上被 Java 虚拟机解释执行。

1.2　Java 开发环境的搭建

1.2.1　JDK 的安装和配置

Java 开发工具包（Java Development Kit，JDK）是面向 Java 开发人员使用的软件开发包（Software Development Kit，SDK）。它提供了 Java 的开发环境和运行环境，包括 Java

编译器、解释器等开发运行工具和 Java 类库等。

JDK 的版本分为以下三类。

（1）**Java SE**——Java 标准版（Java Standard Edition）。Java SE 一般也称为 J2SE，它包含那些构成 Java 语言核心的类，适合开发基础应用程序和桌面应用程序。

（2）**Java EE**——Java 企业版（Java Enterprise Edition）。Java EE 一般也称为 J2EE，它包含用于开发企业级应用的类，如 Servlet、JSP、EJB、事务控制等，为企业级应用提供了标准平台，简化复杂的企业级编程。

（3）**Java ME**——Java 微缩版（Java Micro Edition）。Java ME 一般也称为 J2ME，它包含了用于嵌入式系统开发的类，专门针对一些小型的消费电子产品，如手机、PDA、机顶盒等。

本书使用的 JDK 版本是 Java SE。最新的 Java SE 开发工具包可在 Oracle 公司网站下载：http://www.oracle.com/technetwork/java/javase/downloads/index.html。

接下来，本书以 Windows 7 + JDK8 的安装环境为例，介绍 JDK 的下载、安装和配置过程。

进入 JDK 下载页面后，单击 Download 按钮，如图 1-1 所示。

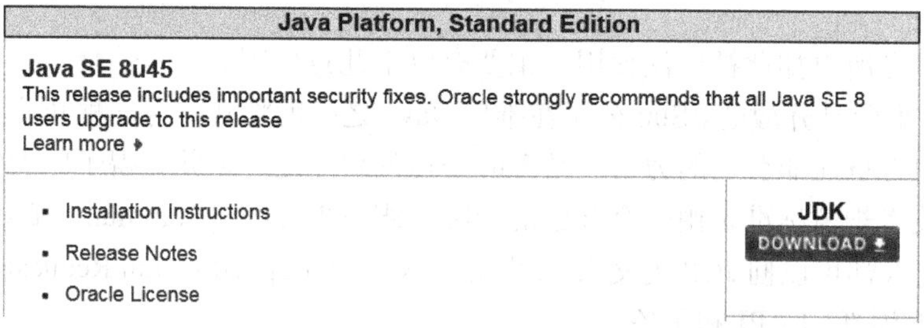

图 1-1　下载 JDK

进入 JDK 版本选择页面，不同版本的操作系统需要安装不同的 JDK。在 JDK 版本选择页面中，提供了适用于 Linux、Mac OS、Solaris 和 Windows 等不同操作系统的 JDK 版本，其中每种操作系统又分别提供了表示 32 位的 x86 版本和表示 64 位的 x64 版本。

在版本选择页面中，首先需要选中单选按钮 Accept License Agreement，表示接受许可协议，然后单击相应的 JDK 软件包下载。在这里，我们选择下载 Windows x86 版本的 JDK：jdk-8u45-windows-i586.exe。如图 1-2 所示。

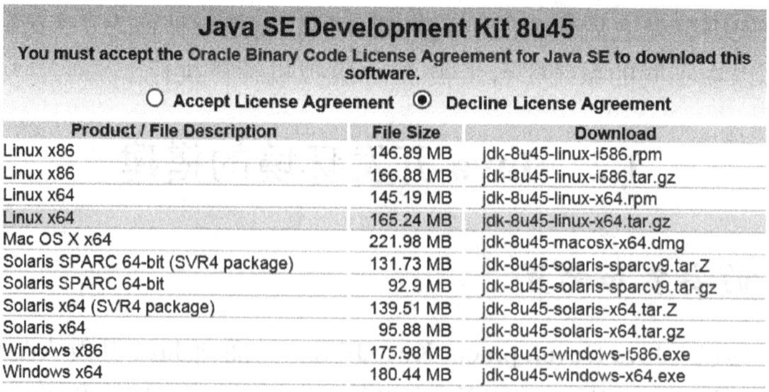

Product / File Description	File Size	Download
Linux x86	146.89 MB	jdk-8u45-linux-i586.rpm
Linux x86	166.88 MB	jdk-8u45-linux-i586.tar.gz
Linux x64	145.19 MB	jdk-8u45-linux-x64.rpm
Linux x64	165.24 MB	jdk-8u45-linux-x64.tar.gz
Mac OS X x64	221.98 MB	jdk-8u45-macosx-x64.dmg
Solaris SPARC 64-bit (SVR4 package)	131.73 MB	jdk-8u45-solaris-sparcv9.tar.Z
Solaris SPARC 64-bit	92.9 MB	jdk-8u45-solaris-sparcv9.tar.gz
Solaris x64 (SVR4 package)	139.51 MB	jdk-8u45-solaris-x64.tar.Z
Solaris x64	95.88 MB	jdk-8u45-solaris-x64.tar.gz
Windows x86	175.98 MB	jdk-8u45-windows-i586.exe
Windows x64	180.44 MB	jdk-8u45-windows-x64.exe

图 1-2　JDK 版本选择

下载 jdk-8u45-windows-i586.exe 后,直接双击运行安装。在安装过程中,可以设置 JDK 的安装路径,如图 1-3 所示,单击"更改"按钮。

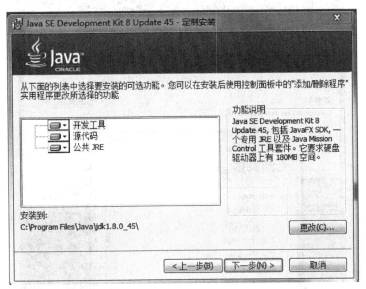

图 1-3　设置 JDK 安装路径(1)

将 JDK 的安装路径设为 "C:\java\jdk1.8\",如图 1-4 所示。

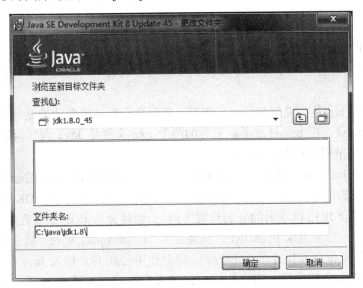

图 1-4　设置 JDK 安装路径(2)

在安装 JDK 的过程中,也会安装一个公共的 Java 运行时环境（Java Runtime Environment, JRE）。JRE 是 Java 程序运行时所依赖的环境,如果只是要运行 Java 程序,只需要安装一个 JRE 即可。在这里,我们同样设置一下公共 JRE 的安装路径,如图 1-5 所示,单击"更改"按钮,将公共 JRE 的安装路径设为 "C:\java\jre1.8"。

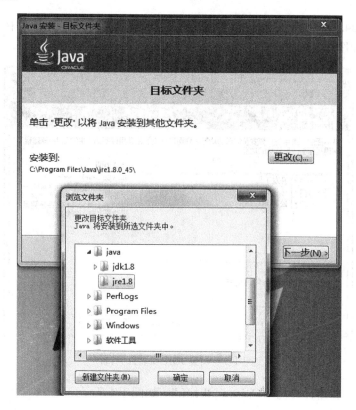

图 1-5 设置公共 JRE 安装路径

至此，JDK 的下载、安装工作已经完成。

在 JDK 安装目录下，可以看到 JDK 的安装内容。这里，对几个主要的目录文件进行相关说明。

- bin 目录：bin 是二进制 binary 的缩写，表示这个目录中存放的是一些二进制的可执行文件*.exe。在 bin 目录下最重要的两个 exe 文件是 Java 源代码编译器 javac.exe 和 Java 字节码解释器 java.exe。
- jre 目录：jre 是 Java Runtime Environment（Java 运行时环境）的缩写，表示这个目录中存放的是运行 Java 程序所需的文件。可以看到，安装完 JDK 后，系统中实际存放着两套 JRE。以本书的安装设置为例，一套是公共 JRE，安装在了"C:\java\jre1.8"目录下；一套是 JDK 内部 JRE，安装在了"C:\java\jdk1.8\jre"目录下。当用户只需要在操作系统层面执行 Java 程序时，就会使用公共 JRE 作为 Java 程序的运行环境；当用户是 Java 程序员，需要使用 Java 开发环境进行编译 Java 源代码文件、解释执行 Java 字节码文件时，就会优先使用 JDK 内部 JRE 作为 Java 程序的运行环境。
- jre\bin 目录：包含了解释执行 Java 字节码文件所需的一些可执行文件*.exe 和动态链接库文件*.dll。在 jre\bin\client 目录下，包含了启用 Client 模式的 JVM，在 jre\bin\server 目录下，包含了启动 Server 模式的 JVM。
- jre\lib 目录：包含了 Java SE 的核心库 core API，这些库文件是以*.jar 的形式存在的。每个 jar 文件中都包含了多个编译好的 Java 字节码文件，可以直接用一些解压缩工具打开查看，其中 rt.jar 文件中包含的是最主要的核心库。
- lib 目录：包含了 JDK 开发工具用到的类库及其他文件，如 tools.jar 就是对开发工具的支持功能库。
- src.zip 文件：src 是源文件 source 的缩写，这是一个包含 Java SE 核心库中部分 Java 类源文件的压缩文件。
- JDK、JRE、JVM 是初学 Java 开发时总会遇到的名词。对这三个名词的总结有助于读者理解 Java 程序的执行过程。这里，对这三个名词进行总结说明。
- JDK（Java Development Kit）：Java 开发工具包，如果要开发 Java 程序，则需要安装 JDK，JDK 中包含了 Java 源代码编译器、字节码解释器等开发工具，以及 Java 程序的运行环境 JRE。
- JRE（Java Runtime Environment）：Java 运行时环境，是 Java 程序运行所依赖的平台，如果只是要运行 Java 程序，则只需安装 JRE。JRE 中包含了 Java 字节码解释器等运行 Java 程序的工具，以及 Java 程序运行时所依赖的库和 JVM。
- JVM（Java Virtual Machine）：Java 虚拟机，可以理解为一个在真实的主机系统上建立的虚拟主机系统，所有的 Java 程序都在这个虚拟主机系统上运行。对于不同的真实主机系统平台，需要安装不同版本的 Java 虚拟机。JVM 屏蔽了底层系统平台的差异，实现了 Java 的跨平台特性"一次编译，随处运行"。

为了在 Windows 命令提示符下可以方便地执行 javac.exe 和 java.exe 两个命令，需要设置环境变量。首先打开 Windows 的环境变量设置窗口：右击"我的电脑"→单击"属性"→单击"高级系统设置"→单击"环境变量"→单击系统环境变量中的"新建"命令，在弹出的"新建系统变量"对话框中输入环境变量名"JAVA_HOME"，环境变量的值设为 JDK 的安装目录，如以本书的安装设置为例，则将环境变量的值设为"C:\java\jdk1.8"，如图 1-6 所示。

图 1-6　JDK 环境变量设置(1)

环境变量 Path 的作用：当要求系统运行一个程序时，如果没有指明程序的完整路径，系统就会在当前目录下面寻找此程序，如果没有找到，系统就会到环境变量 Path 中指定的路径去查找。

为了在 Windows 命令提示符下更方便地执行 JDK 中 bin 目录下的可执行文件*.exe，需将 bin 目录加入环境变量 Path 的值中。在"系统变量"中单击 Path 变量→单击"编辑"→在变量值最后输入"%JAVA_HOME%\bin;"。需要注意原来的环境变量值末尾有没有";"号，如果没有，则先输入";"，再添加上面的环境变量值，如图 1-7 所示。

图 1-7　JDK 环境变量设置(2)

环境变量设置完毕之后，可以在 Windows 命令提示符下检验是否配置成功。按下组合键 Win+R，在"运行"面板中输入命令"cmd"以打开 Windows 命令提示符程序。或者单击"开始"→在"搜索程序和文件"输入框中输入命令"cmd"，也可以打开 Windows 命令提示符程序。在 Windows 命令提示符下输入命令"javac"，然后按 Enter 键，若如图 1-8 所示，提示 javac 命令的用法，则说明安装和配置成功。

图 1-8　检验 JDK 环境变量设置

如果提示的信息是"javac 不是内部或外部命令"，则可能是环境变量设置之前已经打开了 Windows 命令提示符程序，只需要关闭 Windows 命令提示符程序，然后重新打开就可以了。如果重新打开 Windows 命令提示符后还是有问题，则说明环境变量设置出错，需要重新检查 JAVA_HOME 和 Path 环境变量值的设置。

1.2.2 Eclipse 的安装和配置

Eclipse 是一个开放源代码的、基于 Java 的可扩展开发平台，最早是由 IBM 开发的，后来 IBM 将 Eclipse 作为一个开源项目发布。目前围绕着 Eclipse 项目已经发展成一个庞大的 Eclipse 联盟，有 150 多家软件公司参与到 Eclipse 项目中，其中包括 IBM、Borland、Rational Software、Red Hat 及 Sybase 等众多著名的 IT 公司。现在 Eclipse 项目由非营利软件供应商联盟 Eclipse 基金会（Eclipse Foundation）管理。

就 Eclipse 软件本身而言，它只是一个框架和一组服务，用于通过插件组件构建开发环境。也就是说，Eclipse 是一种基于插件式的开发平台，可以通过安装不同的 Eclipse 插件来扩展 Eclipse 平台的功能。

本书使用的 Eclipse 版本是 Eclipse IDE for Java Developers。这个版本中已经集成了一个标准的插件集，可方便地开发 Java SE 平台程序。最新的 Eclipse 版本可在 Eclipse 官方网站下载：http://www.eclipse.org/downloads/。

接下来我们以 Windows 7 + JDK8 + Eclipse 的安装环境为例，介绍 Eclipse 的下载、安装和配置过程。需要注意的是，Eclipse 开发平台本身是基于 Java 的，也就是说，要运行 Eclipse 程序，系统需要事先安装 JRE。

进入 Eclipse 下载页面后，选择系统平台下载 Eclipse IDE for Java Developers，这里下载的是 Windows 32 位版本。单击链接"Windows 32 Bit"，如图 1-9 所示。

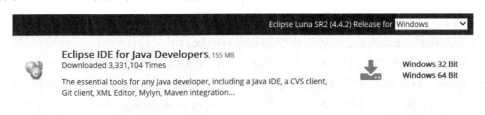

图 1-9　Eclipse 下载页面

选择下载镜像页面，Eclipse 网站默认会根据客户端所在位置，提供一个下载速度较快的镜像站点。如图 1-10 所示，选择 Eclipse 下载镜像，单击镜像站点链接"[China] Huazhong University of Science and Technology (http)"，进入下载页面。

图 1-10　选择 Eclipse 下载镜像

进入下载页面后，下载工作会自动启动。由于 Eclipse 项目本身是开源免费的，为了更好地支持 Eclipse 项目的发展，在这个页面中，也可以对 Eclipse 项目进行捐赠。如果在进入下载页面后，下载工作没有自动启动，也可以直接单击链接 click here 进行下载。

本书下载的 Eclipse 版本是一个压缩文件 eclipse-java-luna-SR2-win32.zip。Eclipse 的安装非常简单，只需要将这个压缩文件解压到指定文件夹中就可以了。在本书中，我们将压缩文件 eclipse-java-luna-SR2-win32.zip 解压到 C:\java 目录中，完成后，C:\java 目录下的内容如图 1-11 所示。

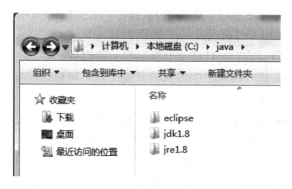

图 1-11　软件安装目录

如图 1-11 所示，其中 eclipse 目录就是压缩文件 eclipse-java-luna-SR2-win32.zip 中的内容。进入 eclipse 目录，双击 Eclipse 程序文件 eclipse.exe，就可以正常启动 Eclipse 程序了。

启动 Eclipse 程序后，会弹出一个工作空间设置窗口 Workspace Laucher，这里可以设置工作空间路径。Eclipse 是通过工作空间和项目的概念组织源代码的，工作空间是项目的集合，项目是源代码文件的集合。设置 Eclipse 工作空间的路径就是设置项目源代码的存放路径。Eclipse 默认将工作空间的路径设在用户主目录下的 workspace 目录，用户也可以自行修改工作空间的路径。同时，为了避免每次启动 Eclipse 时都弹出这个工作空间设置界面，可以勾选复选框 Use this as the default and do not ask again，这样下次启动 Eclipse 时，就不会弹出这个界面了，如图 1-12 所示。

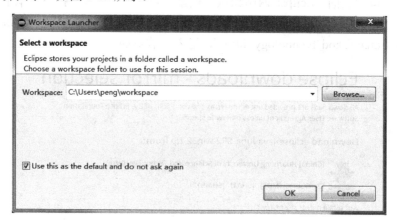

图 1-12　Eclipse 工作空间设置

在 Eclipse 中，默认采用的 Java 运行环境是系统公共 JRE，可以设置为 JDK 中的 JRE，设置步骤如下。

（1）单击菜单栏中的 Window 菜单→单击参数选择 Preference 菜单项。

（2）在弹出的 Preference 窗口中，展开左侧的 Java 节点→Installed JREs 节点。

（3）在右侧的 Installed JREs 设置面板中，单击 Add 按钮，添加 Standard VM。

（4）在弹出的 Add JRE 窗口中，单击 Directory 按钮，选中 JDK 的安装目录，在本书中是 C:\java\jdk1.8，然后单击 Finish 按钮完成添加。

（5）在 Installed JREs 设置面板中的 JRE 列表中选中 jdk1.8，作为默认 JRE。

具体的设置方式可参考图 1-13。

图 1-13　Installed JREs 设置

1.3　Java 开发体验

在本节中，首先会介绍如何使用普通的文本编辑器并结合 javac.exe 和 java.exe 命令编辑、编译、解释执行 Java 程序，然后会介绍如何在 Eclipse 下完成 Java 程序的编辑、编译和解释执行操作。通过这部分内容，读者可以体验并了解 Java 程序的开发运行流程，理解

Java 源文件和 Java 字节码文件的概念,掌握 javac.exe 和 java.exe 两个命令的基本使用,掌握开发工具 Eclipse 的基本使用。

1.3.1 使用文本编辑器开发 Java 程序

很多编程语言的教学中,第一个程序示例都是打印输出"Hello World"。这里,我们编写的第一个 Java 程序的功能也是简单地打印输出"Hello World",代码中涉及的具体语法将在第 2 章中详细阐述。

使用任意的文本编辑器新建一个文本文件,并取名为 HelloWorld.java。可以使用 Windows 自带的简易文本编辑器"记事本",也可以使用更为专业的文本编辑器,如 EditPlus、UltraEdit、NotePad++、Vim 等。

在 HelloWorld.java 文件中,输入例 1-1 中的代码。

例 1-1 HelloWorld.java

```
public class HelloWorld {    // 类的定义
    public static void main(String args[]) {      // main方法,程序的入口
        System.out.println("Hello World");        // 语句以分号结尾
    }
}
```

编写完代码后,将 HelloWorld.java 文件保存到 C 盘根目录下,然后打开 Windows 命令提示符,执行两次命令"cd ..",进入到"C:\"目录下,执行命令"dir",查看"C:\"目录下的内容,操作过程如图 1-14 所示。

图 1-14 命令提示符操作

使用命令"javac HelloWorld.java"对 Java 源文件 HelloWorld.java 进行编译,注意 javac 和 HelloWorld.java 之间有空格。如果编译成功,在命令提示符下不会输出任何信息,则说明源代码中没有语法问题,编译之后会生成 Java 字节码文件,也称为 Java 类文件: HelloWorld.class。如果编译失败,在命令提示符下会输出相关的错误信息,则说明源代码有语法问题,编译失败的情况下不会生成文件 HelloWorld.class。操作过程如图 1-15 所示。

使用命令"java HelloWorld"对 Java 类文件 HelloWorld.class 解释执行,注意 java 和 HelloWorld 之间有空格,且 HelloWorld 不要加上文件扩展名.class。程序的解释执行结果是在命令提示符下打印输出了"Hello World"字符串。操作过程如图 1-16 所示。

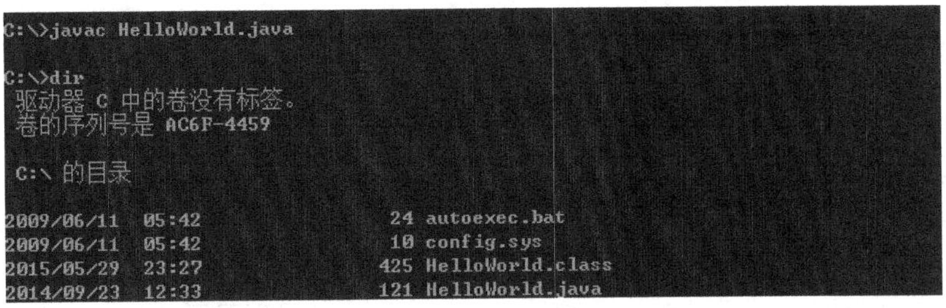

图 1-15　使用 javac 命令编译 Java 源文件 *.java

图 1-16　使用 Java 命令解释执行 Java 类文件 *.class

在以上操作过程中可能出现的问题有：
- 没有区分字母的大小写，Java 是严格区分大小写的，例如 S 和 s 是不同的字符。
- 新建的文本文件名称错误地设为了 HelloWorld.java.txt，原因是有的 Windows 系统设置了"隐藏已知文件类型的扩展名"。如果是这种情况，需要按如下步骤操作：打开"我的电脑"→单击菜单栏中"组织"命令→单击菜单项"文件夹和搜索选择"→在弹出的文件夹选择界面中，打开选项卡"查看"→取消选中复选框"隐藏已知文件类型的扩展名"。
- Java 源文件 HelloWorld.java 的代码第一行 public class HelloWorld 中的"HelloWorld"是这个 Java 源文件中定义的公共类 public class 的名称，这个名称必须和 Java 源文件的名称一致，且一个 Java 源文件中只能定义一个公共类。

体验了使用文本编辑器开发测试 Java 程序的过程之后，我们来总结一下 Java 程序开发运行的流程，这里将整个流程归纳为以下 3 个步骤。

（1）采用任意的文本编辑器编写 Java 的源代码文件 Xxx.java。

（2）使用 Java 编译器 javac.exe 编译源代码文件：javac Xxx.java，成功编译后会生成 Java 字节码文件，这个文件的内容不是二进制机器码，不能直接运行，通常也把这个文件称为 Java 类文件：Xxx.class。

（3）使用 Java 解释器 java.exe 解释执行类文件：java Xxx。注意，解释执行时不要加上文件扩展名.class。而且可以在任意的系统平台上执行类文件，只要该系统平台上安装了对应的 JRE。

Java 程序开发运行流程如图 1-17 所示。

1.3.2　使用 Eclipse 开发 Java 程序

Eclipse 是以工作空间和项目的形式组织管理源代码文件的，在一个工作空间中可以创建多个项目，在一个项目中可以创建多个源代码文件。

所以在 Eclipse 中开发 Java 程序，第一步是创建对应的项目。Eclipse 中支持多种项目的创建管理，开发 Java SE 平台的程序时，创建的项目类型是 Java Project，本书创建的项目类型默认都是 Java Project。

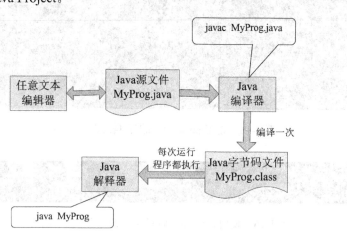

图 1-17 Java 程序开发运行流程

在 Eclipse 中创建一个 Java Project 有多种方式。
- 方式一：单击 File→New→Java Project 菜单。
- 方式二：在 Package Explorer 窗口中右击，选择 New→Java Project 选项。
- 方式三：单击工具栏中的 New Java Project 按钮。

方式一创建 Java Project 的操作如图 1-18 所示。

在后续弹出的 New Java Project 对话框中输入新建工程的名称，比如 chapter1，然后单击完成按钮 Finish，新建的工程将出现在 Package Explorer 包视图中。项目 chapter1 图表上的字母"J"表示这是一个 Java Project。单击项目左侧的三角形展开项目内容后，可以看到 chapter1 项目中有一个存放源代码的目录 src 和使用的 Java SE 库 JRE System Library，如图 1-19 所示。

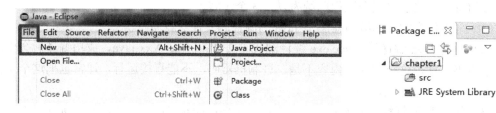

图 1-18　Eclipse 中创建 Java Project　　　　图 1-19　Eclipse Package 视图

项目创建好之后，就要在项目中创建 Java 源代码文件。从面向对象编程的角度来说，开发 Java 程序过程就是创建 Java 类的过程，因为有了类才能创建对象，才能通过对象之间的相互作用完成程序的功能。所以在 Eclipse 中创建好项目之后，第二步就要在项目中创建 Java 类。在 Eclipse 中，要在一个 Java Project 中创建 Java Class 有多种方式：
- 方式一：选中项目，单击菜单 File→New→Class。
- 方法二：在 Package Explorer 窗口中选中项目，右击，选择 New→Class 选项。
- 方法三：选中项目，单击工具栏中的 New Java Class 按钮。

方式一创建 Java Class 的操作如图 1-20 所示。

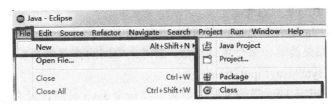

图 1-20　Eclipse 中创建 Java Class (1)

在后续弹出的 New Java Class 对话框中输入新建 Java 类的名称，比如"HelloWorld"。如果这个类需要执行，则必须定义程序入口方法 main()，可以通过勾选复选框 public static void main(String[] args)，让 Eclipse 帮我们生成 main()方法。最后单击完成按钮 Finish，新建的 Java 类将会出现在项目的 src 目录下，如图 1-21 所示。

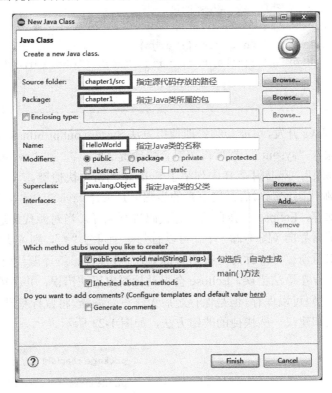

图 1-21　Eclipse 中创建 Java Class(2)

以下对 New Java Class 对话框中的设置进行相关说明，部分 Java 面向对象编程的语法概念会在本书第 2 章中进行更详细的阐述。

- Source Folder：指明源代码的存放路径，默认值是"项目名/src"，可在"工作空间/项目名/src/包名"目录下找到该类的源代码文件 Xxx.java。
- Package：指定 Java 类所属的包，默认值是"项目名"，包是用来组织 Java 类的。可以做一个类比：这个类的名称是 HelloWorld，这个类所属的包是 chapter1，则这个类的全称就是 chapter1.HelloWorld，其中"chapter1"是这个类的"姓"，"HelloWorld"

是这个类的"名"。建议创建的所有 Java 类都应该有一个"姓",也就是说,所有的 Java 类都要放到某个包中。

- Name:指定 Java 类的名称。按惯例,Java 类的取名是采用 Pascal 规则的,即首字母要大写,如果类名由多个单词组成,则每个单词的首字母都要大写,例如 System、ArrayList、ByteArrayInputStream。
- Superclass:指定 Java 类的父类,如果定义一个 Java 类时,没有指定其父类,则这个 Java 类的父类默认就是 java.lang.Object。java.lang.Object 类是所有 Java 类的始祖类。

完成 Java 类的创建步骤后,Eclipse 会自动打开这个 Java 类的源代码文件。按例 1-2 所示修改文件 HelloWorld.java 的代码。

例 1-2　HelloWorld.java

```
package chapter1;   //指明Java类所属的包
public class HelloWorld {
    public static void main(String[] args) {
        System.out.println("这是在Eclipse下创建的HelloWorld程序");
    }
}
```

小技巧:初学 Java 开发,可能会频繁地使用方法 System.out.println(Stirng str)。在 Eclipse 中可以在代码处输入"sysout",然后再按组合快捷键 Alt + ?,则"sysout"会自动展开为"System.out.println();"。本书附录 B 中列举了 Eclipse 的常用快捷键。

完成 Java 类源代码的编写后,接下来的步骤就是编译 Java 源代码。在 Eclipse 中,只要将源代码进行保存,Eclipse 就会自动对源代码进行编译。当对源代码进行修改之后,在该源代码文件的编辑界面(图 1-22)中,可以看到一个符号"*",则说明源代码已经修改,但还未保存,还未重新编译。此时可按组合键 Ctrl + S 保存、编译源代码。

如果源代码中存在语法错误,Eclipse 会自动检测出语法错误,并在错误处用红色的波浪线标注,此时源代码可以保存,但是保存之后无法重新编译。将鼠标移动到错误处,Eclipse 会提示错误的原因和建议一些快捷的改错方法,如图 1-23 所示。

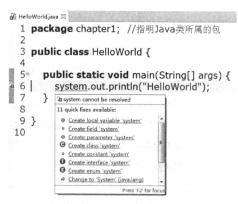

图 1-22　Eclipse 代码编辑界面　　　　图 1-23　Eclipse 错误提示

图 1-23 中，Eclipse 提示的错误原因是"system cannot be resolved"，建议的一些快捷的改错方法有 11 种："11 quick fixes available"。分析其中的原因，找出改错方法："system cannot be resolved"表示编译器无法解析"system"，因为类名实际上应该是"System"，大小写出错；单击 Eclipse 建议的快捷改错方法"Change to 'System'(java.lang)"，Eclipse 就会帮我们把"system"改为"System"。

学会根据 Eclipse 的错误提示和改错建议修改源代码中的语法错误，是初学者需要花大量时间、精力掌握的关键技能。本书附录 B 中列举了 Eclipse 中常见错误提示信息的含义以及对应的改错方法。

完成 Java 源代码的编译后，接下来的步骤就是解释执行 Java 类文件。那么 Java 类文件 HelloWorld.class 在哪呢？

在 Package Explorer 包视图中是看不到编译生成的 Java 类文件的，这时，我们可以打开 Navigator 导航视图，查看项目中所有的文件，包括编译生成的 Java 类文件。

单击菜单 Window→Show View→Navigator，在 Package Explorer 包视图的旁边就会出现 Navigator 导航视图的面板。在 Navigator 导航视图中展开项目 chapter1 后，就会查看到 chapter1 项目中所有的文件。其中，文件 HelloWorld.class 存放在"chapter1(项目名)/bin(存放类文件的目录)/chapter1(包名)"目录下，如图 1-24 所示。

解释执行 Java 程序的过程：切换到 Package Explorer 包视图，选择要执行的 Java 类"HelloWorld"，单击按钮栏中绿色的三角形图标，就能解释执行这个程序，如图 1-25 所示。

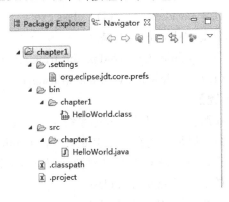

图 1-24　Eclipse Navigator 视图

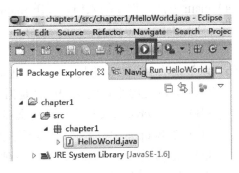

图 1-25　Eclipse 解释执行 Java 程序

程序的执行结果可以在 Console 控制台视图中参考，如图 1-26 所示。

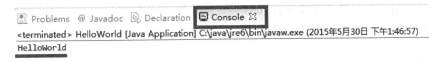

图 1-26　Eclipse Console 视图

如果程序无法执行，或者在 Console 控制台视图中出现了错误信息："java.lang.NoSuchMethodError: main"，则很可能是这个类没有定义程序入口方法 main()，或是 main()

方法的签名不是"public static void main(String[] args)"。

至此,我们通过普通的文本编辑器和 Java 集成开发工具 Eclipse 两种方式完成了一个简单的"HelloWorld"程序的编辑、编译和解释执行操作。通过这部分内容,体验了 Java 程序的基本开发运行流程,掌握了 javac.exe 和 java.exe 两个命令的基本使用,以及开发工具 Eclipse 的基本使用。

习 题 1

1. 简答题

(1) 简述 JDK、JRE 和 JVM 的关系。

(2) 简述 Java 程序的开发运行流程。

2. 选择题

(1) 以下缩写中表示"Java 虚拟机"的是(　　),表示"Java 运行时环境"的是(　　),表示"Java 开发工具包"的是(　　)。

　　(A) JDK　　　　(B) JRE　　　　(C) JVM　　　　(D) JAVAC

(2) Java 源程序的扩展名是(　　),Java 字节码文件的扩展名是(　　)。

　　(A) .java　　　(B) .js　　　　(C) .class　　　(D) .txt

(3) 编译 Java 源程序的命令是(　　),解释执行 Java 类文件的命令是(　　)。

　　(A) java.exe　　(B) javac.exe　　(C) javad.exe　　(D) class.exe

(4) main 方法是程序的入口,以下 main 方法签名中,正确的是(　　)。

　　(A) static void main(String args)　　　　(B) public static void main(String args)

　　(C) static void main(String[] args)　　　(D) public static void main(String[] args)

(5) 以下说法中,正确的是(　　)。【多选题】

　　(A) Java 是跨平台的编程语言是指 Java 源代码可以在不同的系统平台上编译

　　(B) 一个 Java 源文件中可以定义多个类,但是只能有一个类是公共的 public

　　(C) 在 Eclipse 中只要将源代码进行保存,Eclipse 就会自动对源代码进行编译

　　(D) 正确解释执行 Xxx.class 文件使用的命令是 java Xxx.class

(6) 有一个名为 MyClass 的 public 类,想成功编译需要满足的条件是(　　)。

　　(A) MyClass 类中必须定义一个正确的 main 方法

　　(B) MyClass 类必须定义在 MyClass.class 源文件中

　　(C) MyClass 类必须定义在 MyClass.java 源文件中

　　(D) MyClass 类必须定义在 MyClass 包中

3. 编程题

(1) 使用文本编辑器编写一个简单的 Java 程序,该程序在命令行窗口中输出"我是某某,很高兴开始学习 Java"。然后使用命令 javac.exe 和 java.exe 编译、解释执行这个 Java 程序。

(2) 在 Eclipse 下创建一个 Java 项目,在 Java 项目中编写一个简单的 Java 程序,程序功能要求和上题一样。然后在 Eclipse 中编译、解释执行这个 Java 程序。

第2章 类和对象

2.1 面向对象编程体验

类（class）和**对象（object）**是面向对象程序设计方法中最核心的概念。类是对某一类事物的共性描述，定义了一类事物共有的特征属性和功能行为。对象是某类事物的个体存在，每个对象都是独一无二的，对象也称为类的**实例（instance）**。例如：猫（Cat）是一个类，而汤姆（Tom）则是一个对象；老鼠（Mouse）是一个类，而杰瑞（Jerry）则是一个对象。

类是对象的模板，有了这个模板之后才能创建一个一个具体的对象。**面向对象编程 OOP（Object Oriented Programming）**就是通过对象之间的相互作用来完成功能的，而要创建对象就必须先定义类。面向对象编程的重点就是类的定义和对象的创建使用。

程序例2-1模拟了一个"猫抓老鼠"的过程，在例2-1中定义了三个类。

一个表示"老鼠"的类：Mouse。定义了老鼠的特征属性：名字name；还定义了老鼠的功能行为：偷吃stealFood、尖叫scream。

一个表示"猫"的类：Cat。定义了猫的特征属性：名字name；还定义了猫的功能行为：抓老鼠catchMouse。

一个体现了"猫抓老鼠"事件的类：CatCatchMouse。

定义了类之后，就可以根据类（对象的模板）来创建对象（类的实例）了。在CatCatchMouse类的程序入口main方法中，首先创建了一只猫cat，并给它起名为Tom（设置了对象cat的name属性）；创建了一只老鼠mouse，并给它起名为Jerry（设置了对象mouse的name属性）。然后让老鼠Jerry去偷东西吃（激发了对象mouse的stealFood行为）；最后让猫Tom去抓老鼠Jerry（激发了对象cat的catchMouse行为）。具体的代码如下所示。

例2-1 CatCatchMouse.java

```
class Mouse {              // 定义一个类：Mouse
    String name;           // 定义Mouse的特征属性：name
    void stealFood() {     // 定义Mouse的功能行为：stealFood
        System.out.println(name + "在偷吃");
    }
    void scream() {        // 定义Mouse的功能行为：scream
        System.out.println(name + "在哭：吱吱吱");
    }
}
```

```
class Cat {                                    // 定义一个类：Cat
    String name;                               // 定义Cat的特征属性：name
    void catchMouse(Mouse mouse) {             // 定义Cat的功能行为：catchMouse
        System.out.println(name + "在抓" + mouse.name);
        mouse.scream();                        // 激发mouse的scream行为
    }
}

public class CatCatchMouser {
    public static void main(String[] args) {
        Cat cat = new Cat();                   // 创建一个对象，一只猫：cat
        cat.name = "Tom";                      // 设置cat的name属性
        Mouse mouse = new Mouse();             // 创建一个对象，一只老鼠：mouse
        mouse.name = "Jerry";                  // 设置mouse的name属性
        mouse.stealFood();                     // 激发mouse的stealFood行为
        cat.catchMouse(mouse);                 // 激发cat的catchMouse行为
    }
}
```

这个例子只是让大家对面向对象编程 OOP 有一个直观的体验，在本章接下来的内容中，会对 Java 面向对象编程的相关语法做一个详细的介绍。

2.2　类的定义和对象的创建

在例 2-1 中，我们定义了一个类 Mouse，它的代码结构如下所示：

```
class Mouse {
    ...        // 定义Mouse的特征属性和功能行为
}
```

可以看到，需要**使用关键字 class 定义一个类**，类的特征属性和功能行为需要定义在左右大括号内：{ …… }。其中，类的特征属性通常又称为类的**成员变量（member variable）**、实例变量、属性、字段（field）；类的功能行为通常又称为类的**成员方法（member method）**、函数（function）。在本书后续内容中，有时**将成员变量简称为属性，将成员方法简称为方法**。

类的定义格式如下所示：

```
class 类名 {
    成员变量
    成员方法
}
```

在例 2-1 中的 CatCatchMouser 类的 main 方法中，我们创建了一只老鼠对象 mouse，并设置了它的 name 属性、调用了它的 stealFood 方法。代码如下所示：

```
Mouse mouse = new Mouse();
mouse.name = "Jerry";
mouse.stealFood();
```

可以看到，需要使用关键字 new 创建一个对象，创建了对象之后，可以通过"对象名.成员名"来访问对象的属性或者方法。

在下面的例 2-2Person.java 程序中，定义了一个表示"人"的类 Person，在 Person 类中定义了一个属性 age，定义了一个方法 printAge，在 main 方法中创建了两个 Person 对象，并设置了它们的 age 属性，调用了它们的 printAge 方法。

例 2-2   Person.java

```
public class Person {                       // 使用关键字class定义类
    int age;      // 成员变量：age,年龄
    void printAge() {                       // 成员方法：printAge(),打印年龄信息
        System.out.println("年龄是：" + age + "岁");
    }
    public static void main(String[] args) {
        Person p1 = new Person();       // 创建Person对象p1
        Person p2 = new Person();       // 创建Person对象p2
        int i = 20;
        p1.age = i;          // 设置p1的成员变量age
        p2.age = 21;         // 设置p2的成员变量age
        p1.printAge();       // 调用p1的成员方法printAge(),打印p1的年龄
        p2.printAge();       // 调用p2的成员方法printAge(),打印p2的年龄
    }
}
```

2.3　变量和数据类型

在例 2-2 中定义的 age、p1、p2、i 都是变量，那这几个变量有什么区别吗？

从本质上讲，一个**变量（variable）**就是内存中的一块存储空间，可以用来存放程序运行时的数据，而且在程序运行期间，变量中存放的数据可以改变。与变量相对的就是**常量（constant）**，在程序运行期间，常量中存放的数据不能改变。

一个变量的要素包括：这个变量的名称、这个变量存储的数据类型、这个变量的作用范围。

2.3.1　标识符

变量的名称称为**标识符（identifier）**。在我们写代码的过程中，总是要给包、类、变量、方法起个名称，这个名称就是标识符，标识符要符合一定的规则。Java 语言的标识符命名规则如下：

- 标识符可以由字母、数字、下画线（_）和美元符号（$）组成。

- 标识符只能以字母、下画线或美元符号作为第一个字符。
- Java 语言保留某些词汇用作特殊用途，这些词汇就是关键字，关键字不能作为标识符。

以下列举了 Java 语言的关键字和保留字，这些都不能作为标识符：

abstract，continue，goto，null，switch，assert，default，if，package，synchronized，boolean，do，implements，private，this，break，double，import，protected，throw，byte，else，instanceof，public，throws，case，extends，int，return，transient，catch，final，interface，short，try，char，finally，long，static，void，class，float，native，strictfp，volatile，const，for，new，super，while

Java 标识符除了有命名规则要求之外，通常还要约定俗成地遵循一些命名规范，如变量名和方法名要以小写字母开头、当由多个单词组成时，从第二个单词开始的每个单词首字母要大写；常量名要全部采用大写字母，由多个单词组成时，单词间要用字符"_"分隔。表 2-1 列举的是常用的 Java 标识符命名规范。

表 2-1 Java 标识符命名规范

元素	规范	示例
类名	Pascal 规则	Person、StudentDemo
变量名	Camel 规则	age、height、avgValue
方法名	Camel 规则	getAge、setUserName
包名	全部小写	com.java、edu.zsc
常量名	全部大写	MAX_VALUE、PI

2.3.2 数据类型

变量存储的数据类型分为**基本数据类型**和**引用数据类型**两种。

Java 语言中的基本数据类型总共有 8 种，表 2-2 列举了这 8 种基本数据类型的名称、使用的关键字、占用的存储空间、取值范围和默认值。

表 2-2 Java 基本数据类型

类型	关键字	存储空间/B	取值范围	默认值
字节型	byte	1	$-128 \sim 127$，即 $-2^7 \sim 2^7-1$	0
短整型	short	2	$-32768 \sim 32767$，即 $-2^{15} \sim 2^{15}-1$	0
整型	int	4	约 -21 亿 ~ 21 亿，即 $-2^{31} \sim 2^{31}-1$	0
长整型	long	8	$-2^{63} \sim 2^{63}-1$	0
单精度浮点型	float	4	$1.4\text{E}-45 \sim 3.4\text{E}+38$	0.0
双精度浮点型	double	8	$4.9\text{E}-324 \sim 1.8\text{E}+308$	0.0
字符型	char	2	Unicode 的字符范围	'\u0000'
布尔型	boolean	1	true/false	false

关于基本数据类型的使用，要注意以下几点：

- 各种基本数据类型有固定的存储空间大小和取值范围，不受底层具体操作系统的影响，以保证 Java 程序的可移植性。

- char 类型表示"字符",每个字符占两个字节,采用 16 位 Unicode 编码。
- boolean 类型数据只允许取值 true 或 false,不可以用 0 或非 0 的整数代替 true 或 false。
- 整数常量,如 123,默认的数据类型是整型 int。定义一个长整型变量的语法是:long var = 123L,即需要在整数常量后加上 L 或者 l。
- 浮点数常量,如 1.2,默认的数据类型是双精度浮点型 double。定义一个单精度浮点型变量的语法是:float var = 1.2F,即需要在浮点数常量后加上 F 或者 f。

有时,我们会将基本数据类型 A 的值赋给基本数据类型 B 的变量,这时候就会出现**基本数据类型转换**的现象。基本数据类型的转换要遵循以下原则:

- boolean 类型不可以与其他的数据类型进行转换。
- 当数据类型 B 的取值范围大于数据类型 A 的取值范围时,会进行自动类型转换,又称为隐式类型转换。例如,将一个 long 类型的值赋给一个 float 类型的变量:long x = 10L; float y = x;。
- 当数据类型 B 的取值范围小于数据类型 A 的取值范围时,需要进行强制类型转换,又称为显式类型转换。而且进行强制类型转换时,可能会出现数据溢出的情况,这种情况又称为精度丢失。例如,将一个 int 类型的值赋给一个 char 类型的变量:int x = 10; char y = (char)x;。
- byte、short、char 之间不会相互转换,这三种类型在计算时,会首先转换为 int 类型,再进行计算。

在图 2-1 中,我们把数据类型取值范围小的变量比喻成一个小的杯子,把数据类型取值范围大的变量比喻成一个大的杯子,把数据比喻成杯子中的水。将小杯子中的水倒入大杯子中,大杯子肯定能装下。将大杯子中的水倒入小杯子中,则小杯子可能装得下,也可能会溢出。

(a)将小杯子中的水倒入大杯子 肯定没问题,能自动转换

(b)将大杯子中的水倒入小杯子 需强制转换,可能会溢出

图 2-1 基本数据类型转换类比

例 2-3 TestBasicDataType.java

```
public class TestBasicDataType {
    public static void main(String[] args) {
        int x = 10;
        long y = 10L;            // 10L表示是一个long类型常量
```

```
        float z = 10.1F;        // 10.1F表示是一个float类型常量
        x = (int)y;             // 需要强制转换，无数据溢出
        x = (int)z;             // 需要强制转换，有数据溢出，精度丢失
        y = (long)z;            // float类型的取值范围比long类型更大，需要强制转换
        y = x;                  // 可以自动转换
        z = x;                  // 可以自动转换
        byte b1 = 1;
        byte b2 = 2;
        byte b3 = (byte)(b1 + b2);  // b1和b2会先自动转换为int类型再进行运算
        x = b3;
    }
}
```

除了基本数据类型之外，Java 语言中还有一种数据类型叫做引用数据类型。一个变量中如果存储的是基本数据类型，就称为基本类型变量，如果存储的是引用数据类型，就称为引用类型变量。引用类型变量其实就是 C 语言中的指针（Point）类型变量，这种变量存储的是一个内存地址值。在 Java 语言中，一个引用类型变量存储的通常是一个对象在内存中的地址。引用类型变量的默认值是 **null**，表示这个引用类型变量没有指向具体的对象。在本书中，有时将引用类型变量简称为**引用**（**Reference**），有时将一个引用 ref 所指向的对象简称为对象 ref，例如，引用 p 所指向的对象就简称为对象 p。

变量按照被定义的位置分为局部变量和成员变量。

在方法内部定义的变量就是**局部变量**（**Local Variable**），而且方法的形参也是局部变量。一个局部变量在使用前必须要设置初始值，而且这个局部变量的作用域就是定义该局部变量的代码块{...}，也就是说，在一个代码块的外部不能访问这个代码块内部定义的局部变量。

在方法外部、类的内部定义的变量就是**成员变量**（**Member Variable**）。成员变量在定义时可以不设置初始值，此时成员变量的初始值等于变量数据类型的默认值。一个成员变量是存放在某个对象内部的，只要没有销毁该对象，这个成员变量就一直存在。成员变量的访问限制会在本章中的"访问权限"部分讲解。

不能在类的外部定义变量。

```
// 此处不能定义变量
class xxx {
    int a;  // a是成员变量，因为a是int类型，所以初始值默认为0
    void method (int x, int y) {        // x和y是方法的形参，x和y是局部变量
        int b = 10;                      // b是局部变量，使用前需要设置初始值
        {
            int c = 20;
            // int b = 10; 错误，此时不用定义局部变量b，因为代码块外部已定义b
        }
        a = b;
        // 此处不能访问变量c
```

```
    }
}
// 此处不能定义变量
```

2.4 成员方法

Java 语言中的成员方法（以下简称为方法）等同于 C 语言中的函数，一个方法就是一段用来实现某个常用功能的代码块。

方法定义的语法格式如下：

```
[修饰符...] 返回值类型 方法名（[形参列表]）{
    方法体
}
```

返回值类型可以是任何合法的 Java 数据类型，比如 int、boolean、Person，如果一个方法没有返回值，则返回值类型就是 void。

形参列表定义的是该方法被调用时，用以获取外部输入值的变量和变量的数据类型。形参是方法的局部变量，形参的作用域就是方法体。与形参对应的是实参，实参就是调用方法时，实际输入给方法形参的数值。

在一个类的内部可以定义多个方法名相同的方法，但是要求每个同名方法都有自己唯一的形参列表。不同的形参列表是指形参个数不同，或者是形参类型不同。这种语法机制叫做**方法重载（Overload）**。调用同名方法时，会根据输入的实参列表来确定具体的方法。

方法签名（Method Signature）是由方法名和形参列表组成的字符串。方法重载的含义是指多个方法的方法名相同，但是方法签名不同。例 2-4 中定义了 3 个方法名为 max 的方法，但是这 3 个 max 方法的方法签名是不同的，分别是 max(int, int)、max(int, int, int) 和 max(double, double)。

例 2-4 TestOverload.java。

```java
public class TestOverload {
    static int max(int x, int y) {            // static是修饰符，int是返回值类型
        System.out.println("方法签名：max(int, int)");
        return (x > y) ? x: y;
    }
    static int max(int x, int y, int z) {     // max是方法名，int x, …是形参列表
        System.out.println("方法签名：max(int, int, int)");
        if (x > y) {
            return (x > z) ? x: z;
        } else {
            return (y > z) ? y: z;
        }
    }
    static double max(double x, double y) {
        System.out.println("方法签名：max(double, double)");
```

```
        return (x > y) ? x: y;
    }
    public static void main(String[] args) {
        int a = 10;
        int b = 20;
        int c = 30;
        int max1 = max(a, b);          // a是实参,方法调用时会将"a的值"赋给形参x
        int max2 = max(a, b, c);       // 会根据实参的类型和数量调用正确的方法
        double d1 = 10.1;
        double d2 = 10.2;
        double d3 = max(d1, d2);       // 会调用方法 max(double,double)
    }
}
```

需要注意的一点是：方法签名中不包含方法的返回值类型，所以两个同名方法是否重载和这两个方法的返回值类型是否相同无关。在图 2-2 中，提示的错误是"Duplicate method max(int, int) in type Test"，含义是"在 Test 类中定义了重复的方法 max(int, int)"，这是违反 Java 语法规则的。虽然这两个 max 方法的返回值类型是不同的，但只要它们的方法签名是相同的，那它们就是重复的方法。

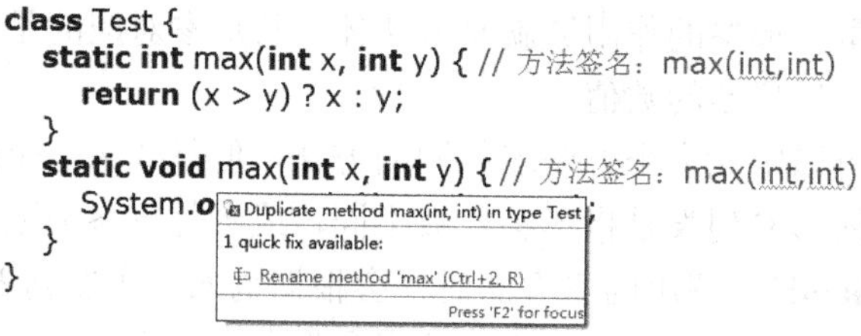

```
class Test {
    static int max(int x, int y) { // 方法签名：max(int,int)
        return (x > y) ? x : y;
    }
    static void max(int x, int y) { // 方法签名：max(int,int)
        System.o...
    }
}
```

图 2-2　一个类中不能定义重复的方法

2.5　构 造 方 法

所有的成员方法中，有一种特殊的方法称为**构造方法**（**Constructor**）。构造方法的作用是初始化对象属性，也就是说，通常在构造方法中对成员变量进行赋值。

构造方法的特殊之处在于以下几点：

- 构造方法的方法名与类名是完全相同的。
- 构造方法是不能声明任何返回值类型的，既不能用 int、Person 等数据类型，也不能用 void。
- 构造方法不能显式地返回一个值，即构造方法的方法体中不能有 return 语句。
- 当某个类的代码中没有定义构造方法时，编译器会给这个类添加一个默认构造，这个默认构造方法是没有参数的，方法体也是空的，即：类名() { }。但如果某个类的代码中定义了构造方法，则编译器就不再给这个类添加默认构造方法。

在例 2-2 Person.java 中，创建 Person 对象使用的语句是：

```
Person p1 = new Person();
```

在这行代码中，关键字 new 的作用是在内存中申请一块存储空间，用以存储一个 Person 对象的数据，简单来说，就是在内存中创建了一个 Person 对象。而"Person()"就是调用 Person 类的构造方法，初始化这个新创建的 Person 对象。由于在例 2-2 的代码中，并没有定义 Person 类的构造方法，这个构造方法"Person()"实际上是由编译器给 Person 类添加的默认构造方法。

在这行代码中，"="右边的语句"new Person()"执行的过程是在内存中创建了一个新的 Person 对象，并且初始化了这个对象的属性。语句"new Person()"执行的结果是返回了这个新建 Person 对象在内存中的地址值。通过"="，这个地址值赋给了一个引用类型的变量"p1"，而且这个引用"p1"被声明为只能引用（指向）Person 类型的对象。

执行完这行代码后，内存中新建了一个 Person 引用"p1"和一个 Person 对象，引用"p1"的值就是 Person 对象在内存中的地址值。注意，这个地址值并不是指物理内存地址，而是 JVM 管理的地址空间中的逻辑地址。

与普通成员方法一样，构造方法也可以重载。在例 2-5 中的 Person 类中，定义了两个构造方法：Person()和 Person(int)，在公共类 TestConstrutor 的 main 方法中分别调用了这两个构造方法，初始化了两个新建的 Person 对象 p1、p2。

例 2-5　TestConstrutor.java

```
class Person {
    int age;                    // 成员变量: age, 年龄
    public Person() {           // 无参的构造方法
        System.out.println("调用构造方法: Person()");
    }
    public Person(int i) {      // 有一个整型参数的构造方法
        age = i;
        System.out.println("调用构造方法: Person(int)");
    }
    void printAge() {           // 成员方法: printAge(), 打印年龄信息
        System.out.println("年龄是: " + age + "岁");
    }
}

public class TestConstrutor {
    public static void main(String[] args) {
        int i = 20;
        Person p1 = new Person();    // 调用无参构造方法，初始化新建对象
        p1.age = i;
        Person p2 = new Person(21); // 调用有参构造方法，初始化新建对象
        p1.printAge();   // 调用p1的成员方法printAge()，打印p1的年龄
        p2.printAge();   // 调用p2的成员方法printAge()，打印p2的年龄
    }
}
```

定义使用构造方法时，需要注意的一个问题是：如果某个类的代码中定义了构造方法，则编译器就不再给这个类添加无参的空构造方法。在图 2-3 的代码中，类 A 只定义了一个有参构造方法：A(int)，此时类 A 就没有无参构造方法 A() 了。在 main 方法中代码 "new A()" 试图调用构造方法 A() 来初始化对象，所以自然就错了。Eclipse 的错误提示是 "The construtor A() is undefined"，含义是 "没有定义构造方法 A()"，潜台词就是：试图调用 A() 方法时，却无法绑定到 A() 方法，因为 A() 方法没有定义。如果类 A 中没有定义构造方法 A(int)，或者类 A 中定义了构造方法 A()，那代码 "new A()" 就不会出错。

```
class A{
    public A(int i) { }
    public static void main(String[] args) {
        A a = new A();
    }
}
```

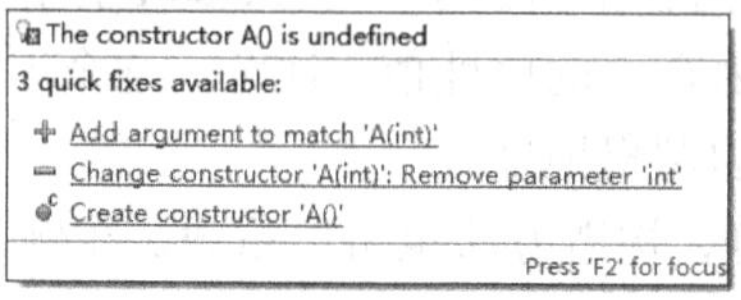

图 2-3　无参构造方法未定义错误

2.6　Java 程序运行时的内存分析

从某种层面上讲，程序的执行过程就是内存中数据的变化过程，对 Java 程序运行时内存中数据变化的过程进行分析，有助于更清晰地理解 Java 程序的执行过程。

当要解释执行一个 Java 程序时，Java 虚拟机首先要把硬盘中相应的 Java 类文件（Java 字节码文件，*.class 文件），通过类装载器装载到内存中，然后再从 Java 程序的入口方法 main() 开始执行。

Java 程序是运行在 Java 虚拟机中的，JVM 会把它管理的内存分为几个区域，不同的区域存放不同类型的数据。

- 方法区 Method Area：存放类的信息（类原型）。当 Java 虚拟机装载一个类时，会把这个类的信息保存到方法区。类原型主要包括：类名、父类/接口列表、类修饰符、成员变量信息、成员方法信息、静态变量、常量池。其中成员变量信息包含：变量的修饰符、变量类型、变量名称、变量初始值等。成员方法信息包含：方法的修饰符、返回值、方法名、参数列表、方法字节码等，方法字节码就是方法体中的代码。
- 栈 Stack：存放局部变量。调用一个方法时，会在栈中为该方法分配一块内存，称为方法的"栈帧"，用以存放这个方法中定义的局部变量，当方法调用结束后，会收回这块内存。
- 堆 Heap：存放对象的数据。一个对象的数据包含：对象的属性和类原型引用，类原型引用就是一个保存类信息内存地址的引用型变量，即指向方法区中类原型的指针。对象都是在程序执行的过程中动态创建的，需要使用 new 关键字，动态申请堆中的内存，以存放新建对象的数据。当一个对象不被引用时，这个对象所占用的内存会被 JVM 中的垃圾回收器 GC（Garbage Collection）进行回收。

下面通过讲解程序例 2-6 的执行过程，并配以图示，来帮助读者理解 Java 程序运行时内存中数据变化的过程。

例 2-6 Person.java

```
public class Person {
    int age = 10;
    public Person(int a) {
        age = a;
    }
    public static void main(String[] args) {
        int i = 20;                        // 第1行
        Person p1 = new Person(i);         // 第2行
        Person p2 = p1;                    // 第3行
        Person p3 = new Person(30);        // 第4行
    }
}
```

第 1 步：Java 虚拟机从硬盘中读取 Person.class 类文件，通过类装载器把类 Person 装载到内存中，在方法区 Method Area 中就存放了 Person 类原型，如图 2-4 所示。

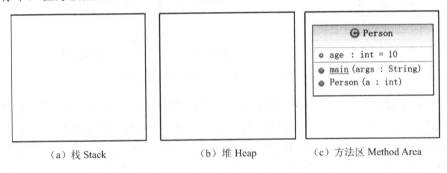

（a）栈 Stack　　　　（b）堆 Heap　　　　（c）方法区 Method Area

图 2-4　JVM 加载 Person 类

第 2 步：在方法区中找到 Person 类原型中的 main() 方法，开始执行 main() 方法的代码。在栈 Stack 中会为 main 方法分配一块内存 "main() 方法栈帧"。

第 3 步：执行第 1 行代码 "int i = 20"，定义一个整型变量 i，并给 i 赋值。因为变量 i 是在 main() 方法中定义的局部变量，所以变量 i 是存放在栈 Stack 的 "main() 方法栈帧" 中的，如图 2-5 所示。

第 4 步：执行第 2 行代码 "Person p1 = new Person(i)"，在内存中创建了一个新的 Person 对象，并且调用构造方法 Person(int) 初始化了这个对象的属性，定义了一个引用类型的变量 "p1"，并在 p1 内存中放了新建 Person 对象在内存中的地址。具体的执行过程又分为以下几步。

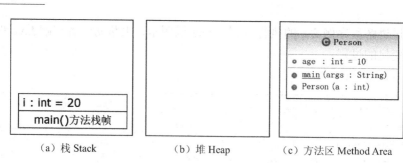

（a）栈 Stack　　　　（b）堆 Heap　　　　（c）方法区 Method Area

图 2-5　局部变量存放在栈中

（1）首先执行的是"="右边的内容"new Person(i)"，通过关键字 new 在堆中申请了一块内存，存放新建 Person 对象的数据，包含对象的属性和类原型引用。对象属性 age 的值等于 Person 类原型中保存的成员变量信息：age 的初始值。图中的 Person 类原型引用的值用"x"表示一个具体的内存地址，如图 2-6 所示。

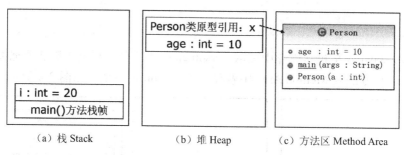

（a）栈 Stack　　　　（b）堆 Heap　　　　（c）方法区 Method Area

图 2-6　通过 new 在堆中新建 Person 对象

（2）然后通过代码"Person(i)"调用 Person 类的构造方法 Preson(int)，以对新建 Person 对象初始化。这时代码的执行流会跳转到 Person(int)方法中，所以会在栈 Stack 中创建 Person(int)的方法栈帧。有参方法的调用有一个值传递的过程，在这个例子中，会把 main()方法中的"局部变量 i 的值"传递（赋值）给 Person(int)方法中的形参 a，所以变量 a 中存放的值会等于变量 i 中存放的值 20。一个方法的形参是这个方法中定义的局部变量，局部变量存放在方法栈帧中，所以变量 a 会存放在栈 Stack 的"Person(int)方法栈帧"中，如图 2-7 所示。

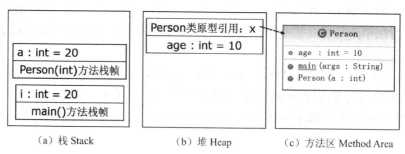

（a）栈 Stack　　　　（b）堆 Heap　　　　（c）方法区 Method Area

图 2-7　方法调用中的值传递

（3）执行构造方法"Preson(int)"中的代码"age = a"，将新建 Person 对象中的 age 属

性值改为形参变量 a 的值。构造方法 Preson(int)中的代码执行完之后，会撤销栈 Stack 中的"Person(int)方法栈帧"，如图 2-8 所示。

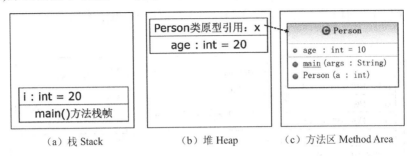

图 2-8　构造方法调用结束

（4）表达式"new Person(i)"的值是新建 Person 对象在内存中的地址值，这个值会通过"="赋给"Person p1"，p1 是在 main()方法中定义的 Person 引用类型的局部变量，会存放在"main()方法栈帧"中。图 2-9 中的 Person 引用型变量 p1 的值用"x1"表示一个具体的内存地址值，即 Person 对象在内存中的地址。

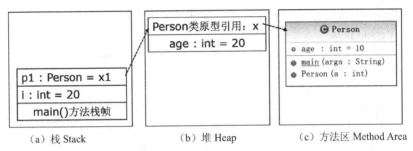

图 2-9　引用型变量 p1 指向 Person 对象

（5）执行 main()方法中的第 3 行代码"Person p2 = p1"，是在 main()方法中新建一个 Person 引用类型的局部变量 p2，并且将 p1 的值赋给 p2。p1 的值是一个 Person 对象在内存中的地址值，所以 p2 的值也是这个 Person 对象在内存中的地址值，堆 Heap 中依然只有这一个 Person 对象，如图 2-10 所示。

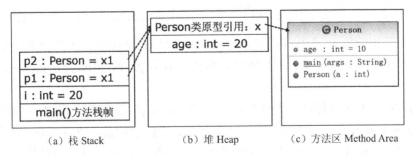

图 2-10　引用型变量赋值

（6）main()方法中的第 4 行代码"Person p3 = new Person(30)"的执行过程类似于第 2

行代码的执行过程,这里就不再赘述了。需要注意的是,第 4 行代码的执行过程中会新建一个 Person 对象,Person 引用类型变量 p3 中存储的是这个新建 Person 对象的内存地址值,与变量 p1、p2 的值是不同的。图 2-11 中 p3 的值用 x2 表示不同于 x1 的另一个内存地址值。

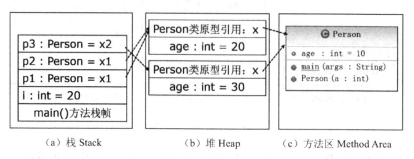

图 2-11 新建 Person 对象

在例 2-6 中,Person 对象只有一个基本数据类型 int 的属性 age,对象中也可以有引用数据类型的属性。在代码例 2-7 中,对 Person 类的定义进行了修改,为 Person 类新增了一个 Person 引用类型的成员变量 father,表示属性"父亲"。

例 2-7 Person.java

```java
public class Person {
    int age = 10;
    Person father;
    public Person(int a) {
        age = a;
    }
    public static void main(String[] args) {
        Person p1 = new Person(20);
        Person p2 = new Person(50);
        p1.father = p2;
    }
}
```

main()方法中的第 1、2 行代码执行完之后,在堆 Heap 中创建了两个 Person 对象,在栈 Stack 中创建了两个 Person 引用类型的局部变量 p1 和 p2,p1 和 p2 分别指向这两个 Person 对象。

main()方法中的第 3 行代码"p1.father = p2",是将 p2 的值赋给 p1 所指向的 Person 对象的成员变量 father,含义是将 p1 的父亲设为 p2。需注意的是,变量 father 只是一个引用(指针),变量 father 中存放的只是一个对象的内存地址值,而不是一个对象。

main()方法中的代码执行完之后,内存中的数据如图 2-12 所示。

（a）栈 Stack　　（b）堆 Heap　　（c）方法区 Method Area

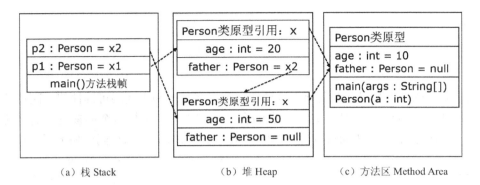

图 2-12　引用类型的成员变量

在使用引用类型成员变量时，要注意防止“空指针异常”情况的出现。如果在例 2-7 的 main()方法中添加下面一行代码：

```
p2.father.age = 80;  // 设置p2父亲的年龄是80岁
```

则此时，代码可以通过编译，但是运行程序时，在 Console 控制台视图中会出现如图 2-13 所示的异常提示信息。

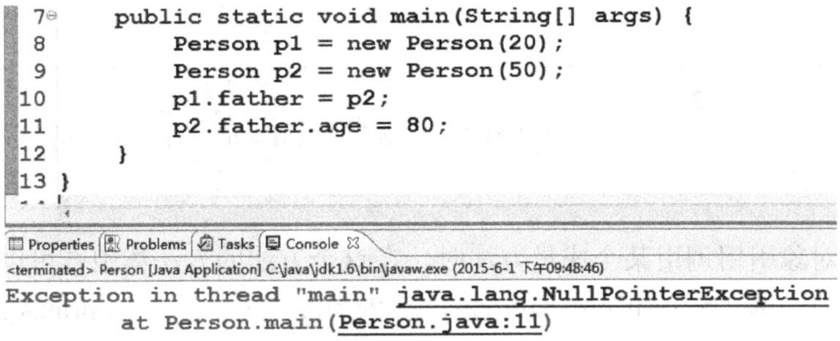

图 2-13　空指针异常

“Exception in thread "main" java.lang.NullPointerException”的含义是“在主线程 main 执行过程中，出现了空指针异常情况”，“at Person.main(Person.java:11)”表示的是：空指针异常情况是出现在执行 Person.java 中的第 11 行代码时发生的。此时就要分析为什么“p2.father.age = 80”这条语句的执行会出现空指针异常情况？哪一个引用类型变量是空指针？从图 2-12 中可以看到，此时 p2.father 这个引用类型变量的值是 null，换句话说，在程序中此时 p2 并没有“父亲”，自然就不能设置 p2 父亲的年龄。如果在“p2.father.age = 80”这条语句的前面加上一个语句“p2.father = new Person(70)”，那么程序执行时就不会出现空指针异常情况了，因为此时 p2.father 指向了内存中一个具体的 Person 对象。

2.7　指向对象自身的引用：this

在例 2-7 中，Person 类定义了一个有参的构造方法 Person(int)，代码如下：

```
public Person(int a) {
   age = a;
}
```

这个方法的形参变量取名为 a，这种标识符命名是不利于代码可读性的，阅读代码的人很难单从这个名称"a"明白这个形参的含义和作用。如果把这个形参变量的名称改为"age"，自然就提高了代码的可读性，此时构造方法 Person(int)的代码就如下所示：

```
public Person(int age) {
   age = age;
}
```

那就会带来一个新的问题："age = age"？到底哪一个"age"是 Person 类的成员变量"age"？哪一个"age"是构造方法 Person(int age)的形参"age"？

为了区分同名的成员变量"age"和形参变量"age"，可以使用关键字 this。this 是一个引用类型变量，this 变量中存放的值是对象自身在内存中的地址值。或者说，this 是一个指向对象自身的指针。

在构造方法 Person(int)中可以使用 this 来区分成员变量"age"和形参变量"age"，代码如下：

```
public Person(int age) {
   this.age = age; // 等号左边的"this.age"是成员变量，右边的"age"是形参
}
```

通过一个对象引用调用某个成员方法时，在这个方法的方法体中，可以通过 this 得到这个对象的引用。例 2-5 TestConstrutor.java 中 Person 类的成员方法 printAge()的定义等同于以下代码：

```
void printAge() {  // 成员方法：printAge()，打印年龄信息
   System.out.println("年龄是: " + this.age + "岁");
}
```

需要注意的是，this 这个引用实际上并不存放在对象数据中，而是所有实例方法都默认拥有的一个方法形参。当通过一个对象的引用调用某个实例方法时，会默认将这个引用的值传递给实例方法的隐含形参 this。比如，通过引用 p1，调用实例方法 printAge："p1.printAge()"，这个实例方法的调用过程等同于如下的伪代码：

```
Person.showAge(p1) {
   this = p1;
}
```

上述伪代码的执行过程为：在方法区找到引用 p1 所指向的对象的类原型 Person，找到类原型 Person 中的 showAge()方法，将引用 p1 的值传递给 showAge()方法中的隐含形参 this。

所以，当通过对象引用 p2 调用 showAge()方法时：p2.showAge()，showAge()方法中的 this 变量的值就会等于 p2 的值，那访问的自然就是 p2 对象的 age 值。

this 引用还有一个作用就是：当一个类重载了多个构造方法时，如果在某个构造方法的内部要调用另一个构造方法，此时不能直接写另一个构造方法的名字，而要写出 this()。

代码例 2-8 中，为 Person 类新增了一个成员变量：姓名 name，并重载了构造方法，这个例子中体现了 this 引用的一般用法。

例 2-8 Person.java

```
public class Person {
    int age;
    String name;
    public Person(int age) {
        this.age = age; // "this.age" 是成员变量，"age" 是方法形参
    }
    public Person(int age, String name) {
        this(age);       // 调用构造方法Person(int age)，不能写成Person(age);
        this.name = name;   // "this.name" 是成员变量，"name" 是方法形参
    }
    public void printInfo() {
        System.out.println(this.name + "的年龄是" + this.age);
    }
    public static void main(String[] args) {
        Person p1 = new Person(20, "张三");
        p1.printInfo();        // 此次方法调用中，方法printInfo()中的this = p1
        Person p2 = new Person(30,"李四");
        p2.printInfo();        // 此次方法调用中，方法printInfo()中的this = p2
    }
}
```

2.8 静态修饰符 static

修饰符 static 表示"静态的"。可以用修饰符 static 修饰成员变量、成员方法和类代码块。

用 static 修饰的成员变量称为**静态成员变量（Static Member Variable）**。一个类的静态成员变量是存放在方法区中的类原型中的，这个类所有对象都共享这唯一的静态成员变量。静态成员变量是这个类的公用变量，在内存中只有一份。所以，静态成员变量又称为**类变量（Class Variable）**。

没有用 static 修饰的成员变量称为**非静态成员变量（Non-Static Member Variable）**。一个类的非静态成员变量是存放在堆中的对象数据里的，这个类的每个对象实例都有自己单独的非静态成员变量。所以，非静态成员变量又称为**实例变量（Instance Variable）**。

在例 2-9 中，为 Person 类定义了一个静态成员变量 count，这个变量的作用是记录创建的 Person 对象的数量。每次调用构造方法时，都会让 count 变量的值自增 1。

例 2-9　Person.java

```java
public class Person {
    int age;
    static int count;      // 静态成员变量，用于存放创建的对象数量
    public Person(int age) {
        count ++;          // 每次创建对象，调用构造方法时，count值加1
        this.age = age;
    }
    public static void main(String[] args) {
        Person p1 = new Person(20);
        Person p2 = new Person(30);
        System.out.println("总共创建的Person对象数量是: " + count);
    }
}
```

在例 2-9 中的 main()方法执行完之后，内存中的相关情况如图 2-14 所示。

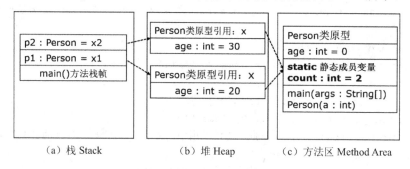

（a）栈 Stack　　　　（b）堆 Heap　　　　（c）方法区 Method Area

图 2-14　静态成员变量存放在类原型中

从图 2-14 中可以看到，堆中的两个 Person 对象数据中只有非静态成员变量 age，并没有静态成员变量 count，静态成员变量 count 是存放在 Person 类原型中的。也就是说，每个 Person 对象都拥有自己独立的非静态成员变量（实例变量）age，所有 Person 对象都共享唯一的静态成员变量（类变量）count。

用 static 修饰的成员方法称为静态成员方法，也称为类方法。一个类的静态成员方法调用是和这个类的所有对象都无关的，也就是说，无须通过对象的引用调用静态成员方法，静态成员方法中也不存在 this 引用。所以，正确调用静态成员方法的语法是：

类名.静态成员方法名()

没有用 static 修饰的成员方法称为非静态成员方法，也称为实例方法。一个类的非静态成员方法调用总是和这个类的某个对象相关的，也就是说，需要通过某个对象的引用才能调用非静态成员方法，非静态成员方法中总是存在 this 引用。所以，调用非静态成员方法的语法是：

对象引用名.非静态成员方法名()

需要注意的是，在一个静态成员方法中，不能访问非静态成员变量，不能调用非静态成员方法（构造方法除外）。也就是说，在一个静态成员方法中，只能访问静态成员，包括静态成员变量和静态成员方法。

如果在例 2-9 的 main() 方法中添加下面这一行代码：

```
System.out.println(age);
```

则 Eclipse 会提示语法错误信息，如图 2-15 所示。

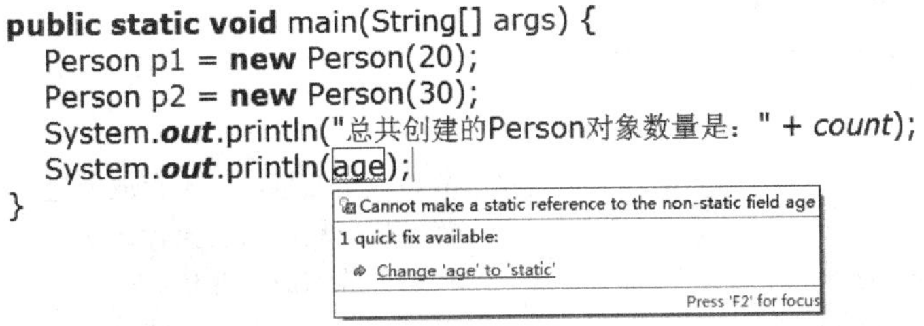

```
public static void main(String[] args) {
    Person p1 = new Person(20);
    Person p2 = new Person(30);
    System.out.println("总共创建的Person对象数量是：" + count);
    System.out.println(age);
}
```
Cannot make a static reference to the non-static field age
1 quick fix available:
Change 'age' to 'static'
Press 'F2' for focus

图 2-15 静态方法中不能访问实例变量

错误信息"Cannot make a static reference to the non-static field age"的含义是"不能在静态成员方法中访问非静态成员变量 age"。因为 main() 方法用了 static 修饰，所以 main() 方法是静态方法，而变量 age 没有用 static 修饰，所以变量 age 是非静态成员变量，main() 方法中就不能访问变量 age。而变量 count 又用 static 修饰，所以变量 count 是静态成员变量，main() 方法中就可以访问变量 count。

静态方法中不能访问非静态变量和非静态方法，但是非静态方法中既可以访问非静态变量和非静态方法，也可以访问静态变量和静态方法。

> 为什么 main() 方法必须是 static 的？

用 static 修饰的代码块是静态代码块。一个类的静态代码块（Static Code Block）是定义在类的内部、方法的外部的，语法如下所示：

```
class XXX {
    static { ... } // 静态代码块定义
    // 成员变量定义
    // 成员方法定义
}
```

关于静态代码块，要掌握以下几点：
- 静态代码块不是方法，没有方法名、返回值和参数。
- 静态代码块的作用是对类自身进行初始化，主要是对类的静态成员变量进行初始化。
- 当 JVM 装载一个类时，会执行这个类的静态代码块。由于 JVM 装载某个类的操作只会执行一次，所以这个类的静态代码块也只会执行一次。

这里，对修饰符 static 的使用进行小结：
（1）用 static 修饰的成员变量是静态成员变量（类变量），是该类所有对象的共享变量，内存中只有一份。

（2）用 static 修饰的方法是静态成员方法（类方法），在静态成员方法中不能访问非静态成员。

（3）用 static 修饰的代码块是静态代码块，只在 JVM 装载该类时执行一次。

在代码例 2-10 中，为 Person 类定义了静态成员变量 count，静态成员方法 printCount() 和静态代码块。在 TestStatic 类的 main() 方法中访问了 Person 类的静态成员变量和静态成员方法。这个例子体现了修饰符 static 的一般用法。

例 2-10 TestStatic.java

```java
class Person {
    int age;
    static int count;              // 静态成员变量，用于存放创建的Person对象数量
    static {                       // 静态代码块，只会执行一次
        count = 0;                 // 初始化静态成员变量
        printCount();              // 可以调用静态成员方法
    }
    public Person(int age) {
        count ++;                  // 每次创建对象，调用构造方法时，count值加1
        this.age = age;
    }
    void printAge() {
        System.out.println("年龄是: " + this.age);
    }
    static void printCount() {     // 静态成员方法中可以访问静态成员变量
        System.out.println("目前总人数是: " + count);
    }
}
public class TestStatic {
    public static void main(String[] args) {
        Person p1 = new Person(20);
        Person p2 = new Person(30);
        p1.printAge();
        p2.printAge();
        Person.printCount();                    // 用"类名.方法名()"来访问静态方法
        System.out.println(Person.count);       // 用"类名.属性名"来访问静态属性
    }
}
```

2.9 包机制：package 和 import

随着 Java 语言的广泛应用，用 Java 编写的类越来越多，如何对这些类进行有效的管理，以避免类名重复的冲突呢？为了解决类名冲突的问题，Java 语言引入"包机制"，就是通过不同的包名为类提供多重的命名空间，也就是说把"包名+类名"作为一个类的完

整名字，或者说是类的全称。

例如，公司 A 实现了一个类 Person，公司 B 也实现了一个类 Person，如何区分这两个 Person 类呢？公司 A 和公司 B 都可以使用自己公司的 Internet 域名的倒写来作为自己实现的 Person 类的包名。假设公司 A 的域名是 "a.com"，公司 B 的域名是 "b.com"，则公司 A 实现的 Person 类的全称就是 "com.a.Person"，公司 B 实现的 Person 类的全称就是 "com.b.Person"。鉴于 Internet 域名的唯一性，任何 Java 类的全称都是唯一的，这就避免了类名重复的冲突。

在定义一个类的时候，为了将这个类定义到某个包里，需要在源代码的开头部分指明该文件定义的类所属的包名，语法规则如下：

```
package **[.**][.**];
class Xxx {
    …
}
```

Java 编译器会把包对应于文件系统的目录。假设把类 A 定义到包 p 中，那么类 A 编译后生成的 A.class 文件就会放到目录 p 中。

对于"包"，需要注意的一点是：从语义上来说，包之间是没有层次关系的。也就是说，"com.b" 和 "com" 是两个同等地位的包。但是从目录结构上来看，"com" 包中的类文件会存放在目录 "com" 下面，而 "com.b" 包中的类文件会存放在目录 "com/b" 下面。

一个包中的类可以直接访问本包中的其他类。但是如果一个包中的类要访问另一个包中的类，那么在访问之前，需要先导入（import）另一个包中的类。比如包 p1 中的类 A 要访问包 p2 中的类 B，语法规则如下：

```
package p1;
import p2.B;
class A {
    …// 类A的定义中会用到类B
}
```

在 Java 语言的所有包中，Java 语言核心包 java.lang 是很特殊的。特殊之处在于：任何 Java 类都默认已经导入（import）了 java.lang 包中的所有类，换句话说，就是可以直接访问 java.lang 包中类，而无须导入，比如 java.lang.System。

这里简单介绍一些 Java SE 的核心包，这些核心包都在 rt.jar 这个文件内。

- java.lang：包含一些 Java 语言的核心类，如 String、Math、System，提供常用功能，这个包中的类是默认导入的，即不用显式地写 import。
- java.util：包含一些实用工具类，如 Date、Random、Collection 框架等。
- java.io：包含能提供多种输入输出功能的类。
- javax.sql：包含数据库访问和处理的相关类。
- java.net：包含执行与网络相关的操作的类。

- java.awt：包含用于创建 GUI 程序的相关类。
- javax.swing：包含轻量级的 GUI 组件。

习 题 2

1. 简答题

（1）Java 语言的基本数据类型有哪些？

（2）简述 Java 语言中变量的分类。

（3）在代码例 2.2 中，按变量数据类型和定义位置来划分，age、p1、p2、i 分别是什么类型的变量？

（4）简述关键字 static 的作用。

2. 选择题

（1）以下哪个不是 Java 的基本数据类型？（　　）

　　（A）boolean　　　（B）char　　　（C）String　　　（D）float

（2）下列哪些不是合法的 Java 标识符？（　　）【多选题】

　　（A）a2　　　　　（B）$2　　　　（C）_2　　　　　（D）2a

　　（E）class　　　　（F）Hello　World

（3）已知 short i = 32; long j = 64; 则下面赋值语句中不正确的一个是（　　）。

　　（A）j = i;　　　（B）i = j;　　　（C）i = (short)j;　　　（D）j = (long)i;

（4）以下哪一个选项是正确的？（　　）

　　（A）float f=1.3　（B）char c="a"　（C）byte b=257　（D）boolean b=true

（5）以下哪一个选项是正确的？（　　）

　　（A）float f=1.5f　（B）char c="a"　（C）char c="ab"　（D）boolean b=1

（6）"System.out.println()" 这条语句中的 "System" 是（　　）。

　　（A）类　　　　　（B）对象　　　（C）方法　　　（D）变量

（7）设有变量定义 float f=32.1f; double d=64.2; 下面赋值语句中不正确的一个是（　　）。

　　（A）d=f;　　　（B）f=d;　　　（C）f=(float)d;　　　（D）d=(double)f;

（8）如果在一个类中定义了一个 static 的成员变量，则以下说法正确的是（　　）。

　　（A）每个对象都拥有该成员变量的一份拷贝

　　（B）只能通过"对象名.成员变量名"来访问

　　（C）可以通过"类名.成员变量名"来访问

　　（D）在静态方法中不可以访问这个成员变量

（9）下列选项中，哪些方法可以与方法 void setAge(int year, int month, int day)定义在同一个类中？（　　）【多选题】

　　（A）void setAge() { }　　　　　　（B）int setAge(int year, int month, int day) { }

　　（C）int setAge(Date d) { }　　　　（D）void setage(int year, int month, int day) { }

　　（E）void setAge(int age) { }　　　（F）void setAge(int y, int m, int d){ }

（10）如果在例 2.4 TestOverload.java 的 main 方法中添加以下语句,那么调用 max(f1, f2) 时，实际绑定的方法是（　　）。

float f1 = 10.1F;　　　float f2 = 10.2F;　　　double d = max(f1, f2);
　　（A）max(int, int)　　　　　　（B）max(double, double)

（11）已知 Test 类的定义如下所示：

```
public class Test {
   public float aMethod (float a, float b){   }
}
```

那么，以下哪个方法不能定义在 Test 类中？（　　）
　　（A）public float aMethod (float a, float b, float c) {   }
　　（B）public float aMethod (float c,float d) {   }
　　（C）public int aMethod (int a, int b) {   }
　　（D）private float aMethod (int a, int b, int c) {   }

（12）为了将类定义在 p1 包中，需要在代码中使用的语句是（　　）。
　　（A）　import p1.*;　　　　（B）package p1.*;
　　（C）　import p1;　　　　　（D）package p1;

（13）为了可以使用包 ch4 中的类，需要在代码中使用的语句是（　　）。
　　（A）　import ch4.*;　　　　（B）package ch4.*;
　　（C）ch4 import;　　　　　（D）ch4 package;

（14）以下关于构造函数的描述错误的是（　　）。
　　（A）构造函数的返回类型只能是 void 型
　　（B）构造函数是类的一种特殊函数，它的方法名必须与类名相同
　　（C）构造函数的主要作用是完成对类的对象的初始化工作
　　（D）一般在创建新对象时，系统会自动调用构造函数

（15）类 StaticStuff 定义如下：

```
1. lass StaticStuff {
2.     static int x = 10;
3.     static {  x += 5; }
4.     public static void main(String args[]) {
5.         System.out.println("x=" + x);
6.     }
7.     static {  x /= 3; }
8. }
```

关于上面代码的说明中，正确的是（　　）。
　　（A）第 3 行与第 7 行不能通过编译，因为缺少方法名和返回类型
　　（B）第 7 行不能通过编译，因为一个类中只能有一个静态初始化代码块
　　（C）编译通过，执行结果为：x=5
　　（D）编译通过，执行结果为：x=3

3. 编程题

（1）请指出代码中的语法错误，并修改。

```
public class findwrong {
    public void main(String args) {
        int i=1, j;
        float f1 = 0.1, f2 = 123;
        final double PI = 3.1415926;
        char class = 'b';
        i = j + 5;
        f1 = f2 +2;
        PI = PI * 2;
        class =' c';
    }
}
```

（2）编写程序 Point.java，定义一个 Point 类，表示二维平面上的"点"，在类中定义一个成员方法 getDistance 用以返回该点到原点的距离，在 main 方法中，创建一个 Point 对象，并打印出该点到原点的距离。按模板要求，将【代码 1】～【代码 5】替换成相应的 Java 程序代码，使之能完成注释中的要求。

```
public class Point {         // 定义一个类表示二维平面上的"点"(Point)
    int x;
    【代码1】// 定义整型成员变量y，表示该点y轴坐标值
    【代码2】(int x1, int y1) {  // 定义构造方法，以初始化x和y轴坐标值
        x = x1;
        y = y1;
    }
    double getDistance() {       // 定义成员方法，获取该"点"到原点的距离
        double distance = Math.sqrt(x*x + y*y);
                                 // Math.sqrt()方法的作用是开根号
        【代码3】;                // 返回distance的值
    }
    public static void main(String[] args) {
        Point p = 【代码4】      // 创建Point对象表示一个点，该点的坐标是(3,3)
        【代码5】               // 打印出点p到原点的距离
    }
}
```

（3）编写程序 Line.java，定义一个类 Line，表示二维平面上的"直线"。定义 Point 成员变量 startPoint 和 endPoint 分别表示直线的起点和终点。定义构造方法，参数有 4 个，分别是这两个点的 x、y 轴坐标值。定义构造方法，参数是两个 Point 类型变量。定义一个成员方法 getLength()，方法可以返回该直线的长度。在 main 方法中，分别通过不同的构造方法创建两个 Line 对象，并打印出它们的长度。按模板要求，将【代码 1】～【代码 5】

替换成相应的 Java 程序代码，使之能完成注释中的要求。

```
public class Line {                    // 定义一个类表示二维平面上的"直线"(Line)
    Point startPoint;
    【代码1】    // 定义Point类型的成员变量endPoint，表示该直线的终点
    Line(Point p1, Point p2) {    // 定义构造方法1，以初始化起点和终点
        startPoint = p1;
        endPoint = p2;
    }
    Line(int x1, int y1, int x2, int y2) {    //定义构造方法2
        【代码2】        // 通过起点坐标x1,y1和终点坐标x2,y2，初始化Line的成员变量
    }
    double getLength() {
        int x = startPoint.x - endPoint.x;
        int y = startPoint.y - endPoint.y;
        double length = 【代码3】            // 通过Math.sqrt()方法求直线的长度
        return length;
    }
    public static void main(String[] args) {
        Point p1 = new Point(1,1);
        Point p2 = new Point(2,2);
        Line line1 = 【代码4】            // 根据p1,p2创建并初始化一个Line对象
        System.out.println(line1.getLength());
        【代码5】    // 通过构造方法2创建一个表示(3,3)和(4,4)之间的直线
    }
}
```

（4）编写程序 Student.java，定义一个类 Student，表示"学生"。定义表示年龄和姓名的成员变量 age 和 name。定义有两个参数的构造方法，参数分别是 age 和 name；定义只有一个参数的构造方法，参数是 age；定义无参的构造方法。定义打印学生年龄和姓名信息的方法 printInfo。定义静态成员变量 count，用以存放创建的学生对象的数量，定义静态成员方法 printCount，用以打印学生对象的数量。在 main 方法中创建两个学生对象，然后打印这两个学生的信息，并打印学生的数量。按模板要求，将【代码 1】～【代码 10】替换成相应的 Java 程序代码，使之能完成注释中的要求。

```
public class Student {
    int age;
    String name;
    【代码1】    // 定义静态成员变量count，用以存放创建的学生对象数量
    public Student() {
        System.out.println("调用无参的构造方法");
        【代码2】    // 静态成员变量count自增1，表示新创建了一个学生对象
    }
    public Student(int age) {
```

```
        【代码3】      //此处调用无参的构造方法
        System.out.println("调用只有一个参数的构造方法");
        this.age = age;
    }
    public Student(int age, String name) {
        【代码4】     //此处调用只有一个参数的构造方法
        System.out.println("调用有两个参数的构造方法");
        【代码5】     //初始成员变量name
    }
    【代码6】   {   //定义成员方法printInfo(),用以打印学生信息
        System.out.println(this.name + "的年龄是" + this.age);
    }
    static void printCount() {
        【代码7】    // 打印学生对象的数量
    }
    public static void main(String[] args) {
        Student s1 = new Student(20, "张三");
        Student s2 = 【代码8】  //创建学生对象：张三，20岁
        s1.printInfo();
        【代码9】    // 打印学生s2的信息
        【代码10】   // 打印学生对象的数量
    }
}
```

（5）编写程序 Account.java，定义一个类 Account，表示"银行账户"，完成以下要求：
① 定义以下实例成员变量。
账号：String account
储户姓名：String name
存款余额：double balance
② 定义以下静态成员变量。
账户最小余额限制值：double minBalance。
③ 在静态代码块中初始化静态成员变量，账户最小余额为 10 元。
④ 定义构造方法以初始化实例成员变量 accout、name 和 balance。
⑤ 定义存钱方法 deposit，该方法调用后会显示当前账户的原有金额、现存入金额以及存入后的总金额。
⑥ 定义取钱方法 withdraw，方法调用后会显示当前账户的原有金额、现取出金额以及取出后的最后余额，如果最后余额小于账户最小余额限制值 minBalance，则提示该操作失败。
⑦ 定义静态方法 setMinBalance，用以设置账户最小余额限制值。

第3章　继承和多态

3.1　子类继承父类

"继承"（Inheritance）是面向对象最显著的一个特性。

从语义上看，一个子类继承父类，这个子类就是一种"特殊"的父类，可以表述为"子类 是一种 父类"。例如，"狗"是一种"动物"，所以"狗"是"动物"的子类，"动物"是"狗"的父类。父类与子类的关系是一种"一般"与"特殊"的关系。所以"继承"也可以理解为"泛化"（Generalization）。

从语法上看，一个子类继承父类，这个子类就自动获得了父类中定义的成员变量和成员方法，同时，这个子类也可以定义新的成员变量和成员方法。所以"继承"也可以理解为"扩展"（Extends）。

父类又称为**超类**（Super Class）或**基类**（Base Class），**子类**（Sub Class）又称为**派生类**（Derived Class）。通过子类继承父类，使得复用父类的代码变得非常容易，能够大大缩短开发周期，降低开发费用。

图 3-1 是一种 UML 图（Unified Modeling Language，统一建模语言），体现了类之间的继承关系，可以看到，图中子类用空心三角箭头指向父类。

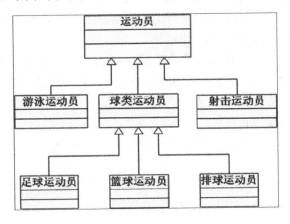

图 3-1　UML 图——继承关系

图 3-1 所述的继承关系说明："球类运动员"是"运动员"的子类，"篮球运动员"是"球类运动员"的子类。那么，"篮球运动员"自然也是"运动员"的子类，"篮球运动员"自然也就拥有"运动员"中定义的成员变量和成员方法。

Java 语言使用关键字 extends 定义类之间的继承关系，例如，B 类继承 A 类，则 B 类的定义语法如下：

```
class B extends A {
    …
}
```

Java 语言是不支持多继承的，也就是说，一个类不能直接继承多个父类，Java 语言只支持单继承，例如下面的代码是错误的：

```
class C extends A, B { } // 错误，C类不能既继承A类又继承B类
```

定义一个类时，如果没有声明这个类继承 extends 哪个父类，则这个类就自动继承 java.lang.Object。java.lang.Object 是所有 Java 类的始祖类，或者说，所有 Java 类都派生自 java.lang.Object。在本章的后续部分会详细介绍 java.lang.Object。

关于继承，有以下几点语法机制需要注意。

- Java 虚拟机在装载一个子类之前，必须先装载它的父类。
- 因为一个子类对象肯定要拥有父类对象的属性，所以在一个子类对象数据中是包含一个父类对象数据的。那么在创建初始化一个子类对象时，就必须要先创建初始化一个父类对象。所以在调用子类构造方法时，肯定会先调用父类的构造方法，以初始化这个子类对象中的父类对象。
- 父类的构造方法是不能被子类继承的，但是子类的构造方法中可以调用，也必须调用父类的构造方法。
- 如果在子类的构造方法中需要显式调用父类的构造方法，那么就要在子类构造方法中的第一行，使用语句"super(实参列表)"来调用父类的构造方法。
- 如果在子类的构造方法中没有显式调用父类的构造方法，则编译器会自动在子类构造方法中的第一行，添加调用父类无参构造方法的语句"super()"，如果此时父类没有定义无参的构造方法，则会出现编译错误。

在例 3-1 中，定义了一个 Person 类的子类 Student 学生，在子类 Student 中新增了成员变量 School 学校，新增了成员方法 printSchool() 打印学校信息。在公共类 TestExtends 的 main() 方法中，创建了两个 Student 对象。代码如下。

例 3-1　TestExtends.java

```
class Person {
    int age;
    String name;
    public Person(int age, String name) {
        this.name = name;
        this.age = age;
    }
    void printInfo() {
        System.out.println("姓名是: " + this.name);
        System.out.println("年龄是: " + this.age);
```

```
    }
}
class Student extends Person { // 使用extends，继承父类Person
    String school;                 // 子类新增成员变量
    public Student(int age, String name, String school) {
        // 使用"super(参数列表)"，调用父类构造方法，必须写在第1行
        super(age, name);
        this.school = school;
    }
    void printSchool() {           // 子类新增成员方法
        System.out.println("学校是: "+ this.school);
    }
}
public class TestExtends {
    public static void main(String[] args) {
        Student s1 = new Student(20, "张三", "电子科技大学中山学院");
        Student s2 = new Student(25, "张三", "社会大学");
    }
}
```

在例 3-1 中，TestExtends 类的 main()方法执行完之后，内存中的相关情况如图 3-2 所示。

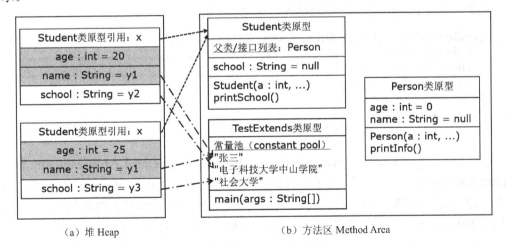

(a) 堆 Heap　　　　　　　　(b) 方法区 Method Area

图 3-2　TestExtends 内存示意图

从图 3-2 中可以看到以下几点。
- 一个子类 Student 对象数据中包含了一个父类 Person 对象数据，图中灰色部分就是父类 Person 对象数据。
- 在子类 Student 的类原型中并没有继承自父类 Person 中定义的成员变量和成员方法，

但是子类 Student 的类原型中的父类列表存储了父类的名称 Person。通过这个名称可以找到 Person 类原型，所以这个名称的作用类似于一个指向父类 Person 类原型的指针。

- 当执行代码 "s1.printInfo()" 时，方法调用的过程可以是这样的：通过引用 s1 找到对应的 Student 对象，通过 Student 对象找到 Student 类原型，通过 Student 类原型中的父类列表找到 Person 类原型，最后再找到 Person 类原型中的 printInfo()方法。当然这种方法调用的过程很繁琐，效率较低，所以一般的 JVM 实现中不是这样完成方法调用的。本章后续内容中，会对一般的 JVM 实现中方法调用的过程进行介绍。
- 一个类的代码出现的字符串常量是存放在方法区类原型中的常量池里的，而 Student 对象数据中的 name 和 school 只是 String 引用类型的变量，存放的是对应的字符串常量在内存中的地址值，而且字符串常量池中的字符串常量是没有重复的。关于字符串在内存中的存放方式，在本书讲解字符串类型 String 的部分会进一步介绍。

在例 3-1 中，子类 Student 的构造方法中通过 "super(实参列表)" 的方式调用了父类的构造方法 Person(int, String)，目的是初始化子类 Student 对象数据中的父类 Person 对象数据。为了达到这个目的，也可以将 Student 的构造方法定义成：

```
public Student(int age, String name, String school) {
    this.age = age;
    this.school = school;
    this.school = school;
}
```

但是，此时 Eclipse 提示了语法错误，如图 3-3 所示。

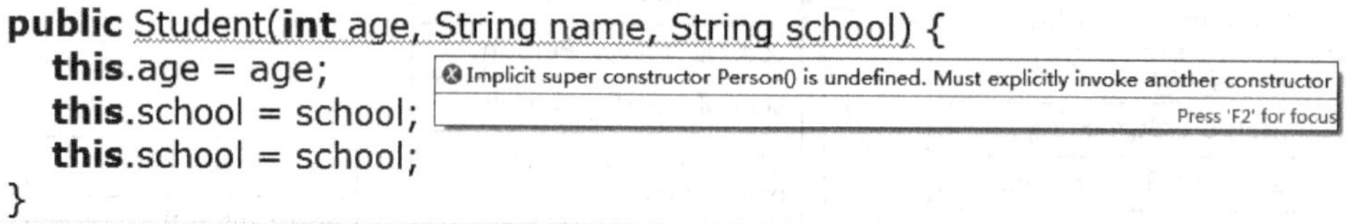

```
public Student(int age, String name, String school) {
    this.age = age;
    this.school = school;         ⊗ Implicit super constructor Person() is undefined. Must explicitly invoke another constructor
    this.school = school;                                                                           Press 'F2' for focus
}
```

图 3-3　隐式调用父类构造方法错误

错误提示信息 "Implicit super constructor Person() is undefined. Must explicitly invoke another consturctor" 的含义是 "没有定义隐式的父类构造方法 Person()，必须要显式调用另一个构造方法"。出错的原因是：当子类构造方法中没有显式调用父类构造方法时，会默认调用父类无参的构造方法。也就是说，此时 Student 类的构造方法实际上是这样的：

```
public Student(int age, String name, String school) {
    super();
    this.age = age;
    this.name = name;
    this.school = school;
}
```

但是父类 Person 由于只定义了一个有参的构造方法 Person(int, String)，所以父类 Person 中是没有定义无参构造方法 Person()的，那么，编译器就无法将 super()绑定到目标方法 Person()。

解决这个问题的方式有以下两种：
- 为父类 Person 定义一个无参的构造方法 Person()。
- 在子类 Student 构造方法中，使用关键字 super，显式调用父类 Person 中定义好的构造方法，如例 3-1 中的代码。

3.2 方法的覆盖和变量的隐藏

在例 3-1 中，如果想要打印输出一个 Student 对象完整的信息，包括姓名、年龄和学校，则需要调用继承自父类的 printInfo()方法和自己新增的 printSchool()方法，代码如下：

```
Student s1 = new Student(20, "张三", "电子科技大学中山学院");
s1.printInfo();
s1.printfSchool();
```

更合理的方式应该是：只需调用 printInfo()方法就能打印输出完整的信息。也就是说，此时子类 Student 对继承自父类 Person 中定义的 printInfo()方法是"不满意"的。

如果一个子类对继承自父类的某个方法的实现"不满意"，子类可以重新实现这个方法。这种语法机制称为"**方法的覆盖**"（**Override**），或者称为"方法的重写"。

对于方法的覆盖这种语法机制，需要注意的是：
- 子类重新实现的方法必须和父类中被覆盖的方法具有完全一致的方法名、参数列表和返回值类型，否则就不能称为方法的覆盖。
- 在子类的方法中，可以通过语句"**super.方法名**"，来显式调用父类中被覆盖的方法。
- 子类不能覆盖父类中用 static、private 或者 final 修饰符修饰的方法。
- 只有当一个子类能够访问父类的某个方法时，父类的这个方法才能被子类覆盖（关于方法的访问权限问题，会在本章的后续部分讲解）。

与"方法的覆盖"类似的语法机制是"**变量的隐藏**"。变量的隐藏是指：在子类中可以定义父类中已经定义的成员变量，或者说，可以定义和父类成员变量同名的成员变量，此时子类的成员变量隐藏了父类的成员变量，可通过语句"**super.成员变量名**"来访问父类中被隐藏的成员变量。

在例 3-2 中，子类 B 继承了父类 A 中定义的成员变量 field1 和成员方法 method1()。所以当执行代码"b.method1();"时，调用的方法就是父类 A 中定义的方法，当执行代码"System.out.println(b.field1);"时，访问的变量就是父类 A 中定义的成员变量 field1。

例 3-2 TestOverride1.java

```
class A {
    int field1 = 1;
```

```
    void method1() {
        System.out.println("A.method1()");
    }
}

class B extends A {

}

public class TestOverride1 {
    public static void main(String[] args) {
        B b = new B();
        System.out.println(b.field1);
        b.method1();
    }
}
```

运行程序例 3-2，在 Console 控制台视图中的输出结果是：

```
1
A.method1()
```

在没有发生方法覆盖和变量隐藏的情况下，内存中的相关情况如图 3-4 所示。以下是关于图 3-4 的相关解释：

- 子类 B 对象数据中只包含了父类 A 定义的成员变量 field1，因为子类 B 中没有新定义成员变量。
- 子类 B 类原型中有一个实例方法指针数组。这个数组中的元素是引用类型变量，这些变量的值是一些方法在内存中的地址值，所以这个数组是一个方法指针数组，又称为方法表。
- 方法表中的指针所指向的方法包括：B 类中定义的方法和 B 类父类中定义的方法，但是不包括构造方法、静态方法（用修饰符 static 修饰的方法）和私有方法（用修饰符 private 修饰的方法）。
- B 类方法表中有一个数组元素的值是 m1，父类 A 类原型中的方法 method1()存储在内存地址 m1 中，图中用"箭头"描述的含义是：这个数组元素是个方法指针，指向 A 类的 method1()方法。
- 要注意的一点是，这个 B 类的方法表中没有指向 B 类构造方法 B()的指针，也没有指向其父类构造方法 A()的指针。

修改例 3-2 中子类 B 的定义，在子类 B 的定义中定义与父类 A 同名的成员变量 field1 和同名的成员方法 method1()，子类 B 的代码如下所示：

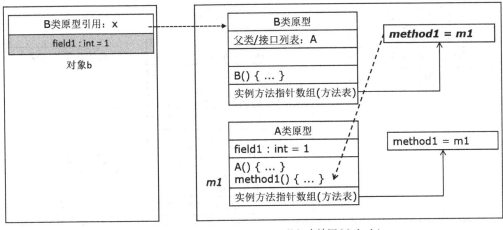

(a) 堆 Heap （b）方法区 Method Area

图 3-4　子类没有覆盖 Override 父类方法

```
class B extends A {
    int field1 = 2;        // 定义和父类A同名的成员变量，变量的隐藏
    void method1() {       // 定义和父类A同名的成员方法，方法的覆盖
        System.out.println("B.method1()");
    }
}
```

由于此时子类 B 覆盖了父类 A 的方法 method1()，隐藏了父类的变量 field1，所以，再次运行程序例 3-2，在 Console 控制台视图中的输出结果是：

```
2
B.method1()
```

在子类 B 中定义了和父类 A 同名的成员变量，以及定义了和父类 A 同名的成员方法的情况下，内存中的相关情况如图 3-5 所示。以下是关于图 3-5 的相关解释：

- 子类 B 对象数据中除了包含了父类 A 定义的成员变量 field1 之外，也包含了子类 B 中新定义的成员变量 field1。由于这两个成员变量是同名的，所以子类 B 新定义的成员变量 field1 隐藏了父类 A 定义的成员变量 field1（图中灰色部分）。当执行代码"System.out.println(b.field1);"时，访问的变量就是子类 B 中定义的成员变量 field1，所以程序输出的结果是"2"。
- 子类 B 类原型的成员方法信息中多了一个方法 method1()，这是子类 B 中定义的方法，这个方法在内存中的地址是 m2。此时 B 类方法表中原先指向 A 类 method1() 方法的指针，现在指向了 B 类 method1() 方法。当执行代码"b.method1();"时，调用的方法就是子类 B 中定义的方法，所以程序输出的结果是"B.method1()"。

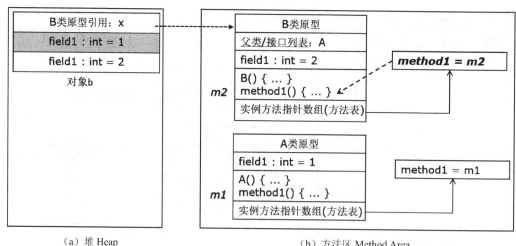

(a) 堆 Heap　　　　　　　　　　（b) 方法区 Method Area

图 3-5　子类覆盖了父类方法

在例 3-3 中，子类 Student 覆盖了父类 Person 的成员方法 printInfo()。在子类 Student 的成员方法 printInfo()中通过语句"super.成员"访问了父类中被覆盖的成员方法 printInfo()。

例 3-3　TestOverride2.java

```java
class Person {
    int age;
    String name;
    static int count;              // 静态成员变量，用于存放创建的Person对象数量
    public Person(int age, String name) {
        count++;                   // 每次创建对象，调用构造方法时，count值加1
        this.name = name;
        this.age = age;
    }
    static void printCount() {     // 静态成员方法中可以访问静态成员变量
        System.out.println("目前总人数是: " + count);
    }
    void printAge() {              // 打印年龄属性
        System.out.println("年龄是: " + this.age);
    }
    void printName() {             // 打印姓名属性
        System.out.println("姓名是: " + this.name);
    }
    void printInfo() {             // 被子类覆盖的成员方法
        printAge();
        printName();
    }
}
class Student extends Person {
```

```
    String school;
    public Student(int age, String name, String school) {
        super(age, name);      // 使用super，调用父类的构造方法
        this.school = school;
    }
    void printSchool() {
        System.out.println("学校是: " + this.school);
    }
    void printInfo() {          // 与父类相同的成员方法，覆盖父类的printInfo()方法
        super.printInfo();     // 使用super，调用父类中被覆盖的方法
        printSchool();
    }
}
public class TestOverride2 {
    public static void main(String[] args) {
        Student s = new Student(20, "张三", "电子科技大学中山学院");
        s.printInfo();
    }
}
```

在例 3-3 中，TestOverride2 类的 main()方法执行完之后，内存中的相关情况如图 3-6 所示。

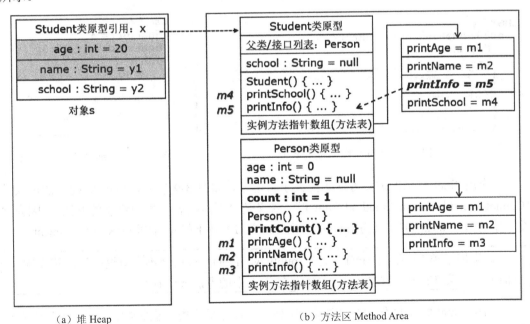

图 3-6　TestOverride2 内存示意图

对于图 3-6，需要注意的一点是 Person 类和 Student 类的方法表中并没有指向静态方法

printCount()的指针，因为方法表中不会包含构造方法、私有方法和静态方法的方法指针。

3.3 终态修饰符 final

修饰符 **final** 的含义是"终态的"，也就是"不能改变的"。用修饰符 final 可以修饰变量、方法和类。

用 final 修饰的变量的值不能被改变，也就是说，用 final 修饰的一个变量实际上是一个"常量"。

一个用 final 修饰的方法形参，在方法体中不能改变它的值；一个在方法体中定义的局部变量如果用 final 修饰，则这个变量只能赋值一次，赋值后不能改变它的值。如图 3-7 所示，Eclipse 提示的错误是"The final local variable k cannot be assigned"，含义是"终态的局部变量 k 不能被赋值了"，因为用 final 修饰的局部变量 K 实际上是常量，这个常量在定义时已经赋值了，就不能再修改这个常量的值了。而对于终态的方法形参 j，则不能在方法体中修改它的值，因为在调用这个方法时，已经把实参的值赋给这个常量了。

一个用 final 修饰的实例变量只能赋值一次，要么在定义这个成员变量时赋值，要么在构造方法中赋值。用 final 修饰的静态成员变量必须在定义时赋值，不能在构造方法中赋值。如图 3-8 所示，Eclipse 提示的错误是"The final field T.i cannot be assigned"，含义是"T 类中的终态实例变量 i 不能被赋值了"，因为用 final 修饰的实例变量 i 实际上是常量，这个常量在定义时已经赋值了，就不能在构造方法中修改这个常量的值了。而对于终态的静态常量 i_s，则只能在定义时赋值，不能在构造方法中赋值。

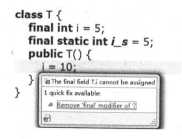

图 3-7 用 final 修饰局部变量　　　　图 3-8 用 final 修饰成员变量

一个用 final 修饰的成员方法不能被子类覆盖。如图 3-9 所示，Eclipse 提示的错误是"Cannot override the final method from T"，含义是"不能覆盖 T 类中终态的方法"，因为父类 T 中的方法 m(int)被定义为 final 的，所以子类 TT 就不能覆盖/重写这个方法 m(int)。

> 如果把子类 TT 的方法 m()定义为：public void m() { }，还会不会有这个语法错误呢？这时候，子类 TT 中的方法 m()还是覆盖父类 T 中的方法 m(int)吗？

一个用 final 修饰的类不能被继承，这种类又称为最终类。最终类中的所有方法都默认是终态的，也就是说，编译器会给最终类中定义的方法都加上修饰符 final。如图 3-10 所示，Eclipse 提示的错误是"The type TT cannot subclass the final class T"，含义是"TT 类不能是最终类 T 类的子类"，因为 T 类被定义为最终类，所有任何类都不能继承 T 类，而且最终类 T 类中定义的方法 m() 默认就是终态的。

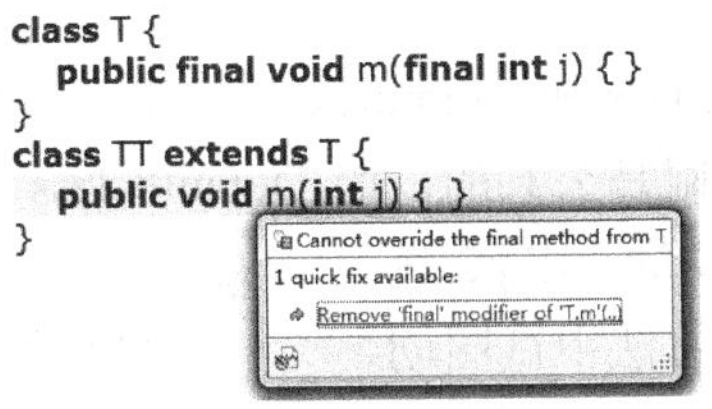

图 3-9　用 final 修饰成员方法 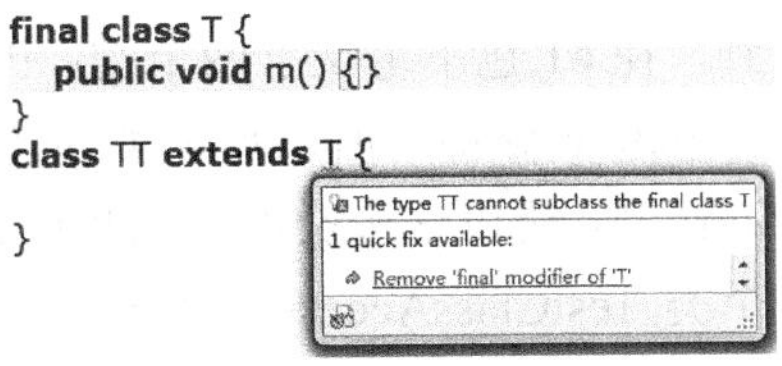　　　　图 3-10　用 final 修饰类

例 3-4 的代码完整体现了修饰符 final 的使用方法。

例 3-4　TestFinal.java

```java
class T {  // 如果定义为final class T，则这个类T不能被继承
    // final的成员变量只能赋值一次，要么在定义时赋值，要么在构造方法中赋值
    final int i;         // 如果定义为final int i = 5，则不能在构造方法中赋值
    final static int i_s = 5;          // final的静态成员变量不能在构造方法中初始化
    public T() {
        i = 10;
    }
    final void m(final int j) {     // final的方法不能被重写覆盖
        // j++; // 错误，不能修改局部常量j的值
        final int k = 9;
        // k++; // 错误，不能修改局部常量k的值
    }
}
class TT extends T {
    void m() {         // 如果定义为void m(int j)，则会出错
        System.out.println("这不是方法的覆盖");
    }
}
public class TestFinal {
    public static void main(String[] args) {
        T t = new T();
        // t.i = 8; // 错误，不能修改成员常量i的值
    }
}
```

3.4　访问权限修饰符

　　Java 语言中的访问权限修饰符分为两类，一类是用来修饰类的，一类是用来修饰成员变量和成员方法的。

　　修饰类的访问权限有两种：公共的 public 和缺省的 default，如果定义一个类使用了修饰符 public，则这个类的访问权限就是公共的，否则这个类的访问权限就是缺省的。public

类可以被所有的类访问，包括和自己同一个包中的类、其他包中的类。default 类只能被和自己同一个包中的类访问。

可以看到，在 p1 包下定义了两个类：PublicClass 和 DefaultClass。其中 PublicClass 类使用了修饰符 public 修饰，所以这个类的访问权限是公共的，而 DefaultClass 类没有使用修饰符 public 修饰，所以这个类的访问权限是缺省的。在 p2 包下定义了一个类 TestClassAccess，并在其 main()方法中试图创建 PublicClass 和 DefaultClass 的对象。类的结构如图 3-11 所示。

这三个类的代码如下所示：

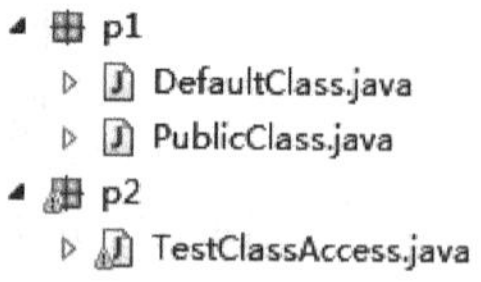

PublicClass.java

图 3-11　定义不同包中的类

```
// p1.PublicClass
package p1;
public class PublicClass { }
```

DefaultClass.java

```
// p1.DefaultClass
package p1;
class DefaultClass { }
```

TestClassAccess.java

```
// p2.TestClassAccess
package p2;
import p1.*;
public class TestClassAccess {
   public static void main(String[] args) {
       PublicClass c1 = new PublicClass();
       DefaultClass c2 = new DefaultClass(); // 错误的，无法访问DefaultClass
   }
}
```

此时如图 3-12 所示，Eclipse 提示的错误是"DefaultClass cannot be resolved to a type"，含义是"无法将 DefaultClass 解析为一个类"，因为 DefaultClass 类没有用 public 修饰，所以这个 p1 包下缺省类是无法被 p2 包中的类访问的，而 PublicClass 就可以。

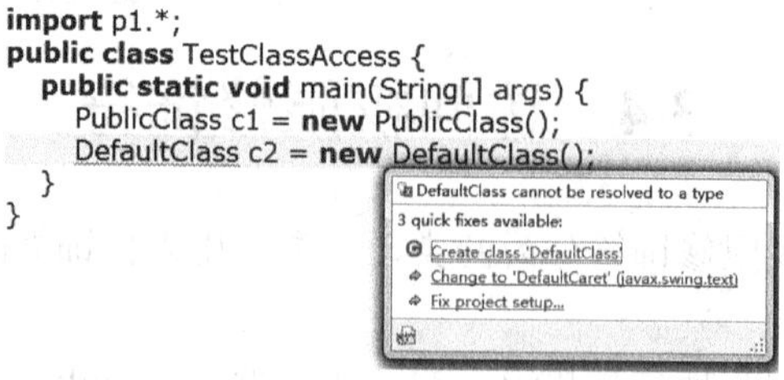

图 3-12　不能访问其他包中的缺省类

修饰成员变量和成员方法的访问权限有 4 种，按访问权限范围由小到大排列，分别是：私有的（private）、缺省的（default）、受保护的（protected）、公共的（public）。

用 private 修饰的成员称为私有成员，一个类的私有成员只能在这个类的内部访问，其他的类无法访问这个类的私有成员。

没有用访问权限修饰符修饰的成员称为缺省成员，一个类的缺省成员除了可以在这个类的内部访问之外，还可以被同一个包中的其他类访问。

用 protected 修饰的成员称为受保护成员，一个类的受保护成员除了可以在这个类的内部访问、可以被同一个包中的其他类访问之外，还可以被这个类的子类访问。

用 public 修饰的成员称为公共成员，一个类的公共成员没有访问限制。

表 3-1 列举了这 4 种成员访问权限修饰符的可访问范围。

表 3-1 访问权限修饰符的访问范围

修饰符	成员类型	类内部	同一个包的其他类	子类	其他包中的类
private	私有成员	YES	NO	NO	NO
	缺省成员	YES	YES	NO	NO
protected	受保护成员	YES	YES	YES	NO
public	公共成员	YES	YES	YES	YES

在代码例 3-5 中，在 p3 包下面定义了两个类：A 和 TestPrivateAccess。在 A 类中分别定义了 4 种不同访问权限的成员变量，在 TestPrivateAccess 类中试图访问 A 类中的私有成员和缺省成员。

例 3-5 TestPrivateAccess.java

A.class

```
// p3.A
package p3;
public class A {
  private int f_private = 1;
  int f_default = 2;
  protected int f_protected = 3;
  public int f_public = 4;
  public void m() {
      System.out.println(f_private); // 在类内部可以访问这个类的私有成员
  }
}
```

TestPrivateAccess.java

```
// p3.TestPrivateAccess
package p3;
public class TestPrivateAccess {
  public static void main(String[] args) {
      A a = new A();
      System.out.println(a.f_default);        // 正确的，因为和A类是同一个包的
```

```
        System.out.println(a.f_private);     // 错误的，无法访问A类的私有成员
    }
}
```

此时如图 3-13 所示，Eclipse 提示的错误是 "The field A.f_private is not visible"，含义是 "A 类中的字段 f_private 是不可见的"，因为 A 类中定义的字段 f_private 是用 private 修饰的，所以这个字段是不能被其他类访问的，即使是同一个包中的其他类。A 类中定义的缺省成员 f_default 就可以被同一个包下的 TestPrivateAccess 类访问。

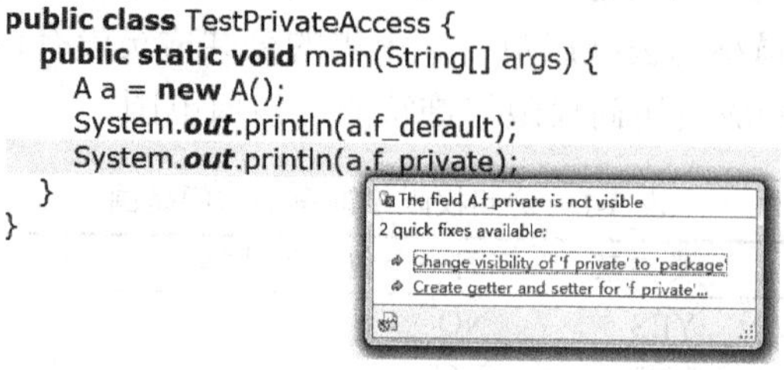

图 3-13　不能访问其他类的私有成员

接下来测试不同包下的子类对父类成员的访问权限。在 p4 包下面定义了一个 p3.A 类的子类 B，在子类 B 中试图访问另一个包中的父类 A 中的缺省成员和受保护成员，代码如下所示。

B.java

```
package p4;
import p3.A;
public class B extends A {
    public void m() {
        System.out.println(f_protected);    // 正确的，因为B是A的子类
        System.out.println(f_default);      // 错误的，因为B和A不在同一个包
    }
}
```

此时如图 3-14 所示，Eclipse 提示的错误是 "The field A.f_defalut is not visible"，含义是 "A 类中的字段 f_default 是不可见的"，因为 A 类中定义的字段 f_defalut 是没有用访问权限修饰符修饰的，所以这个字段是不能被其他包中的类访问的，即使是这个类的子类，而 A 类中定义的受保护成员 f_protected 就可以被子类 B 访问。

以上示例中体现的都是对成员变量的访问限制，而对成员方法的访问限制和对成员变量的访问限制是一样的。但是需要注意的一点是：当子类覆盖父类的某个方法时，子类不能缩小这个方法的可访问范围，只能保持或者扩大这个方法的可访问范围。如图 3-15 所示，父类 A 中定义的方法 m() 的访问权限是受保护的，在子类 B 中覆盖父类 A 的方法 m()，并将这个方法的访问权限设为缺省的。

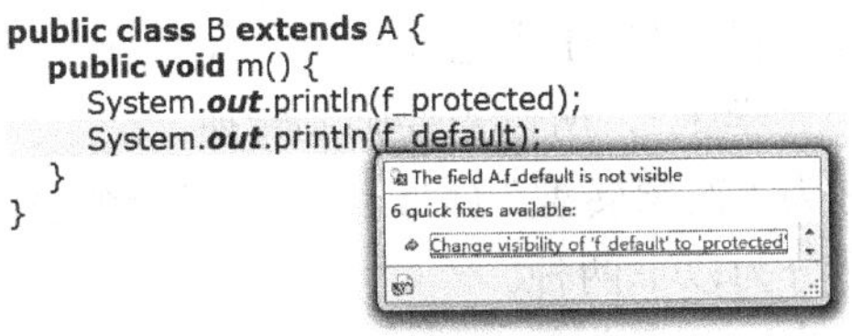

```
public class B extends A {
    public void m() {
        System.out.println(f_protected);
        System.out.println(f_default);
    }
}
```

```
class A {
    protected void m() {}
}
class B extends A {
    void m() {}
}
```

图 3-14 不能访问其他包中类的缺省成员 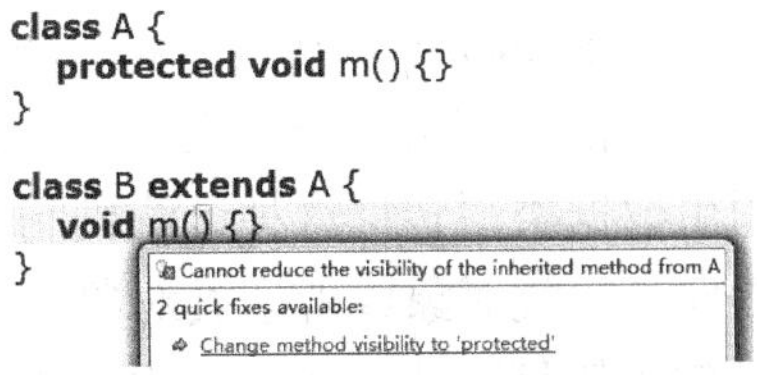　　　图 3-15 子类不能缩小重写方法的可访问范围

此时，Eclipse 提示的错误是"Cannot reduce the visibility of the inherited method from A"，含义是"不能缩小继承自 A 类的方法的可见性"，因为 B 类中不能将方法 m()的访问权限设为缺省的或者私有的，原因是缺省成员和私有成员的可访问范围是比受保护成员的可访问范围小的。解决的方法就是把 B 类中的 m()方法定义为受保护成员或者是公共成员，如下所示：

```
class A {
    protected void m() {}
}
class B extends A {
    protected void m() {}     // 或者是public void m() {}
}
```

3.5 对象转型

2.3 节中介绍了基本数据类型转换，比如：

```
float f = 1.21F;
int a = (int)f;           // 将float类型的值转换为int类型的值，需要强制转换
double d = f;             // 将float类型的值转换为double类型的值，可以自动转换
```

在 Java 语言中，引用数据类型也同样可以进行类型转换。例如，在例 3-3 中定义了一个父类 Person，定义了一个 Person 类的子类 Student，则引用数据类型转换的代码如下所示：

```
Student s1 = new Student(20, "张三", "电子科技大学中山学院");
Person p = s1;            // 将子类引用变量的值赋给一个父类引用变量，可以自动转换
s1 = (Student)p;          // 将父类引用变量的值赋给一个子类引用变量，需要强制转换
```

Student 类是 Person 类的子类，从继承的语义上理解：一个"学生"肯定是一个"人"，反过来说，一个"人"就不一定是一个"学生"了。所以，上段代码可以从语义上理解：

- Student s1：s1 是一个可以指向"学生"的指针。Student s1 = new Student(20, "张三","电子科技大学中山学院")： s1 指向了一个"学生"。
- Person p：p 是一个可以指向"人"的指针。Person p = s1：让一个可以指向"人"的指针 p 去指向一个"学生"。这是肯定可行的，因为这个"学生"肯定是一个"人"，所以可以自动转换。

- s1 = (Student)p：让一个可以指向"学生"的指针 s1 去指向一个"人"。这是不一定可行的，因为这个"人"不一定是一个"学生"，所以需要强制转换。

引用数据类型转型这种语法机制通常又称为**"对象转型"**（**Casting**）：将一个引用类型变量指向其父类对象或者子类对象，对象转型分为以下两种。

- **向上转型**：让一个父类引用类型变量指向一个子类的对象，如 Person p = s1。向上转型可以自动转换，而且向上转型肯定是安全的。
- **向下转型**：让一个子类引用类型变量指向一个父类的对象，如 Student s1 = (Person)p。向下转型需要强制转换，而且，向下转型不一定是安全的。

为什么说向下转型不一定是安全的呢？在例 3-6 中，B 类是 A 类的子类，父类引用 a 指向了一个父类对象，使用强制转换，让子类引用 b 去指向一个父类对象，就会出现异常情况。

例 3-6　TestDownCasting.java

```
class A { }
class B extends A { }
public class TestDownCasting {
    public static void main(String[] args) {
        A a = new A();
        B b = (B)a; // 转型会出现异常情况
    }
}
```

例 3-6 中的代码是可以通过编译器的语法检查的，也就是说，在 Eclispe 中不会提示语法错误。但是，如果运行这个程序，在 Eclipse 的控制台 Console 视图中就会显示异常信息"Exception in thread "main" java.lang.ClassCastException: A cannot be cast to B"，此异常信息的含义是"在主线程 main 中出现了类型转型异常：类型 A 不能转型为类型 B"。这种类型的错误不是编译时检查出的语法错误，而是程序运行时出现的异常情况。

因为向下转型不一定是安全的，所以在进行向下转型之前，可以通过运算符 **instanceof** 来事先判断：一个引用类型变量所指向的对象，是否为某个类的对象，或是否为某个类的子类对象。

instanceof 运算符使用的语法是"**引用类型变量名 instanceof 类名**"，这个表达式的值是一个布尔值。如果这个表达式的值等于 true，则表明：这个引用类型变量所指向的对象是这个类的对象，或者是这个类的子类对象；如果这个表达式的值等于 false，则表明：这个引用类型变量所指向的对象既不是这个类的对象，也不是这个类的子类对象。

比如在例 3-6 中，在进行向下转型之前就可以先用 instanceof 来做对象转型安全检查，如下所示：

```
A a = new A();
if(a instanceof B) {        // 因为"a instanceof B"的值等于false
    B b = (B)a;             // 所以不会执行这条对象转型的语句
}
```

下面的例 3-7 TestUpCasting.java 是一个向上转型的例子，B 类是 A 类的子类，父类引用 a 指向了一个子类对象。通过父类引用 a 访问了子类 B 继承自父类 A 中定义的成员变量 field1 和成员方法 method1()，代码如下。

例 3-7 TestUpCasting.java

```java
class A {
    int field1;
    void method1() {    }
}
class B extends A {
    int field2;
    void method2() {    }
}
public class TestUpCasting {
    public static void main(String[] args) {
        B b = new B();      // 定义一个子类对象
        A a = b;            // 父类引用指向子类对象，向上转型，可以自动转换
        System.out.println(a.field1);
//      System.out.println(a.field2);    //不能访问子类新增变量
        a.method1();
//      a.method2();        // 不能访问子类新增方法
    }
}
```

在例 3-7 中，父类引用 a 指向的是一个子类对象，但是通过父类引用 a 是不能访问子类中新定义的成员变量 field2 和成员方法 method2() 的。否则编译器就会提示语法错误，如图 3-16 所示。

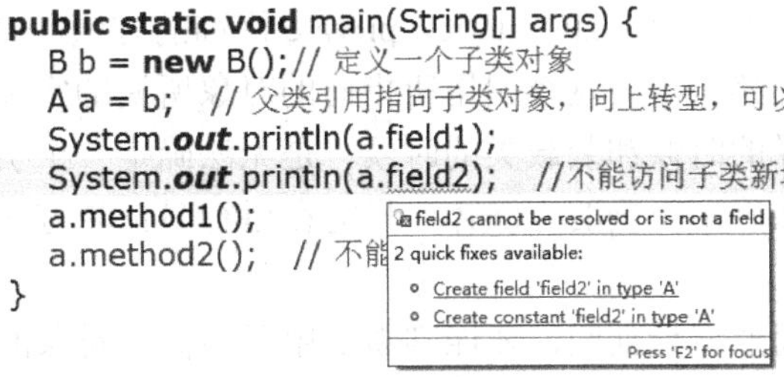

图 3-16　通过父类引用访问子类新增变量错误

在图 3-16 中可以看到，Eclipse 中显示了错误提示信息"field2 cannot be resolved or is not a field"，含义是"无法解析 field2，或者 field2 不是一个成员变量"。同样，如果通过父类引用 a 访问子类新定义的成员方法 method2()：a.method2()，编译器同样会提示语法错误"the method method2() is undefined for the type A"，含义是："在 A 类中没有定义方法 method2()"。

在 3.6 节中会进一步解释，为什么一个指向子类对象的父类引用 a 无法访问子类 B 中新定义的成员变量 field2 或成员方法 method2()。

3.6 多态性

一个 Java 的引用具有两种特征类型：**编译时类型**（Compile-Time Type）和运行时类型（**Runtime Type**）。编译时类型是指声明该引用时所用的类型，运行时类型是该引用实际指向的对象所属的类型。一个引用的编译时类型和运行时类型有时是相同的，比如代码"A a = new A()"中，引用 a 的编译时类型和运行时类型都是 A。一个引用的编译时类型和运行时类型有时是不同的，比如 A 类是 B 类的父类，则代码"A a = new B()"中，引用 a 的编译时类型就是 A，运行时类型就是 B。又比如 Person 类是 Student 类的父类，则代码"Person p = new Student()"中，引用 p 的编译时类型就是 Person，运行时类型就是 Student，引用 p 的编译时类型和运行时类型也是不一致的。

在程序的编译阶段，编译器检查一个引用能够访问哪些成员时，是由这个引用的编译时类型决定的。在例 3-7 TestUpCasting.java 中，代码"A a = new B()"定义的引用 a 是一个指向子类对象的父类引用，a 的编译时类型是 A，运行时类型是 B，所以通过引用 a，只能访问编译时类型 A 中定义的成员 field1 和 method1()，而不能访问运行时类型 B 中定义的成员 field2 和 method2()。

方法的绑定是指将一个方法的调用与方法体（方法的代码）关联起来的过程。在 Java 语言中，方法的绑定分为两种：**静态绑定**和**动态绑定**。静态绑定又称为前期绑定，动态绑定又称为后期绑定。

静态绑定是在程序的编译期间进行的绑定，也就是说，在程序的编译过程中，Java 编译器就已经知道一个方法调用关联的到底是哪个类中定义的方法。一个类定义的方法中只有用修饰符 final、static、private 修饰的方法，以及这个类的构造方法是静态绑定。

动态绑定是在程序的运行期间进行的绑定，也就是说，只有在程序的运行期间，Java 解释器才能够知道一个方法调用关联的到底是哪个类中定义的方法。当通过一个引用调用一个方法时，如果这个方法不是用 final、static、private 修饰的方法，也不是构造方法，那么在程序运行时，Java 解释器会根据这个引用所指向的对象所属的实际类型，来调用相应的方法。也就是说，在编译的时候和装载类的时候，是无法确定一个引用所指向的对象所属的实际类型的，也就无法确定正确的方法体，只能在运行时依靠方法调用机制去找到正确的方法体。

在程序的运行期间，而非编译期间，才能判断引用所指向的对象的实际类型，并根据这个对象的实际类型，来调用实际类型中定义的方法。这种语言特性称为多态（Polymorphism）。关于多态性，需要注意以下几点。

- 只有当使用一个父类引用指向一个子类对象时，也就是当一个引用的编译时类型和运行时类型不一致的时候，而且子类覆盖了父类成员方法的时候，才会出现多态的语法现象。
- 与方法不同的是，对象的属性并不具备多态性。也就是说，通过一个引用访问实例属性时，访问的实际上是这个引用的编译时类型中定义的属性，而不是它运行时类型中定义的属性。
- 静态成员变量和静态成员方法同样不具备多态性。也就是说，通过一个引用访问静态成员变量或静态成员方法时，实际访问的成员总是由这个引用的编译时类型决定的。

在例3-8中，子类 B 继承父类 A，并且覆盖了父类 A 中定义的方法 method1()，隐藏了父类 A 中定义的变量 field1。

例 3-8　TestPolymorphism1.java

```
class A {
    int field1 = 1;
    void method1() {
        System.out.println("A.method1()");
    }
}
class B extends A {
    int field1 = 2;         // 定义和父类A同名的成员变量，变量的隐藏
    void method1() {        // 定义和父类A同名的成员方法，方法的覆盖
        System.out.println("B.method1()");
    }
}
public class TestPolymorphism1 {
    public static void main(String[] args) {
        A a = new B();      // a的编译时类型是A, a的运行时类型是B
        System.out.println(a.field1);   // 访问成员变量是根据编译时类型决定的
        a.method1();        // 访问成员方法是根据运行时类型决定的
    }
}
```

在 main() 方法中，执行代码 "A a = new B()"，创建了一个父类 A 的引用 a，而且 a 指向了一个子类 B 的对象，引用 a 的编译时类型是 A，运行时类型是 B。此时通过引用 a 访问的成员变量 field1，实际上访问的是编译时类型 A 中定义的成员变量 field1，通过引用 a 访问的成员方法 method1()，实际上绑定的是运行时类型 B 中定义的成员方法 method1()。所以，例 3-8 的运行结果会如下所示：

```
1
B.method1()
```

那 Java 解释器又是如何通过一个父类 A 的引用 a，找到它所指向的子类对象类型 B 中定义的方法 method1() 的呢？从图 3-17 中看到，可以通过引用 a 找到它所指向的子类对象，通过这个对象中的类原型引用可以找到方法区中子类 B 的类原型，通过类原型中的方法表，可以找到子类 B 中定义的方法 method1()。也就是说，这种方法的动态绑定过程是用到了类原型中的方法表的。而且在方法表中并没有存放指向用 static，private，final 修饰的方法和构造方法的指针，所以调用 static，private，final 构造方法是静态绑定的。

从 JVM 字节码指令的层面来看，调用一个类的构造方法和私有方法（private）使用的指令是 invokespecial；调用一个类的静态方法（static）使用的指令是 invokestatic。这两种

指令对方法的调用是根据声明引用时所用的类型 reference type（引用类型，又称为编译时类型 compile-time type）来调用的，是一种静态绑定，不会用到方法表。调用一个类的实例方法使用的指令是 invokevirtual，这种指令对方法的调用是根据创建对象时所用的类型 object type（对象类型，又称为运行时类型 runtime type）来调用的，是一种动态绑定，会用到方法表。

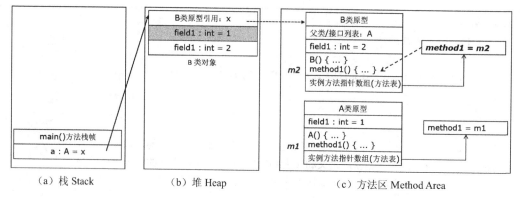

图 3-17 方法的动态绑定过程

3.7 抽 象 类

用修饰符 **abstract** 修饰的类称为**抽象类**，用修饰符 abstract 修饰的方法称为**抽象方法**。抽象类不能实例化，即不能创建对象。抽象方法只有声明，而没有实现，即没有方法体{...}。

抽象类往往用来表示我们在对问题域进行分析设计中得出的抽象概念。例如，如果我们进行一个图形编辑软件的开发，就会发现问题域中存在着圆、矩形这样一些具体概念。从面向对象的角度出发，就可以把圆、矩形这些具体概念定义为对应的类，代码如下所示：

```java
class Circle {
    double radius;           // 属性：半径
    double area;             // 属性：面积
    void caculateArea() {    // 功能：计算面积
        area = Math.PI * radius * radius;
    }
}

class Rectangle {
    double width;            // 属性：宽
    double height;           // 属性：高
    double area;             // 属性：面积
    void caculateArea() {    // 功能：计算面积
        area = width * height;
```

```
    }
}
```

可以看到，这些图形类具有一些相同的属性（面积）和功能（计算面积），此时就可以把这些具体的图形概念中相同的属性和功能抽取出来，组成"形状"这样一个抽象的概念。所有的"形状"都有"面积"这个属性，都有"计算面积"这个功能。但是同时也应该看到，不同类型形状的"计算面积"功能的具体实现是不同的，所以在"形状"中是无法定义"计算面积"这个功能的具体实现的。在这种情况下，我们就可以把"形状"定义为一个抽象类，把"计算面积"定义为一个抽象方法，诸如"圆"或者"矩形"这些具体的图形就定义为"形状"这个抽象类的子类，如例 3-9 所示。

例 3-9 TestAbstract.java

```java
abstract class Shape {                      // 抽象类
    double area;                            // 属性：面积
    abstract void caculateArea();           // 抽象方法，只有方法签名，没有方法体
    void printArea() {
        System.out.println("面积是: " + this.area);
    }
}

class Circle extends Shape {
    double radius;                          // 属性：半径
    public Circle(double radius) {
        this.radius = radius;
        caculateArea();
    }
    void caculateArea() {                   // 功能：计算面积
        area = Math.PI * radius * radius;
    }
}

class Rectangle extends Shape {
    double width;                           // 属性：宽
    double height;                          // 属性：高
    public Rectangle(double width, double height) {
        this.width = width;
        this.height = height;
        caculateArea();
    }
    void caculateArea() {                   // 功能：计算面积
        area = width * height;
    }
}
public class TestAbstract {
```

```
public static void main(String[] args) {
    Shape s = new Circle(1);      // 父类引用指向子类对象
    s.printArea();
    s = new Rectangle(2,3);       // 父类引用指向子类对象
    s.printArea();
}
}
```

抽象类不能实例化，即不能创建抽象类的对象。所以，抽象类必须被继承，定义一个不被继承的抽象类是没有意义的。如果试图创建一个抽象类的对象：

```
Shape s = new Shape();
```

此时，Eclipse 会提示语法错误"Cannot instantiate the type Shape"，含义是"Shape 类型不能实例化"。

一个类如果声明了抽象方法，则这个类必须被定义为抽象类。但是一个抽象类中并不要求必须有抽象方法。

在图 3-18 中，类型 T 中定义了一个抽象方法 m()，但是类型 T 本身没有定义为抽象类。

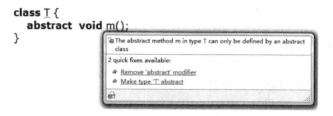

图 3-18 抽象类和抽象方法的关系

从图 3-18 中可以看到，此时 Eclipse 提出了语法错误"The abstract method m in type T can only be defined by an abstract calss"，含义是："在类型 T 中的抽象方法 m()只能定义在抽象类中"。同时 Eclipse 还提供了两种可行的快速修改建议。

- "Remove 'abstract' modifier"：删除 abstract 修饰符。

```
class T {
  void m() {}
}
```

- "Make type 'T' abstract"：将类型 T 定义为抽象类。

```
abstract T {
  abstract void m();
}
```

一个子类继承父类，那么这个子类就继承了父类中定义的成员变量和成员方法。如果这个父类是一个定义了抽象方法的抽象类，那么这个子类自然就继承了父类中定义的抽象

方法，所以这个子类也必须是抽象类，除非这个子类实现了父类中所有的抽象方法。

在图 3-19 中，父类 A 中定义了两个抽象方法 m1() 和 m2()，子类 B 中只实现了一个父类中的抽象方法 m1()。

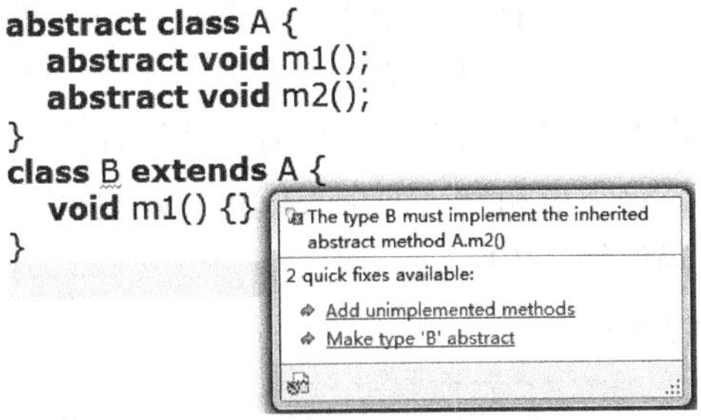

```
abstract class A {
    abstract void m1();
    abstract void m2();
}
class B extends A {
    void m1() {}
}
```

The type B must implement the inherited abstract method A.m2()
2 quick fixes available:
 Add unimplemented methods
 Make type 'B' abstract

图 3-19　子类实现父类中的抽象方法

从图 3-19 中可以看到，此时 Eclipse 提出了语法错误"The type B must implement the inherited abstract method A.m2()"，含义是："类型 B 必须要实现继承自类型 A 的抽象方法 m2()"。同时 Eclipse 还提供了两种可行的快速修改建议。

- "Add unimplemented methods"：添加未实现的方法。

```
class B extends A {
   void m1() {}
   void m2() {}
}
```

- "Make type 'B' abstract"：将类型 B 定义为抽象类。

```
abstract class B extends A {
   void m1() {}
}
```

3.8　接　　口

在软件工程中，**接口**（**Interface**）泛指供别人调用的方法或者函数。在 Java 语言中，接口是对行为的抽象。

定义一个接口，从语义上理解，就是定义一个"能够做某些事情"的行为特性集合，或者说功能集合。要注意的是，在接口中只能定义"能够做某些事情"，而不能定义"如何做这些事情"。从语法上看，可以使用关键字 interface 来定义一个接口，接口中只能定义抽象方法和静态成员常量，也就是说，在接口中定义的方法是没有方法体的，接口中也不能定义成员变量（属性）。

定义一个类实现一个接口，从语义上理解，就是指明这类事物具有这种行为特征，或者说这类事物"能够做某些事情"。从语法上看，可以使用关键字 implements 来定义一个类实现一个接口，就是指这个类继承了这个接口中定义的抽象方法和静态成员常量，也就是说，如果这个类不想被定义为抽象类，那么这个类就要实现接口中所声明的所有抽象方法。

举个例子：飞机和鸟是不同类的事物，但是它们都有一个共性，就是都是"能够飞的"。那么在设计的时候，可以将飞机设计为一个类 Airplane，将鸟设计为一个类 Bird，但是不能将"能够飞的"这个行为特性也设计为类，因此它只是一个行为特性，并不是对一类事物的抽象描述。此时可以将"能够飞的"这个行为特性设计为一个接口 Flyable，并在这个接口中定义抽象方法 fly()。而飞机和鸟这两个类就可以通过实现接口 Flyable，来指明它们是"能够飞的"事物。代码如例 3-10 所示。

例 3-10　TestInterface.java

```java
interface Flyable {            // 定义一个接口，表示一个"能够飞的"行为特征
    void fly(); // 定义一个抽象方法，表示这个行为特征中具有"飞"的功能
}
class Bird implements Flyable {
    public void fly() {        // 实现接口中定义的抽象方法fly()，定义"鸟"是如何飞的
        System.out.println("小鸟在飞");
    }
}
class Airplane implements Flyable {
    public void fly() {        // 实现接口中定义的抽象方法fly()，定义"飞机"是如何飞的
        System.out.println("飞机在飞");
    }
}
public class TestInterface {
    public static void main(String[] args) {
        Flyable flyable = new Bird();    // 等同于父类引用指向子类对象
        flyable.fly();         // 调用的是Bird类的fly()方法，动态绑定、多态性
        flyable = new Airplane();
        flyable.fly();         // 调用的是Airplane类的fly()方法，动态绑定、多态性
    }
}
```

对于接口 Interface 的定义和实现，需要注意以下几点。

- 一个接口中只能定义抽象方法和静态成员常量。也就是说，在接口中定义的方法不能有方法体，编译器也会默认给方法加上修饰符 public abstract。接口中定义的属性实际上是成员常量，只能赋值一次，不能修改值，编译器也会默认给属性加上修饰符 public static final。例如：

```java
interface IA {
    int f1=1;    // 等同于public static final int f1=1;
    void m1();   // 等同于public abstract void m1();
}
```

- "实现接口"的概念类似于"继承父类"，一个类只能继承一个父类（单继承），但

是一个类可以实现多个接口。而且一个类在继承一个父类的同时，也能实现多个接口。例如：

```
interface IA {
   void m1();
}
interface IB {
   void m2();
}
class A { }
class B extends A implements IA, IB {   // 实现多个接口，接口名称间用","隔开
   public void m1() {}
   public void m2() {}
}
```

- 一个类实现一个接口，如果这个类不想被定义为抽象类，那么这个类就要实现接口中所定义的所有的抽象方法。例如：

```
interface IA {
   void m1();
   void m2();
}
abstract class A implements IA {    // 此时A类只能是抽象类
   public void m1() {}              // 因为A类没有实现接口IA中的抽象方法m2()
}
```

抽象类和接口有些相似，初学者往往会混淆不清，以下将从语法层面和设计层面对比一下抽象类和接口的区别。

从语法层面来看，抽象类和接口有以下几点不同。

- 抽象类可以定义抽象方法，也可以定义具体实现的方法；而接口中只能定义公共的抽象方法 public abstract。
- 抽象类中定义的属性可以是各种类型的变量或者常量；而接口中定义的属性只能是公共的静态常量 public static final。
- 抽象类中可以定义静态代码块和静态方法；而接口中不能定义静态代码块和静态方法。
- 一个类只能继承一个抽象类；而一个类却可以实现多个接口。

从设计层面上看，抽象类和接口有以下几点不同。

- 抽象类是对一类事物的抽象，包含事物的共有属性、具体行为和抽象行为；而接口只是某种行为特性的抽象，只包含抽象行为。
- 一个类继承一个抽象类，是一种"是"的关系，比如，类 Circle 继承抽象类 Shape，含义是"Circle is a kind of Shape"；而一个类实现一个接口，是一种"能"的关系，比如，类 Airplane 实现接口 Flyable，含义是"Airplane can fly"。

- 一个抽象类作为很多子类的父类，它是一种"模板式"设计，比如，抽象类 Shape 就是 Circle、Rectangle 等所有具体形状的模板，只要修改了模板 Shape，那就意味着修改了 Circle、Rectangle 等所有具体形状的共性部分，但是 Circle、Rectangle 等所有具体形状的个性部分是无须修改的；而接口是一种行为规范，它是一种"辐射式"设计，比如，类 Airplane 和 Bird 都实现了 Flyable 接口，只要修改了规范 Flyable（例如增加了一个方法 land），那么类 Airplane 和 Bird，以及所有实现了 Flyable 的类都要修改（都要实现 land 方法）。

最后，我们再通过一个例子来说明抽象类和接口设计、使用上的区别。所有的门（Door）都具有开（open）和关（close）的功能，但是不同类型的门，它们开和关的方式可能是不一样的。有些门具有报警（alarm）的功能，但是不是所有类型的门都具有报警的功能。那我们就可以把"门"定义为一个抽象类，把"能报警"的行为特征定义为一个接口，把类"安全门"定义为一个继承抽象类"门"并实现接口"能报警"的具体类，代码如下所示：

```
abstract class Door {
    public abstract void open();
    public abstract void close();
}
interface Alarmable {
    void alram();
}
class SafetyDoor extends Door implements Alarmable {
    public void open() {
        System.out.println("安全门打开");
    }
    public void close() {
        System.out.println("安全门关闭");
    }
    public void alram() {
        System.out.println("安全门报警");
    }
```

习 题 3

1. 简答题

（1）简述 Java 中的继承机制。

（2）简述 Java 中对象转型和运行时多态性的机制。

（3）什么是抽象方法？什么是抽象类？什么是接口？简述抽象类和接口的区别。

2. 选择题

（1）以下说法正确的是（　　）。

　　（A）一个子类可以继承多个父类

　　（B）一个类只能实现一个接口

(C) 一个类可以被多个子类继承

(D) 一个类不能既继承一个类，又实现一个接口

（2）关于用关键字 abstract 定义的类，以下说法正确的是（　　）。

(A) 可以创建该类的对象　　　　(B) 不能被继承

(C) 只能声明抽象方法　　　　　(D) 可以定义实现方法

（3）以下哪个类不能被子类继承？（　　）

(A) class A{}　　　　　　　　　(B) abstract class A{}

(C) final class A{}　　　　　　(D) public class A{}

（4）声明成员变量时，如果不使用任何访问控制符(public, protected, private)，则以下哪种类型的类不能对该成员进行直接访问？（　　）

(A) 同一个类　　　　　　　　　(B) 同一个包中的子类

(C) 同一个包中的非子类　　　　(D) 不同包中的子类

（5）下面是关于类及其修饰符的一些描述，不正确的是（　　）。

(A) abstract 类只能用来派生子类，不能用来创建 abstract 类的对象

(B) abstract 不能与 final 同时修饰一个类

(C) final 类不但可以用来派生子类，也可以用来创建 final 类的对象

(D) abstract 方法必须在 abstract 类中声明，但 abstract 类定义中可以没有 abstract 方法

（6）以下哪个方法不能被子类重写？（　　）

(A) public void m() {}　　　　(B) static void m() {}

(C) final void m() {}　　　　　(D) abstract void m()

（7）在子类构造方法内的什么位置可以对超类的构造方法(super())进行调用？（　　）。

(A) 子类构造方法的任何地方　　(B) 子类构造方法的第一条语句处

(C) 子类构造方法的最后一条语句处　(D) 不能对超类的构造方法进行调用

（8）下列接口定义中，正确的是（　　）。

(A) interface B { void print() { } ; }

(B) final interface B { void print(); }

(C) abstract interface B { void print(){ }; }

(D) interface B { void print(); }

3. 编程题

（1）编写程序 Employee.java，定义一个表示"雇员"(Employee)的类。按模板要求，将【代码1】~【代码2】替换成相应的 Java 程序代码，使之能完成注释中的要求。

```
public class Employee { //定义员工类
    String name;
    int age;
    【代码1】//定义 double 类型的成员变量salary，表示工资
    Employee(String name, int age) {
        this.name = name;
        【代码2】 // 初始化成员变量age
```

```
    }
    public void showInfo() {
        System.out.println("姓名是: " + this.name);
        System.out.println("年龄是: " + this.age);
        【代码3】 //显示工资的信息,格式为"工资是: ***"
    }
}
```

（2）编写程序 Manager.java，定义一个表示"经理"（Manager）的类，经理每月获得一份固定的工资，要求 Manager 类继承题（1）中定义的 Employee 类。按模板要求，将【代码1】和【代码2】替换成相应的 Java 程序代码，使之能完成注释中的要求。

```
public class Manager extends Employee { //定义Manager类,继承Employee类
    Manager(String name, int age, double salary) {
        super(name,age);              //调用父类构造方法,以初始化成员变量name和age
        this.salary = salary;
    }
    public static void main(String[] args) {
        Manager manager = 【代码1】    // 创建一个经理对象: 张三、40岁、10000元月薪
        【代码2】                       // 调用showInfo()方法,显示该经理的信息
    }
}
```

（3）编写程序 Worker.java，定义一个表示"工人"（Worker）的类，工人按每月工作的天数计算工资，要求 Manager 类继承题（1）中定义的 Employee 类。按模板要求，将【代码1】～【代码6】替换成相应的 Java 程序代码，使之能完成注释中的要求。

```
public class Worker 【代码1】 { //定义"工人"类Worker,继承"员工"类Employee
    int workingDays; //成员变量workingDays,表示工作天数
    【代码2】 //定义 double类型的成员变量 dailyWage,表示日薪
    void setSalary(int workingDays, double dailyWage) {
        this.workingDays = workingDays;
        this.dailyWage = dailyWage;
        this.salary = workingDays * dailyWage; //工资=工作天数*日薪
    }
    Worker(String name, int age, int workingDays, double dailyWage) {
        【代码3】 //调用父类构造方法,以初始化name和age
        【代码4】 //调用成员方法setSalary,以初始化工作天数、日薪和月薪
    }
    void showInfo() { //覆盖override父类的showInfo()方法
        【代码5】 // 调用父类被覆盖的showInfo(),以显示姓名、年龄、工资的信息
        System.out.println("工作天数是: " + this.workingDays);
        System.out.println("日薪是: " + this.dailyWage);
    }
    public static void main(String[] args) {
```

```
      Worker worker = 【代码6】// 创建Worker对象：李四、20岁、月工作22天、日薪200
      worker.showInfo();
   }
}
```

（4）编写程序 Vehicle.java，定义一个表示"汽车"的类 Vehicle。定义了属性：车轮数 wheels 和车重 weight；构造方法用以初始化对象属性；show 方法用以输出相关属性。Vehicle 类的完整代码如下所示：

```
public class Vehicle {
   int wheels; // 车轮数
   float weight; // 车重
   Vehicle(int wheels, float weight) {
      this.wheels = wheels;
      this.weight = weight;
   }
   void show() {
      System.out.print("车轮:" + this.wheels);
      System.out.print(", 车重:" + this.weight);
   }
}
```

实现以下要求：

定义 Vehicle 类的子类 Trunk，表示"卡车"，新增属性 load，表示载重量；

定义 Vehicle 类的子类 Minibus，表示"面包车"，新增属性 passenger，表示载客数。

为这两个类定义合适的构造方法用以初始化对象属性，需要显示调用父类构造方法。

为这两个类定义 show 方法用以输出相关属性，需要覆盖 Override 父类的 show 方法。

定义 TestVehicle 类，并在其 main 方法中创建一辆卡车和一辆面包车，并显示相关信息。最后的输出如下所示：

车型: 卡车
车轮:6, 车重:7500.0, 载重量: 80
车型: 面包车
车轮:4, 车重:3000.0, 载人: 12

（5）编写程序 FindWrong.java，其完整代码如下所示，修改其中的语法错误，并以注释的方式指出修改的理由。

```
final class SupClass {
   public final int CONST = 1;
   private int i;
   protected int j;
   public SupClass(int i, int j) {
      CONST = 2;
      this.i = i;
```

```
        this.j = j;
    }
    final void m1() {
        System.out.println("SupClass m1()");
    }
    void m2() {
        System.out.println("SuperClass m2()");
    }
}

class SubClass extends SupClass {
    public int k;
    public SubClass(int i, int j, int k) {
        this.i = i;
        this.j = j;
        this.k = k;
    }
    void m1() {
        System.out.println("SubClass m1()");
        System.out.println("SubClass m1()");
    }
    private void m2() {
        System.out.println("SubClass m2()");
    }
}

public class FindWrong {
    public static void main(String[] args) {
        SubClass sub = new SubClass(1,2, 3);
        System.out.println(sub.i);
        System.out.println(sub.j);
        System.out.println(sub.k);
        sub.m1();
        sub.m2();
    }
}
```

（6）编写程序 Test.java，代码如下所示。分析代码运行结果，并在源代码中添加注释以解释运行结果。

```
class F {
    int i =0;
    void m() { System.out.println("f"); }
}
```

```
class S extends F {
   int i = 9;
   void m() { System.out.println("s"); }
}

public class Test {
   public void m(F f1, F f2) {
       System.out.println("ff");
   }
   public void m(F f1, S s1) {
       System.out.println("fs");
   }
   public void m(S s1, S s2) {
       System.out.println("ss");
   }
   public static void main(String[] args) {
       F f = new F();
       F s = new S();
       System.out.println(f.i);  //输出什么？为什么？
       System.out.println(s.i);  //输出什么？为什么？
       f.m();  //输出什么？为什么？
       s.m();  //输出什么？为什么？
       Test test = new Test();
       test.m(f,f);  //输出什么？为什么？
       test.m(f,s);  //输出什么？为什么？
       test.m(s,s);  //输出什么？为什么？
   }
}
```

（7）编写程序 TestAbstract.java，代码中定义了一个表示"形状"(Shape)的抽象类，定义 Shape 类的子类：长方形类(Rectangle)、圆形类(Circle)，在主类的 main 方法中创建了两个形状对象，并打印出这两个形状的面积。按模板要求，将【代码1】~【代码8】替换成相应的 Java 程序代码，使之能完成注释中的要求。

```
【代码1】  class Shape {  // 定义一个抽象类Shape，表示形状
   public double area;  // 面积
   【代码2】             // 声明一个抽象方法 getArea()，方法的返回值类型是double
}

class Rectangle 【代码3】 {  // 定义一个表示矩形的类Rectangle，继承Shape
   public double length;   // 长
   public double width;    // 宽
   public Rectangle(double length, double width) {  // 构造方法
      【代码4】  // 初始化成员变量length
       this.width = width;
```

```
    }
    public double getArea() {    // 实现父类的抽象方法 getArea()
        return 【代码5】    // 返回矩形的面积
    }
}

class Circle extends Shape {    // 定义一个表示圆形的类Circle，继承Shape
    public double radius;    // 半径
    【代码6】    // 定义Circle类的构造方法
    public double getArea() {
        return radius*radius*Math.PI;
    }
}

public class TestAbstract {
    public static void main(String[] args) {
        Shape s1 = 【代码7】    // 创建一个长为4，宽为5的矩形对象
        System.out.println(s1.getArea());
        Shape s2 = new Circle(3);
        【代码8】    // 打印出形状s2的面积
    }
}
```

(8) 定义相关的类和接口，以体现以下描述。

① 所有的门（Door）都具有开（open）和关（close）的功能，但是不同类型的门，它们开和关的方式可能是不一样的，所以可以把"门"定义为一个抽象类Door。

② 有些门具有报警（alarm）的功能，但不是所有类型的门都具有报警的功能，所以可以把"能报警"的行为特征定义为一个接口Alarmable。

③ "安全门"是一种具体类型的门，它除了具有一般"门"的特性之外，还具有"能报警"的功能，所以可以把"安全门"定义为一个继承抽象类"门"并实现接口"能报警"的具体类SafetyDoor。

(9) 编写程序 TestPolymorphism.java，代码如下所示。分析代码运行结果，并在源代码中添加注释以解释运行结果。

```
class A {
    public int i = 1;
    public static int j = 11;
    public void m1() {
        System.out.println("A类的实例方法");
    }
    public static void m2() {
        System.out.println("A类的静态方法");
    }
}
```

```
class B extends A {
    public int i = 2;
    public static int j = 22;
    public void m1() {
        System.out.println("B类的实例方法");
    }
    public static void m2() {
        System.out.println("B类的静态方法");
    }
}

public class TestPolymorphism {
    public static void main(String[] args) {
        A x = new B();
        System.out.println(x.i);
        System.out.println(x.j);
        x.m1();
        x.m2();
    }
}
```

（10）编写程序 Test.java，完成一个饲养员给动物喂食的程序，练习 Java 中接口和抽象类的使用。

① 定义一个接口 Food，表示动物的食物。

② 定义一个抽象类 Animal，表示动物，定义一个抽象方法 void eat(Food food)，表示动物吃食物。

③ 定义一个类 Feeder，表示饲养员，定义一个方法 void feed(Animal a, Food f)，表示给动物 a 喂食物 f。

④ 定义其他的类：Bone(骨头)、Fish(鱼)、Dog(狗)、Cat(猫)，Bone 和 Fish 是 Food，Fish、Dog、Cat 是 Animal，类之间的关系如图 3-20 所示。

⑤ 定义一个测试类 Test，并在其 main 方法中实现：

创建一个饲养员对象：

```
Feeder feeder = new Feeder();
```

创建一个动物——猫，并让饲养员给这个猫喂食物——鱼。

```
Animal animal = new Cat();
Food food = new Fish();
feeder.feed(animal, food)
```

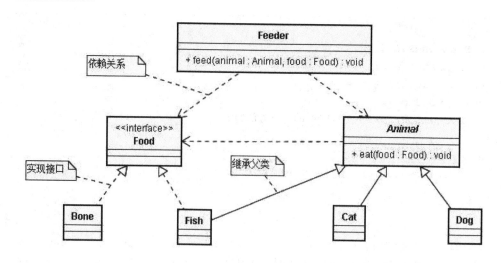

图 3-20 类之间的关系

创建一个动物——狗,并让饲养员给这个狗喂食物——骨头。

```
animal = new Dog();
food = new Bone();
feeder.feed(animal, food);
```

第 4 章　Java 语言基础类

4.1　Java API 文档

　　API 是 Application Programming Interface 的缩写，意思是应用程序编程接口，Java API 其实就是指 Java 类库。开发 Java 应用程序，肯定要使用他人提供的 Java 类库，特别是 J2SE 类库中的一些 Java 编程基础类。要使用他人设计实现的某个类，就需要知道这个类的定义，包括包名、类名、成员变量、成员方法、访问权限等方面，此时就需要查阅相应的 API 文档。查阅 API 文档的能力是一个程序员不可或缺的能力。

　　J2SE 的文档可以在 Oracle 官网在线查看，在浏览器地址栏输入地址"http://www.oracle.com/technetwork/java/api/index.html"，就可以单击对应版本的 JDK API 查阅。如图 4-1 所示，单击 Java SE 8 之后，就会跳转到 API 文档页面。

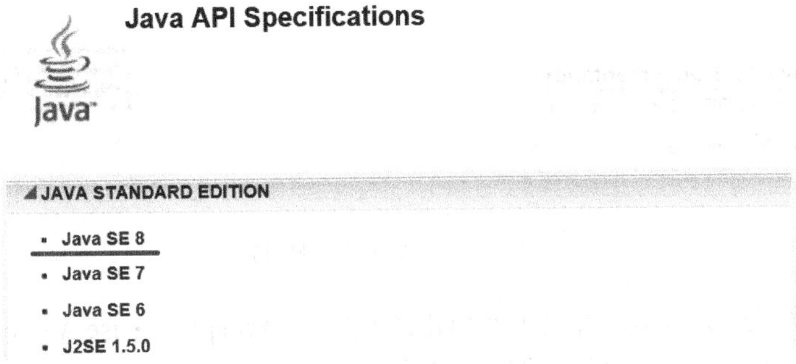

图 4-1　在线查阅 API 文档(1)

　　可以看到 API 文档一个框架式的页面，分成 3 个部分：左上角是一个包列表，左下角是一个类列表，右边部分是相关的详细说明。例如，先在包列表中单击 java.lang，类列表中就会列举 java.lang 包中定义的接口 Interfaces、类 Classes、枚举 Enums、异常 Exceptions、错误 Errors 和注解类型 Annotation Types。接下来在类列表中单击 String，右边部分就会出现 String 类的详细说明，包括这个类的定义、构造方法、成员属性、成员方法等信息，如图 4-2 所示。

　　除了可以在线浏览 J2SE API 文档之外，也可以从 Oracle 官网下载 API 文档的压缩包，以便离线查阅。在浏览器地址栏输入 J2SE SDK 的下载页面网址"http://www.oracle.com/technetwork/java/javase/downloads/index.html"，找到页面中的 Additional Resources 部分，就可以找到相应版本的 API 文档，单击 Download 按钮进行下载，如图 4-3 所示。

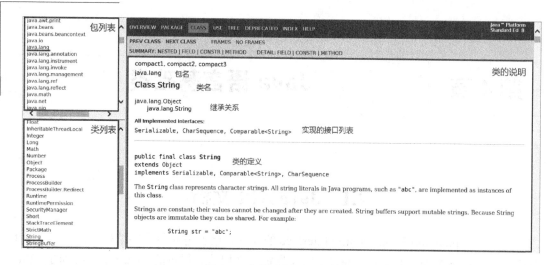

图 4-2　在线查阅 API 文档(2)

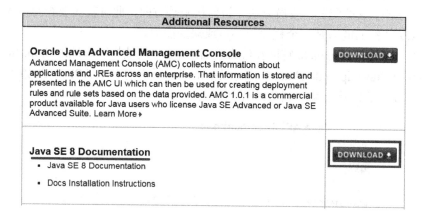

图 4-3　下载 API 文档(1)

在 API 文档下载页面中，首先需要单击单选按钮 Accept License Agreement，表示接受许可协议，然后单击 API 文档的压缩文件超链接进行下载，如图 4-4 所示。

图 4-4　下载 API 文档(2)

下载后得到的是一个 ZIP 格式的压缩文件 jdk-8u45-docs-all.zip，里面都是.html 的网页文件，用浏览器直接打开就可以了。在本书中，我们将这个压缩文件放到 C:\java\jdk1.8\doc 目录下。

为了在 Eclipse 开发时方便地查阅 API 文档，可以在 Eclipse 中指定离线的 API 文档位置。设置步骤如下：

（1）单击菜单栏中的 Window 菜单，单击参数选择 Preference 菜单项。

（2）在弹出的 Preference 窗口中，展开左侧的 Java 节点 Installed JREs 节点。

（3）在右侧的 Installed JREs 设置面板中，单击选中 jdk1.8(default)，单击 Edit 按钮。

（4）在弹出的 Edit JRE 窗口中，单击选中 JRE system libraries 列表中的 C:\java\jdk1.8\jre\lib\rt.jar，单击 Javadoc Location 按钮。

（5）在 Javadoc 设置面板中单击单选按钮 Javadoc in archive，然后依次单击 Archive path 和 Path within archive 文本框旁的 Browse 按钮，设置离线 API 文档的位置。

具体的设置过程可参考图 4-5。

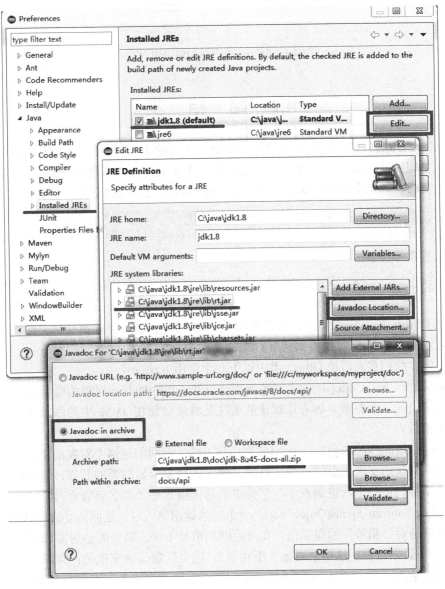

图 4-5　Eclipse 中设置 J2SE API 文档

要在 Eclipse 中查阅 API 文档，只需要在代码编辑视图中，将光标移动到需要查找的关键字，然后按 F1 键，Elicpse 就会打开帮助视图。支持查找的关键字包括包名、类名、成员变量名和成员方法名。例如，将光标移动到"System.out.println()"这行代码的关键字"System"处，然后按 F1 键，Eclipse 就会在代码编辑视图的右侧显示如图 4-6 所示的帮助视图，此时单击帮助视图中的"Javadoc for 'java.lang.System'"，就会显示 java.lang.System 类的详细说明页面。

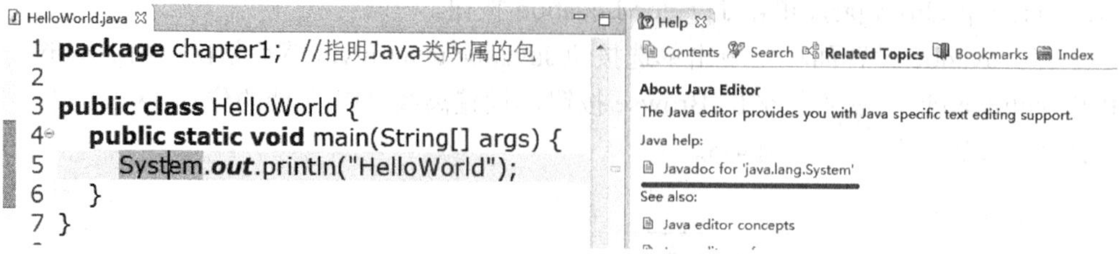

图 4-6　Eclipse 中查阅 J2SE API 文档

4.2　始　祖　类

java.lang.Object 类是所有 Java 类的始祖类，所有的 Java 类要么是直接继承 Object 类的，要么是间接继承 Object 类的。因为如果在一个类的定义中未使用 extends 关键字指明这个类的父类，则这个类的父类默认是 java.lang.Object 类。例如定义一个 Person 类：

```
public class Person {…}
```

这其实就等价于：

```
public class Person extends Object {…}
```

既然 Object 类是 Java 类层次结构的根类，那么所有 Java 类就都拥有了继承自 Object 类的成员，所有的 Java 对象就都拥有 Object 类中定义的方法功能。

本节中，我们重点讨论 Object 类中以下几个常用方法的使用。

- public int hashCode()：一个对象调用该方法，返回的是该对象的哈希码值，这个哈希码值是一个整数。该方法默认的实现是将该对象在 JVM 中的内部地址转换成一个整数。
- public String toString()：一个对象调用该方法，返回的是这个对象的字符串表示。该方法默认的实现是返回一个字符串，包含该对象所属的类的名称、@符号、该对象的哈希码值的十六进制表示，字符串的具体格式是"类名@哈希码"。
- public boolean equals(Object obj)：一个对象调用该方法，返回的是表明该对象和 obj 对象是否"相等"的布尔值。如果返回的值是 true，则表明该对象和 obj 对象"相等"，否则就表明这两个对象"不相等"。该方法默认的实现是：判断两个非空引用的值是否相等，例如，x 和 y 是两个引用，则只有当 x 和 y 引用的是同一个对象时，x.equals(y)的返回值才是 true，也就是说，这个方法的返回值和逻辑表达式"x==y"

的值是相同的。

在代码例 4-1 中，创建了两个 Person 对象，并分别调用了它们的 hashCode、toString 和 equals 方法。

例 4-1 TestObject.java

```java
class Person {
    String name;
    int age;
    Person(String name, int age) {
        this.name = name;
        this.age = age;
    }
}

public class TestObject {
    public static void main(String[] args) {
        Person p1 = new Person("张三", 20);
        Person p2 = new Person("张三", 20);
        System.out.println("p1.hashCode()="+p1.hashCode());
        System.out.println("p2.hashCode()="+p2.hashCode());
        System.out.println("p1.toString()="+p1);
        System.out.println("p2.toString()="+p2);
        System.out.println("p1.equals(p2)="+(p1.equals(p2)));
        System.out.println("(p1==p2)="+(p1==p2));
    }
}
```

程序输出的结果如下所示：

```
p1.hashCode()=12677476
p2.hashCode()=33263331       //p1、p2的哈希码是不同的
p1.toString()=Person@c17164
p2.toString()=Person@1fb8ee3
p1.equals(p2)=false          //p1和p2引用的是不同的对象
(p1==p2)=false               //与默认的equals()方法返回的值相同
```

J2SE API 中的一些类，如 java.lang.String、java.util.Date 等都根据自身类的特点需要，重写覆盖了继承自 Object 类中的某些方法。我们自己定义一个类时，也可以根据需要重写继承自 Object 类中的某些方法。

例如修改例 4-1 中的 Person 类，我们假设现在根据业务需求，需要将两个 name 和 age 属性都相同的 Person 对象看成是"相等"的，并且需要将 Person 对象的字符串表示设为"xx 的年龄是 xx"。此时，String 类就需要重写 equals 方法和 toString 方法，而且重写了 equals 方法，那么也要尽量重写 hashCode 方法，因为要维护 hashCode 方法的常规协定：如果两个对象"相等"，那么这两个对象的哈希码也一定要相等。修改后的 Person 类如下所示：

```java
class Person {
    String name;
    int age;
    Person(String name, int age) {
        this.name = name;
        this.age = age;
    }
    @Override
    public boolean equals(Object obj) {          //重写equals()方法
        if (!(obj instanceof Person)) {          //如果obj指向的不是一个Person对象
            return false;       //"Person"对象和"非Person"对象是"不相等的"
        } else {
            Person p = (Person) obj;             //引用类型强制转换
            return p.name.equals(this.name) && p.age == this.age;
        }
    }
    @Override
    public int hashCode() {                      //重写hashCode()方法
        return this.name.hashCode() + 11 * age;
    }
    @Override
    public String toString() {                   //重写toString()方法
        return this.name + "的年龄是" + this.age;
    }
}
```

程序的输出结果如下所示：

```
p1.hashCode()=775109            //因为p1、p2对象的name和age属性值是相等的
p2.hashCode()=775109            //所以p1、p2对象的哈希码值是相等的
p1.toString()=张三的年龄是20
p2.toString()=张三的年龄是20
p1.equals(p2)=true              //因为根据equals()制定的规则，p1和p2是"相等"的
(p1==p2)=false                  //因为p1和p2引用的是两个不同的Person对象
```

对于以上代码，需要做以下几点说明补充。

- @Override：是一个"注解"，目的是告诉编译器，下面这个方法是一个重写的方法。
- if (!(obj instanceof Person))：判断两个对象是否相等，首先要先判断这两个对象是不是同一种类型的对象，如果 obj 引用的对象不是 Person 类或者其子类的对象，那就返回 false。
- Person p = (Person) obj：因为 equals 方法的形参 obj 是 Object 类型的，所以在比较这两个对象的 name 和 age 属性之前，需要将 obj 转型为 Person 类型的。子类 Person

引用指向父类 Object 对象需要向下转型，向下转型是需要强制转换的。
- return p.name.equals(this.name) && p.age == this.age：只有当两个对象的属性 name 和 age 的值相等时，才认为这两个对象是相等的，才返回 true。因为属性 name 是 String 类型，而 String 类已经覆盖重写了 equals 方法，所以 p.name.equals(this.name) 实际上是调用 String 类的 equals 方法来判断这两个字符串是否相等。
- return this.name.hashCode() + 11 * age：因为如果两个对象"相等"，那么这两个对象的哈希码也一定要相等，而判断两个对象是否相等是在 equals() 方法中实现的，所以哈希码的计算需要依据 equals 方法中比较两个对象是否相等时所用到的属性，这里是属性 name 和 age。计算哈希码的公式可以使用这些属性的线性组合：属性 1 的 int 形式+ C1*属性 2 的 int 形式 + C2*属性 3 的 int 形式 + …。因为属性 name 是 String 类型，而 String 类已经覆盖了 hashCode 方法，所以 this.name.hashCode() 实际上是调用 String 类的 hashCode 方法来获取属性 name 的哈希码。

4.3　字　符　串　类

　　字符串是由零个或多个字符组成的有限序列，它是编程语言中表示文本的数据类型，在程序开发中，经常需要处理字符串。

　　在 Java 语言中，字符串类型并不是基本数据类型，而是在 J2SE 标准库中提供了字符串类：java.lang.String。一个 String 对象就是一个字符串，String 对象内部实际上是用一个被修饰为 final 的 char 类型的数组来存储字符序列的，而代码中用双引号包围的字符序列就是 String 类型的常量，称为字符串常量，如"abc"。

　　String 类中定义了很多满足字符串操作需求的方法，下面列举了部分常用的方法，更多方法的使用，需要读者自己查阅 API 文档。
- public int length()：返回此字符串的长度。例如，"abc".length()的返回值是 3。
- public boolean equals(Object obj)：将此字符串与指定的对象 obj 比较。当 obj 与此字符串有相同的字符序时，返回 true，否则返回 false。例如，"abc".equals("abc")的返回值是 true。注意：判断两个字符串是否相等时，应该用 equals 方法，而不是用逻辑运算符"=="。
- public boolean equalsIgnoreCase(String anotherString)：将此字符串与另一个字符串 anotherString 比较，不考虑大小写。如果两个字符串的长度相同，并且其中的相应字符都相等（忽略大小写），则认为这两个字符串是相等的。例如，"abc".equalsIgnoreCase("AbC")返回的布尔值为 true。
- public int compareTo(String anotherString)：将此字符串与另一个字符串 anotherString 比较。比较的方式是：按顺序比较两个字符串中各个字符的 Unicode 值，当所有字符都相同时返回 0，否则返回第一个不相同的字符的 Unicode 值之差；如果较长字符串的前面部分恰巧是较短的字符串，则返回两个字符串长度之差。例如，"abc".compareTo("acb")的返回值是-1；"abcd".compareTo("ab")的返回值是 2。
- public char charAt(int index)：返回指定索引位置的字符，索引位置从 0 开始。例如，"abc".charAt(0)返回的是字符'a'。

- **public int indexOf(int ch)**：返回指定字符 ch 在此字符串中第一次出现的索引位置，如果此字符中没有字符 ch，则返回-1。例如，"abcb".indexOf('b')的返回值是 1。
- **public boolean startsWith(String prefix)**：如果此字符串是以指定的前缀字符串 prefix 开始，则返回 true，否则返回 false。例如，"abc".startsWith("ab")的返回值是 true。
- **public boolean endsWith(String suffix)**：如果此字符串是以指定的后缀字符串 suffix 结束，则返回 true，否则返回 false。例如，"abc".endsWith("bc")的返回值是 true。
- **public String substring(int beginIndex, int endIndex)**：返回此字符串的一个子串，子串是从索引位置 beginIndex 开始，到索引位置 endIndex-1 为止的字符序列。例如"abcb".substring(1，3)的返回值是"bc"，可以看到子串的长度等于 endIndex-beginIndex。
- **public String trim()**：返回此字符串的副本，副本中删除了字符串中开头和结尾处的空格字符。比如"　abc　".trim()的返回值是"abc"。
- **public String intern()**：当一个 String 对象调用 inter()方法时，如果字符串常量池中已经有了这个 String 对象中所包含的字符串，则返回字符串常量池中该字符串的引用，否则，将在字符串常量池中添加一个和这个 String 对象中的字符串相同的字符串，然后返回字符串常量池中该字符串的引用。

Java 语言对运算符 "+" 进行了重载外，运算符 "+" 可用来实现字符串的连接，例如，"abc" + "d" 的值就是"abcd"。当基本类型的数据与字符串进行 "+" 运算时，基本类型的数据将自动转换成字符串，例如，123 + "abc" 的值就是"123abc"。当引用类型的数据与一个字符串进行 "+" 运算时，会自动调用引用对象的 toString 方法，然后将 toString 方法返回的字符串与这个字符串进行连接操作，例如 obj 是一个引用，则 obj + "abc"的值就是"obj.toString()"+"abc"。除了运算符 "+" 之外，Java 语言没有对别的运算符进行重载。

Java 源代码中出现的字符串常量，如"abc"，会在编译之后保存在 Class 类文件中，当 JVM 载入这个类的时候，这个字符串常量会保存在类原型中的字符串常量池中。当使用以下方式创建一个字符串时，String 引用是直接指向字符串常量池中的字符串的。

```
String str1 = "abc";
```

为了提高效率，在字符串常量池中不会保存重复的字符串，所以指向相同字符串常量的两个引用，它们的值肯定是相等的。例如以下代码的输出结果都是 true。

```
String str1 = "abc";
String str2 = "abc";
String str3 = "ab" + "c";
System.out.println(str1 == str2);  //返回值是true
System.out.println(str1 == str3);  //返回值是true
```

在上面的代码中，因为"ab"和"c"都是字符串常量，所以"ab" + "c"的结果"abc"肯定也是字符串常量，而且是在编译期就可以确定的。以上代码执行完之后的内存示意如图 4-7 所示。

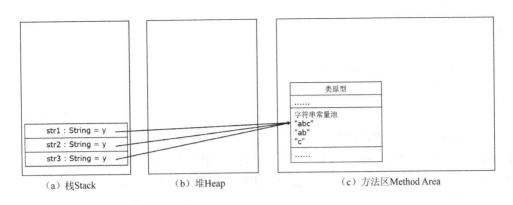

图 4-7 字符串常量池

当使用关键字 new 来创建一个 String 对象时，String 引用是按堆中创建的 String 对象的，String 对象中包含了一个以 char 数组形式存放的字符串。所以指向不同 String 对象的两个引用，即使两个 String 对象中保存的字符串是相等的，这两个引用的值也是不相等的。例如以下代码的输出结果都是 false。

```
String str1 = new String("abc");
String str2 = new String("abc");
String str3 = new String("ab" + "c");
System.out.println(str1 == str2);
System.out.println(str1 == str3);
```

以上代码中，"abc"、"ab"和"c"都是字符串常量，所以它们都会保存在字符串常量池中，而 str1、str2 和 str3 指向的都是在程序运行期间创建的 String 对象。以上代码执行完之后的内存示意如图 4-8 所示。

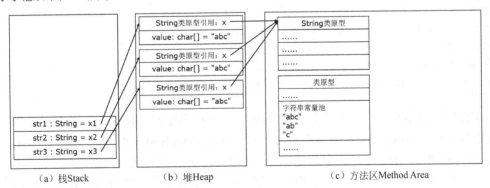

图 4-8 String 对象(1)

那什么时候是在字符串常量池中保存字符串？什么时候是在堆中保存字符串呢？当一个字符串在编译期就能确定，则当 JVM 载入类时，这个字符串就会保存在字符串常量池中；当一个字符串只有在程序运行期间才能确定，则 JVM 就会在堆中创建 String 对象来保存这个字符串。例如以下代码的输出结果都是 false。

```
String str1 = "ab";
String str2 = str1 + "c";
String str3 = new String(str2);
System.out.println(str1 == str2);
System.out.println(str2 == str3);
```

以上代码中，"ab"和"c"都是字符串常量，所以它们都会保存在字符串常量池中，而"str1+"c""和"new String(str2)"这两个字符串只有在程序运行期间才能确定，所以这两个字符串会保存在堆中。以上代码执行完之后的内存示意如图4-9所示。

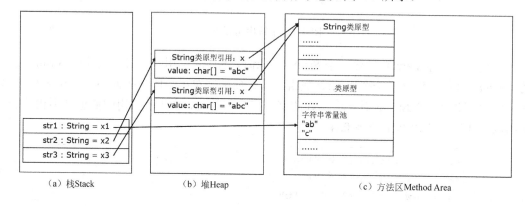

图4-9　String 对象(2)

从以上几个例子可以看到，Java 语言对字符串的实现很特殊，在判断两个字符串内容是否相等时，不要使用逻辑运算符"=="，而是应该使用 String 类重写的 equals 方法。例如以下代码的输出结果都是 true。

```
String str1 = "abc";
String str2 = new String("abc");
String str3 = new String(str2);
System.out.println(str1.equals(str2));
System.out.println(str2.equals(str3));
```

在使用字符串时，还需要注意：如果程序中有大量的字符串连接"+"操作，则不应该使用 java.lang.String 类，而应该考虑使用 java.lang.StringBuffer 类。因为 String 类代表不可变（immutable）的字符串。也就是说，一个 String 类型的实例一旦创建初始化后，它的值就不能再改变了。例如以下代码在执行过程中生成了若干个临时 String 对象，效率很低：

```
String str1 = new String("abc");
String str2 = str1 + "d" + "e";
String str3 = str2 + "f" + "g";
```

以上代码中，每次执行字符串连接"+"操作都会生成一个新的字符串，而不是在原来的字符串末尾添加，因为 String 是不可变的。这就会创建很多临时的 String 对象，这些对象都是无用的，没有任何引用指向它们，只是等待 GC 回收。以上代码执行完之后的内存示意如图 4-10 所示，其中灰色部分的对象就是临时对象。

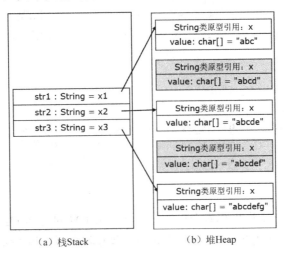

图 4-10 String 对象连接+操作

例 4-2 TestString.java 演示了 String 类的一些常用方法。

例 4-2   TestString.java

```
public class TestString {
    public static void main(String[] args) {
        System.out.println("abc".length());                    //3
        System.out.println("abc".equals("abc"));               //true
        System.out.println("abc".equalsIgnoreCase("aBc"));     //true
        System.out.println("abc".compareTo("abcd"));           //-1
        System.out.println("abcd".compareTo("aa"));            //1
        System.out.println("abc".charAt(0));                   //a
        System.out.println("abcb".indexOf('b'));               //1
        System.out.println("abc".startsWith("ab"));            //true
        System.out.println("abc".endsWith("bc"));              //true
        System.out.println("abcb".substring(1, 3));            //bc
        System.out.println(" abc ".trim());                    //abc

        String str1 = "abc";
        String str2 = "abc";
        String str3 = "ab" + "c";

        System.out.println(str1 == str2);        //返回值是true
        System.out.println(str1 == str3);        //返回值是true

        str1 = "ab";
```

```
        str2 = str1 + "c";
        str3 = new String(str2);
        System.out.println(str1 == str2);        //返回值是false
        System.out.println(str2 == str3);        //返回值是false

        str1 = "abc";
        str2 = new String("abc");
        str3 = new String(str2);
        System.out.println(str1.equals(str2));   //返回值是true
        System.out.println(str2.equals(str3));   //返回值是true
    }
}
```

J2SE 标准库中，除了提供代表不可变字符序列的 java.lang.String 类之外，还提供了代表可变字符序列的 java.langStringBuffer 类和 java.lang.StringBuilder 类。

java.lang.StringBuffer 代表可变的（mutable）字符序列。与 String 相似，也用来代表字符串，StringBuffer 对象内部实际上也是用一个 char 类型的数组来存储字符序列的，只不过这个字符数组是能够按需"变大"的，对 StringBuffer 对象中的字符串进行添加、插入、删除等操作时不生成新的字符串对象，所以称 StringBuffer 为可变的字符串。

StringBuffer 类中同样定义了很多满足字符串操作需求的方法，下面列举了部分常用的方法，更多方法的使用，需要读者自己查阅 API 文档。

- public StringBuffer()：构造方法，初始化 StringBuffer 对象，在对象中创建一个大小为 16 的字符数组。
- public StringBuffer(int capacity)：构造方法，初始化 StringBuffer 对象，在对象中创建一个大小为 capacity 的字符数组。
- public StringBuffer(String str)：构造方法，初始化 StringBuffer 对象，在对象中创建一个大小为 16+str.length()的字符数组，并将字符串 str 的内容复制到这个字符数组中。
- public StringBuffer append(String str)：将字符串 str 的内容添加到 StringBuffer 对象的字符数组中。方法返回的就是这个 StringBuffer 对象的引用，也就是说，此方法并没有创建新的 StringBuffer 对象。
- public StringBuffer delete(int start, int end)：删除这个 StringBuffer 对象的字符数组中的部分字符，删除的字符是从数组索引位置 start 开始，到数组索引位置 end-1 结束。方法返回的就是这个 StringBuffer 对象的引用，也就是说，此方法并没有创建新的 StringBuffer 对象。
- public StringBuffer insert(int offset, String str)：将字符串 str 插入到这个 StringBuffer 对象的字符数组中，插入的位置是在数组索引位置 offset。方法返回的就是这个 StringBuffer 对象的引用，也就是说，此方法并没有创建新的 StringBuffer 对象。

需要注意的是，StringBuffer 类的 append、delete 和 insert 三个方法都没有创建新的 StringBuffer 对象，而是返回调用这三个方法的对象的引用。例如以下代码执行完之后，堆中只有一个 StringBuffer 对象。

```
StringBuffer sb1 = new StringBuffer("abc");
StringBuffer sb2 = sb1.append("d");
System.out.println(sb1==sb2);                //true
System.out.println(sb1);                     //"abcd"
System.out.println(sb2);                     //"abcd"
System.out.println(sb1.delete(1, 2));        //"acd"
System.out.println(sb1.insert(1, "b"));      //"abcd"
```

从图 4-11 中也可以看到，引用 sb1 和 sb2 指向的都是同一个 StringBuffer 对象。调用一个 StringBuffer 对象的 append 方法，只是在这个对象的字符数组中添加字符串，并没有创建新的 StringBuffer 对象，方法返回的也只是这个对象的引用。

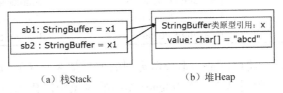

（a）栈Stack　　　　　　　　（b）堆Heap

图 4-11　StringBuffer 对象 append 操作

java.lang.StringBuilder 类同样是代表可变的字符序列，它的功能和 StringBuffer 类是相同的，主要的区别在于 StringBuffer 是线程安全的，而 StringBuilder 是线程不安全的。简单来说就是：如果在单线程的程序中，或者是定义的字符串是局部变量，则使用 StringBuilder 类的效率要高于使用 StringBuffer 类；如果在多线程的程序中，而且定义的字符串是成员变量，则使用 StringBuffer 类更省事。这段文字可能需要大家学完多线程编程后才能理解。

例 4-3 TestStringBuffer.java 演示了 StringBuffer 类的使用。

例 4-3　TestStringBuffer.java

```
public class TestStringBuffer {
    public static void main(String[] args) {
        StringBuffer sb1 = new StringBuffer("abc");
        StringBuffer sb2 = sb1.append("d");         //sb1 和 sb2指向同一对象
        System.out.println(sb1==sb2);               //true
        System.out.println(sb1);                    //"abcd"
        System.out.println(sb2);                    //"abcd"
        System.out.println(sb1.delete(1, 2));       //"acd"，从位置1删除到位置2
        System.out.println(sb1.insert(1, "b"));     //"abcd"，在位置1插入"b"
    }
}
```

4.4 包装器类

Java 语言有 8 种基本数据类型，这些基本数据类型的值不是对象，不能按照操作对象的方式来操作这些基本数据类型的值，但是在有些情况下又需要将这些基本数据类型的值作为对象来处理。为此，Java 语言为每种基本数据类型设计了一个对应的类，这些类称为**包装器类（Wrapper Class）**，表 4-1 列举了所有的包装器类。

表 4-1 包装器类

基本类型	包装器类	构造方法
byte	java.lang.Byte	Byte(byte value);
short	java.lang.Short	Short(short value);
int	java.lang.Integer	Integer(int value);
long	java.lang.Long	Long(long value);
float	java.lang.Float	Float(float value);
double	java.lang.Double	Double(double value);
char	java.lang.Character	Character(char value);
boolean	java.lang.Boolean	Boolean(boolean value);

有了包装器类之后，就可以把基本数据类型的值封装在对应的包装器类的对象中了，例如，将一个 int 类型的值封装在一个 Integer 类型的对象中，代码为 "Integer iObj = new Integer(10);" 或 "Integer iObj = Integer.valueOf(10)"。将一个基本数据类型的值封装成一个对应的包装器类对象，这种操作称为 "装箱"（Boxing）。

反过来，将一个包装器类对象中的基本数据类型的值取出来，这种操作称为 "拆箱"（Unboxing）。例如，将一个 Integer 类型对象 iObj 中的 int 值取出来，代码为 "int j = iObj.intValue();"。

从 JDK1.5 的版本开始，装箱和拆箱的操作都能由编译器自动完成。例如，代码 "Integer iObj = 10;"，编译器会自动将这行代码翻译为 "Integer iObj = new Integer(10);"，也就是自动将基本类型的值 10 封装成 Integer 对象，自动完成装箱操作。例如代码 "int j = 10 + iObj;"，编译器会自动将这行代码翻译为 "int j = 10 + iObj.intValue();"，也就是自动将 Integer 对象 iObj 中的基本类型的值取出来，自动完成拆箱操作。

在本节中，我们除了要掌握基本数据类型值和包装器类对象之间的相互生成方法之外，还要掌握字符串类 String 对象和 7 种基本数据类型值（除了 char）之间的相互转换方法。

可以通过各个包装器类中定义的静态方法 parseXxx(String str)，由一个字符串 String 类型的对象生成一个相应的基本数据类型值。例如，由字符串 "12.5" 生成 double 类型值 12.5，代码是 "Double.parseDouble("12.5");"；由字符串 "false" 生成 boolean 类型值 false，代码是 "Boolean.parseBoolean("false");"。

可以通过各个包装器类的构造方法 Xxx(String str)，由一个字符串 String 类型的对象生成一个对应的包装器类对象。比如：由字符串 "12.5" 生成 Double 类型对象，代码是 "Double dObj = new Double ("12.5");"；由字符串 "false" 生成 Boolean 类型对象，代码是 "Boolean bObj = new Boolean("false");"。

由字符串 String 对象生成基本数据类型值或者生成包装器类对象的方法如表 4-2 所示，需注意的是，生成基本类型数据值的方法都是静态方法，生成包装器类对象的方法都是构造方法。

表 4-2 包装器类的相关方法

基本类型/包装器	生成基本数据类型值	生成包装器类对象
byte / Byte	byte Byte.parseByte(String str)	Byte(String str)
short / Short	short Short.parseShort (String str)	Short(String str)
int / Integer	int Integer.parseInteger (String str)	Integer(String str)
long / Long	long Long.parseLong(String str)	Long(String str)
float / Float	float Float.parseFloat(String str)	Float(String str)
double / Double	double Double.parseDouble(String str)	Double(String str)
boolean / Boolean	boolean Boolean.parseBoolean(String str)	Boolean(String str)

可以通过 String 类中定义的重载的静态方法 valueOf，由各种基本数据类型值生成相应的 String 对象。例如，由 double 类型值 12.5 生成字符串"12.5"，代码是"String.valueOf(12.5);"；由 boolean 类型值 false 生成字符串"false"，代码是"String.valueOf(false);"。

4.5 数 学 类

java.lang.Math 类包含用于执行基本数学运算的方法，如初等指数、对数、平方根和三角函数，而且这些方法都被定义为静态的 static，也就是说，调用这些方法时，无须创建 Math 对象，只需要通过类名 Math.方法名来调用这些方法即可。

Math 类中除定义了很多用于数学运算的静态方法之外，还定义了两个静态成员常量：public static final double E 和 public static final double PI，其中 E 是自然对数，PI 是圆周率。

下面列举 java.lang.Math 类中定义的部分常用方法，更多方法的使用，需要读者自己查阅 API 文档。

- public static int abs(int a)：返回参数 a 的绝对值，例如，Math.abs(-5)的返回值是 5。而且 Math 类对 abs 方法进行了重载，除了 int 类型之外，还能提供 long、float、double 类型的参数。
- public static double pow(double a, double b)：返回参数 a 的 b 次幂的值，例如，Math.pow(2, 3)的返回值是 $2^3 = 8$。
- public static double sqrt(double a)：返回参数 a 的平方根，比如，Math.sqrt(4)的返回值是 $4^{1/2} = 2$。
- public static int round(float a)：返回对参数 a 进行四舍五入运算后的结果，返回的是一个 int 类型，例如，Math.round(1.5)的返回值是 2，Math.round(1.49)的返回值是 1。
- public static double random()：返回一个 [0, 1) 的随机小数。例如，Math.round(Math.random() * 100)的返回值是一个[0, 100]的随机整数。

例 4-4 TestMath.java 演示了 Math 类的一些基本方法的使用。

例 4-4   TestMath.java

```java
public class TestMath {
    public static void main(String[] args) {
        System.out.println(Math.abs(-5));          //5
        System.out.println(Math.pow(3, 4));        //81.0
        System.out.println(Math.sqrt(4));          //2.0
        System.out.println(Math.round(4.5));       //5
        System.out.println(Math.random()*100);     //85.7384...
    }
}
```

4.6 随机数类

Java.util.Random 类模拟了一个伪随机数发生器，用以生成随机数。可以使用系统时间或给出一个长整数作为"种子"构造出一个 Random 对象，再通过这个 Random 对象生成指定范围的随机数。

Random 类中实现的随机算法是伪随机，也就是有规则的随机。在进行随机时，随机算法的起源数字称为种子数(seed)，在种子数的基础上进行一定的变换，从而产生需要的随机数字。相同种子数的 Random 对象，相同次数生成的随机数字是完全相同的。也就是说，两个种子数相同的 Random 对象，第一次生成的随机数字完全相同，第二次生成的随机数字也完全相同。

下面列举 java.util.Random 类中定义的部分常用方法。

- public Random()：创建一个新的随机数生成器。此构造方法使用一个和当前系统时间对应的数字作为种子数，然后使用这个种子数构造 Random 对象。
- public Random(long seed)：创建一个新的随机数生成器。此构造方法使用一个 long 类型的数字 seed 作为种子数，然后使用这个种子数构造 Random 对象。
- public boolean nextBoolean()：生成返回一个 boolean 值，值 true 和 false 的生成概率大致相同。
- public float nextFloat()：生成返回一个均匀分布在[0.0, 1.0)内的 float 值。
- public double nextDouble()：生成返回一个均匀分布在[0.0, 1.0)内的 double 值。
- public int nextInt()：生成返回一个 int 值。所有 2^{32} 个可能 int 值的生成概率大致相同。
- public int nextInt(int n)：生成返回一个均匀分布在[0, n)内的 int 值。

例如，需要生成一个[m, n]内的随机整数，可以使用以下代码：

```java
Random r = new Random();
int i = m + random.nextInt(n-m+1);
```

4.7 时间日期类

java.util.Date 类表示时间上特定的瞬间，精确到毫秒。实际上，一个 Date 对象中包装了一个 long 类型的数值，这个数值就是自 1970 年 1 月 1 日 0 时起到这个 Date 对象创建时所经历的毫秒数。

使用 Date 类，通过下面的方式，可以计算一段代码执行所需的时间：

```
Data d1 = new Date();
... //需要计算执行时间的代码段
Date d2 = new Date();
System.out.println("执行这段代码所需的毫秒数是: " + (d2-d1) );
```

从 JDK 1.1 版本开始，java.util.Date 中的大部分方法已被声明为过时的（Deprecated），在处理日期和时间时，官方推荐使用 java.util.Calendar 类进行实现。

java.util.Calendar 类同样是表示时间上特定的瞬间，精确到毫秒。但是 Calendar 类比 Date 类功能更为强大，它为 YEAR、MONTH、DAY_OF_MONTH、HOUR 等日历字段提供了一些处理方法。需要特别注意的是，由于 Calendar 类本身是一个抽象类，而且 Calendar 类的构造方法被定义为 protected，所以不能直接通过其构造方法创建 Calendar 的实例。可以通过 Calendar 类的静态方法 getInstance 来获得一个实例对象，这个实例对象表示当前的瞬间。实际上，Calendar 类本身是不能有实例的，通过 getInstance 方法所获得的实例对象通常是 Calendar 类的子类 java.util. GregorianCalendar 的对象。GregorianCalendar 类是 Calendar 类的一个具体子类，提供了世界上大多数国家/地区使用的标准日历系统。

下面列举 java.util. Calendar 类中定义的部分常用方法。

- public static Calendar getInstance()：使用默认时区和语言环境获得一个代表当前瞬间的日历对象。
- public final void set(int year,int month,int date)：设置日历字段 YEAR、MONTH 和 DAY_OF_MONTH 的值。保留其他日历字段以前的值。Calendar 类中重载了多个 set 方法，除了设置年、月、日之外，还可以设置其他的日历字段，例如小时、分钟、秒、毫秒。该方法用于将 Calendar 对象设置为指定的一个时间。例如要将一个 Calendar 对象 c 的时间设为 2015 年 10 月 1 日，可使用代码 "c.set(2015, 10-1, 1)"，需要注意的是，月份 month 的值是从 0 开始计算的，即数值 0 表示 1 月，数值 1 表示 2 月，以此类推，所以 10-1 表示的是 10 月。
- public void set(int field,int value)：设置 Calendar 对象的某个日历字段的值。方法中的 field 参数用于指定需要设置哪个日历字段，value 参数用于指定需要设置的值。通常用 Calendar 类中定义的静态成员常量来指定 field 值，常用的 field 值有 Calendar.YEAR（年份）、Calendar.MONTH（月份）、Calendar.DATE（日期）、Calendar.HOUR（12 小时制的小时数）、Calendar.HOUR_OF_DAY（24 小时制的小时数）、Calendar.MINUTE（分钟）、Calendar.SECOND（秒）等。例如，要将一个 Calendar 对象 c 的月份设为 5 月，可使用代码 "c.set(Calendar.MONTH, 4)"。
- public int get(int field)：获取 Calendar 对象的某个日历字段的值，例如，要获取一个 Calendar 对象 c 的星期的值，可使用代码 "c.get(Calendar.DAY_OF_WEEK)"。需要注意的是，周日是 1，周一是 2，周二是 3，以此类推。
- public abstract void add(int field, int amount)：在 Calendar 对象中的某个字段上增加或

减少一定的数值。如果 amount 的值为正，则表示增加；如果 amount 的值为负，则表示减少。例如，要将一个 Calendar 对象 c 的日期减少 5 天，可使用代码"c.add(Calendar.DATE, -5)"。

- public final Date getTime()：返回一个表示此 Calendar 对象时间值的 Date 对象。

在处理日期时间的问题上，经常需要处理的是字符串和时间对象之间的相互转换。JDK 中提供了专门的时间格式化的工具类。

java.text.DateFormat 是日期/时间格式化子类的抽象类，它能以与语言无关的方式格式化并分析日期或时间。java.text.SimpleDateFormat 是 DateFormat 的一个具体子类，通过 SimpleDateFormat 对象，我们可以完成日期时间的格式化操作：由一个时间对象得到符合某种格式要求的一个字符串，也可以完成日期时间字符串的解析操作：将一个符合某种格式的表示时间的字符串解析成对于时间对象。常用的 SimpleDateFormat 的方法如下。

- SimpleDateFormat(String pattern)：构造方法，通过一个描述日期和时间格式的模式字符串创建一个 SimpleDateFormat 对象。
- String format(Date)：将日期时间对象格式化成字符串，这个字符串的格式会符合创建 SimpleDateFormat 对象时使用的模式字符串。
- Date parse(String)：将符合模式字符串的表示时间的字符串解析为 Date 对象。

从上面的几个方法中可以看到，要完成时间和字符串之间的相互转换，很重要的一点是定义一个 pattern 模式字符串来表示时间的字符串格式。在模式字符串中，是通过一些模式字母，例如 y，M，D 等来表示日期或时间字符串元素的。下面列举了部分模式字母的含义，更多更具体的模式字符串的定义方法，请大家自行查阅 API 文档。

- y：年份（year）。
- M：月份（Month）。
- d：月中的某一天（day）。
- H：24 小时制的小时（Hour）。
- m：分钟（minute）。
- s：秒（second）。
- S：毫秒（millionsecond）。
- z：时区（time zone）。

例如"2017-01-01 13:59:59"这个时间字符串就匹配模式字符串"yyyy-MM-dd HH:mm:ss"。

例 4-5 TestCanlendar.java 演示了 Canlendar 和 SimpleDateFormat 类的基本使用。

例 4-5 TestCanlendar.java

```
public class TestCalendar {
    public static void main(String[] args) throws Exception{
        Calendar calendar = Calendar.getInstance(); //获取表示当前时刻的日历对象
        calendar.clear();
        calendar.set(2000, 9, 1);    //设置的时间是2000年10月1日
        calendar.add(Calendar.DATE, 9); //天数增加9
        //输出年、月、日这几个时间分量值
```

```java
        System.out.println(calendar.get(Calendar.YEAR) + "年");
        System.out.println((calendar.get(Calendar.MONTH) + 1) + "月" );
        System.out.println(calendar.get(Calendar.DATE) + "日");
        //定义时间格式化对象，模式字符串是"yyyy年MM月dd日"
        SimpleDateFormat format = new SimpleDateFormat("yyyy年MM月dd日");
        System.out.println(format.format(calendar.getTime()));//时间对象格式化
        String dateStr = "2017年12月10日";
        Date date = format.parse(dateStr); //解析时间字符串
        System.out.println(date);
    }
}
```

程序执行的结果如下所示：

```
2000年
10月
10日
2000年10月10日
Sun Dec 10 00:00:00 CST 2017
```

4.8 扫 描 器 类

到目前为止，我们只学习了如何在控制台输出信息，还没有学习如何从控制台获取输入的信息。所谓从控制台输入，实际上是获取键盘的输入。从 I/O 流的角度看，键盘的输入是系统标准的输入流，在 java.lang.System 类中定义了对应的对象 System.in。

通常由两种方式获取键盘的输入数据，一种是采用标准的 I/O 流处理的方式，另一种是使用扫描器类 java.util.Scanner。

这里只是简单地演示 I/O 流处理方式，下面的几行代码需要在我们学习完 I/O 框架后才能完全理解。采用标准的 I/O 流处理方式如下所示：

```java
//由System.in 封装一个缓冲字符输入流br，为了方便读取字符串
BufferedReader br = new BufferedReader(new InputStreamReader(System.in ));
//由br读取一行字符串
String content = br.readLine();
```

java.util.Scanner 类表示一个可以使用正则表达式来解析基本类型和字符串的简单文本扫描器，可以通过 Scanner 来获取用户的输入。

首先可以通过系统的标准输入流 System.in 来创建一个 Scanner 对象，代码如下：

```java
Scanner scanner = new Scanner(System.in);
```

有了 Scanner 对象之后，就可以通过该对象的 nextXxx()方法，将用户输入的字符串解析成各种基本数据类型。常用的 nextXxx()有以下几个，更多的方法请自行查阅 API 文档。

- int nextInt()：将输入的内容解析为一个 int 类型并返回。
- double nextDouble()：将输入的内容解析为一个 double 类型并返回。
- String next()：返回分隔符或结束符之前的有效内容，空格键、Tab 键或 Enter 键等被视为分隔符或结束符，所以 next 方法不能得到带空格的字符串。
- String nextLine()：返回当前行的其余部分，返回的是 Enter 键之前的所有字符，它是可以得到带空格的字符串的。

例 4-6 TestScanner.java 演示了 Scanner 类的基本使用。需要注意的有以下两点。

（1）如果要输入 int 或 float 类型的数据，则在输入之前最好先使用 hasNextXxx() 方法进行验证，再使用 nextXxx() 来读取。

（2）在 nextXxx() 方法和 nextLine() 方法连用的情况下，在每一个 next()、nextDouble()、nextFloat()、nextInt() 等语句之后加一个 nextLine() 语句。目的是下一次读取目标数据前，先读取上一次输入的 Enter 结束符。

例 4-6　TestScanner.java

```java
public class TestScanner {

    public static void main(String[] args) {
        Scanner scan = new Scanner(System.in);
        System.out.print("请输入一个整数:");
        if(scan.hasNextInt()) {
            int i = scan.nextInt();
            System.out.println("输入的整数是:" + i);
        } else {
            System.out.println("输入的不是整数");
        }
        scan.nextLine();
        System.out.print("请输入一个字符串:");
        String str = scan.next();
        System.out.println("输入的字符串是:" + str);
        scan.close();
    }
}
```

4.9　Java 异常处理

4.9.1　异常的概念

异常（Exception），也就是非正常情况，是指程序运行过程中，各种不期而至的状态，如除 0 溢出、数组下标越界、所要读取的文件不存在、无法连接远程套接字等。异常这种程序运行时发生的错误，既不是语法错误，也不是编译器检查出的错误，它会导致程序非正常终止，但通过异常处理机制，可以使程序自身能够捕获和处理异常，从而使程序继续往下执行。

例 4-7 演示了在程序执行过程中出现异常，同时又没有处理异常的情况下，程序会非正常终止的情况。

例 4-7　TestException01.java

```
public class ExceptionTest01 {
    static int[] a= {1,2,3};
    public static void main(String[] args){
        //没有捕获异常、处理异常
        for(int i=0;i<5;i++) {
            System.out.println(a[i]); //数组下标越界异常
        }
        System.out.println("注意：这条语句没有执行");
    }
}
```

在 Java 程序的执行过程中如果出现异常事件，将会产生一个异常类型对象，该异常对象封装了异常事件的信息，这个过程称为**抛出（throw）**异常。上面的程序执行时，由于数组 a 的长度为 3，所以在 for 循环中，当程序试图访问并不存在的数组元素 a[3]时，会抛出一个 java.lang.ArrayIndexOutOfBoundsException 类型的异常对象，这种异常称为"数组下标越界异常"。由于程序并没有对这种异常情况进行处理，所以这个异常对象会被抛出提交给 Java 运行时环境 JRE，JRE 处理异常的默认方式是打印这个异常对象的信息。所以在控制台可以看到如图 4-12 所示的输出结果。

```
1
2
3
Exception in thread "main" java.lang.ArrayIndexOutOfBoundsException: 3
        at chapter4.example4_7.TestException01.main(TestException01.java:8)
```

图 4-12 未处理异常情况

从图 4-12 中可以看到，主线程 main 抛出了一个 java.lang.ArrayIndexOutOfBoundsException 类型的异常对象，而且是执行 TestException01.java 程序中的第 8 行时出现异常情况的，这一行的代码是 for 循环中的：

```
System.out.println(a[i]);
```

还应该看到，控制台的输出结果中并没有如下内容：

```
注意：这条语句没有执行。
```

这说明，由于执行 for 循环语句块时出现了异常情况，而且没有捕获处理该异常情况，程序已经非正常终止了，并没有执行最后一条语句：

```
System.out.println("注意：这条语句没有执行");
```

4.9.2 捕获处理异常

健壮的程序应该在异常发生时捕获(catch)异常对象，并执行相应的异常处理代码，使得程序不会因为异常的发生而非正常终止或产生不可预见的结果。

在 Java 语言中，使用关键字 **try**、**catch**、**finally**，以及下面的代码结构，来捕获处理异常。

```
try {
    … //可能会发生异常的代码
} catch ( 异常对象 ) {
    … //发生异常后的异常处理代码
} finally {
    … //无论是否发生异常都会执行的代码
}
```

被 try 语句块包围的代码是可能会发生异常的代码，一旦发生了异常，异常便会被 catch 捕获到，然后需要在 catch 语句块中进行异常处理，如果没有发生异常，则 catch 语句块中的代码不执行。finally 语句块中的代码是无论是否发生异常都必会执行的代码。

例 4-8 TestException02.java 是使用 try…catch…finally 代码结构对例 4-7 进行的修改。

例 4-8 TestException02.java

```java
public class TestException02 {
    static int[] a= {1,2,3};
    public static void main(String[] args) {
        //捕获异常、处理异常
        try {
            for(int i=0;i<5;i++) {
                System.out.println(a[i]);  //数组下标越界异常
            }
        } catch (ArrayIndexOutOfBoundsException e) {
            //e.printStackTrace();  //JRE默认的异常处理方式
            System.out.println("发生了数组下标越界异常");  //自定义异常处理方式
            //return;
        } finally {
            System.out.println("不管有没有发生异常，都会执行这条语句");
        }
        System.out.println("注意：这条语句执行了，说明程序没有非正常终止");
    }
}
```

程序执行输出的结果如图 4-13 所示。

```
1
2
3
发生了数组下标越界异常
不管有没有发生异常,都会执行这条语句
注意:这条语句执行了,说明程序没有非正常终止
```

图 4-13　使用 try…catch 捕获处理异常（1）

从图 4-13 中可以看到，程序在执行 try 语句块中的 for 循环代码期间，由于访问了不存在的数组元素，所以抛出了一个数组下标越界类型的异常对象，而且抛出异常对象之后，try 语句块中的代码就没有继续执行了；在 catch 语句块中的代码捕获了数组下标越界这种类型的异常对象，所以 catch 语句块中的代码执行了；同时 finally 语句块中的代码也执行了，因为无论是否产生异常，finally 语句块中的代码都会执行；在 try…catch…finally 结构后还有一条输出语句也执行了，说明由于程序使用 try…catch 语句块正确捕获处理了执行期间产生的异常，所以程序并没有因为异常情况而非正常终止，而是继续往下执行完毕。

需要注意的是，无论 try 语句块中的代码执行过程中是否产生异常，finally 语句块中的代码总是会执行的，就算 catch 语句块中存在 retrun 语句，也会在执行完 finally 语句块中的代码后再返回。通常 finally 语句块中的代码是用以释放系统资源的，例如，用于文件读取的 I/O 流、用于网络通信的套接字、用于数据库访问的连接对象等，这样不仅会使得程序占用更少的资源，也会避免不必要的、由于资源未释放而发生的异常情况。

修改程序例 4-8，将整型数组的元素个数设置成 5 个，修改的代码如下所示：

```
static int[] a= {1,2,3,4,5};
```

此时，程序在执行 try 语句块时，并不会产生异常对象，所以 try 语句块中的代码可以执行完，而且代码的执行流并不会进入 catch 语句块中，finally 语句块和程序最后一条输出语句还是会执行，所以程序执行的结果如图 4-14 所示。

```
1
2
3
4
5
不管有没有发生异常,都会执行这条语句
注意:这条语句执行了,说明程序没有非正常终止
```

图 4-14　使用 try…catch 捕获处理异常（2）

4.9.3　抛出异常

在程序出现异常情况的时候，除了可以使用 try…catch 语句块捕获处理异常外，还可以显式地创建一个异常对象，并使用关键字 throw 把异常对象抛给上一层，即程序的调用者，让程序的调用者来处理这个异常情况。也就是说，一旦发生异常，把这个异常抛出去，让调用者去进行处理，自己不进行具体的处理。

某个方法声明中如果添加 throws XxxxException，则表示该方法的执行过程中可能会抛出某种异常类型的对象，这个方法的调用者需要考虑对可能抛出的异常对象进行捕获处理。throws 后面可以接多个异常类型，中间用逗号隔开即可。

所以显式抛出异常会用到新的两个关键字 **throw** 和 **throws**。例 4-9 演示了如何在方法中显式创建并抛出异常。

例 4-9　TestException03.java

```java
public class TestException03 {

    static int[] a= {1,2,3};

    public static void m() throws ArrayIndexOutOfBoundsException{
        for(int i=0;i<10;i++){
            if(i>=a.length)
                throw new ArrayIndexOutOfBoundsException();
            else
                System.out.println(a[i]);
        }
    }

    public static void main(String[] args) {
        //捕获异常、处理异常
        try {
            m(); //main()方法中捕获处理m()方法抛出的异常
        } catch (ArrayIndexOutOfBoundsException e) {
            //e.printStackTrace(); //JRE默认的异常处理方式
            System.out.println("数组下标越界"); //自定义异常处理方式
        } finally {
            System.out.println("不管有没有发生异常，这里都会执行");
        }

        System.out.println("注意：这条语句执行了");
    }
}
```

程序的执行结果和例 4-8 TestException02.java 是一样的。需要重点关注的代码是静态方法 m() 的定义。

```
public static void m() throws ArrayIndexOutOfBoundsException
```

方法的声明告诉方法的调用者，在调用这个方法的时候，这个方法可能会抛出一个 ArrayIndexOutOfBoundsException 类型的异常对象。

```
throw new ArrayIndexOutOfBoundsException();
```

这条 throw 语句是新建了一个 ArrayIndexOutOfBoundsException 类型的对象，并把这个对象 throw 抛出了。

4.9.4 异常的分类

所有的异常类都是 java.lang.Throwable 的子类。Throwable 有两个直接子类：java.lang.Error 和 java.lang.Exception。其中 Error 类表示致命的错误，如果在程序执行的过程中发生的是 Error 错误，那么程序肯定会非正常终止，程序也无法捕获处理 Error 错误，如 OutOfMemoryError。Exceptoin 类表示可捕获处理的异常，如果在程序执行的过程中发生的是 Exception 异常，那么程序可以去捕获处理异常，并让程序正常执行下去。但如果发生了异常，而程序又没有正常捕获处理异常，则程序会非正常终止。

Exception 有很多的子类，其中有一个子类比较特别，即 java.lang.RuntimeException，可以称其为"运行时异常"。RuntimeException 类是所有运行时异常类型的父类，例如，前面已经接触过的空指针异常 java.lang.NullPointerException 和数组下标越界异常 java.lang.IndexOutOfBoundsException 都是 RuntimeException 的子类。这些运行时异常也可以称为"非检查异常"（Unchecked Exception）。之所以称为非检查异常，是因为对于运行时异常，Java 编译器不强制要求程序一定要捕获处理这些异常。也就是说，如果一段代码可能抛出的异常类型是运行时异常，那么这段代码可以不放在 try 语句块中，程序也能正常编译。

而对于"非运行时异常"，即那些是 Exception 子类却不是 RuntimeException 子类的异常类型，它们又称为"检查异常"（Checked Exception）。之所以称为检查异常，是因为对于非运行时异常，Java 编译器强制要求程序一定要捕获处理这些异常。也就是说，如果一段代码可能抛出的异常类型是非运行时异常，那么这段代码必须要放在 try 语句块中，否则程序无法通过编译。例如 java.io.I/OException 和 java.sql.SqlException 都是常见的非运行时异常。

例 4-10 TestException04.java

```
public class TestException04 {
    static int[] a = { 1, 2, 3 };
    public static void main(String[] args) {
        for (int i = 0; i < 5; i++) {
            System.out.println(a[i]);//数组下标越界异常是运行时异常、不捕获也可以通过编译
        }
        try {
            BufferedReader in = new BufferedReader(new InputStreamReader
            (System. in));
            String line = in.readLine();//I/O异常是非运行时异常，必须要捕获，否则
                                        //无法通过编译
            System.out.println(line);
        } catch (I/OException e) {
```

```
            e.printStackTrace();
        }
    }
}
```

根据前面例子讲解的，for 循环会抛出 IndexOutOfBoundsException 类型的异常，而 IndexOutOfBoundsException 异常是一种运行时异常，所以这部分代码无须放入 try 语句块中，程序也能通过编译。而第二部分代码中的 in.readLine() 这个方法声明会抛出 I/OException，而 I/OException 异常是一种非运行时异常，所以这部分代码必须放入 try 语句块中进行捕获处理，否则程序无法通过编译。如果这部分代码不放入 try 语句块中，则 Eclipse 会提示如图 4-15 所示的编译错误。

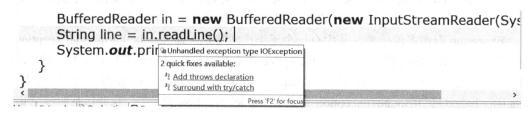

图 4-15 非运行时异常必须要捕获

Eclipse 提示的错误为 "Unhandled exception type I/OException"，表示代码有一个未捕获的异常类型 I/OException，这是一个语法错误。解决这种语法错误有两种方法，一种方法是 Add throws declaration，就是修改方法声明，添加抛出异常的声明，如下所示：

```
public static void main(String[] args) throws I/OException {
```

另一种方法是 Surround with try/catch，就是用 try…catch 语句块包围这段代码。
4.9.3 节介绍过可以在声明一个方法时加上 throws，告诉方法的调用者，这个方法的执行过程中，可能会抛出某种异常。在子类重写/覆盖父类方法的时候，对于方法的抛出异常声明，需要注意以下几点：
- 如果父类的方法没有声明抛出异常，则子类重写的方法也不能抛出异常。
- 如果父类的方法声明了抛出非运行时异常类型 A，则子类重写的方法不能抛出异常类型 A 的父类，但是可以是异常类型 A，或者是异常类型 A 的子类。

4.9.5 多异常处理

有时，同一段代码在不同的条件下，会抛出不同类型的异常对象。程序需要对不同类型的异常做不同的处理，这称为多异常处理。

多异常处理是通过在一个 try 后面定义多个 catch 语句来实现的，要想用不同的 catch 语句分别处理不同的异常对象，就需要为不同的 catch 语句指定不同类型的参数。代码结构如下所示：

```
try {
    … //可能会抛出不同类型异常对象的代码
```

```
} catch (异常类型EA e) {
    …. //出现EA 类型异常时的异常处理代码
} catch (异常类型EB e) {
    … //出现DB类型异常时的异常处理代码
} catch ..
```

catch 按顺序捕获异常，如果一个 catch 捕获了异常，则后面的 catch 将被忽略。

如果父类异常对象在子类异常对象之前被捕捉，则 catch 子类异常对象的代码块将永远不会被执行，这会造成无法通过编译的错误。图 4-16 就是一个多异常捕获错误顺序的例子，Eclipse 给出了提示 "Unreachable catch bloc for …"，原因就在于第一个捕获的异常类型 Exception 是后面捕获的异常类型 ArrayIndexOutOfBoundsException 的父类。

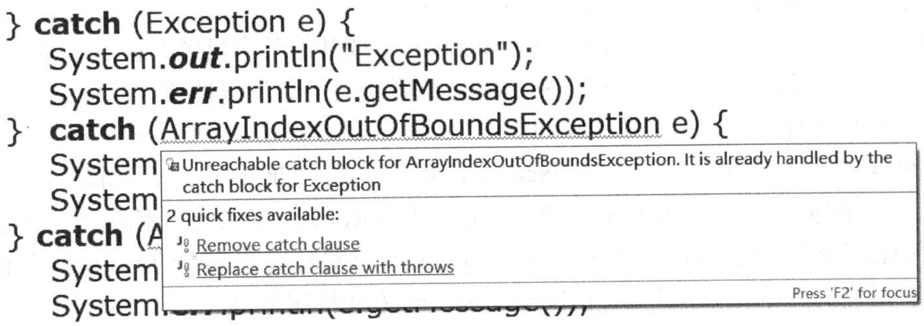

```
} catch (Exception e) {
    System.out.println("Exception");
    System.err.println(e.getMessage());
} catch (ArrayIndexOutOfBoundsException e) {
```

> Unreachable catch block for ArrayIndexOutOfBoundsException. It is already handled by the catch block for Exception
> 2 quick fixes available:
> Remove catch clause
> Replace catch clause with throws
> Press 'F2' for focus

图 4-16 多异常捕获的错误顺序

所以，在一段异常捕获处理的代码中，如果要捕获多种不同类型的异常，则一定要先捕获子类型的异常，最后再捕获父类型的异常。如果把 Exception 类型的异常放到最后捕获，则能捕获到任何类型的异常。

例 4-11 TestException05.java 就是一个多异常处理的例子，在 try 语句块中代码既可能抛出数组下标越界异常，也可能抛出除零导致的数学异常。

例 4-11 TestException05.java

```java
public class TestException05 {
    static int[] a= {1,2,3};
    public static void main(String[] args) {
        try {
            for(int i=0;i<3;i++) {
                System.out.println(a[i]); //数组下标越界异常
            }
            System.out.println(a[0]/0);
        } catch (ArrayIndexOutOfBoundsException e) {
            System.out.println("ArrayIndexOutOfBoundsException");
            System.err.println(e.getMessage());
        } catch (ArithmeticException e) {
            System.out.println("ArithmeticException ");
            System.err.println(e.getMessage());
```

```
        } catch (Exception e) {
            System.out.println("Exception");
            System.err.println(e.getMessage());
        }
    }
}
```

4.9.6 自定义异常

除了使用 JDK 中定义的各种各样的异常类型之外，对于我们自己开发的某个应用中特有的异常情况，可以根据程序的自身逻辑，创建自定义的异常类型和相应异常对象。

创建用户自定义异常时，需要完成以下工作：

（1）定义一个新的异常类，使之以 Exception 类或其他某个已经存在的异常类为父类。

（2）为新定义的异常类定义属性和方法，或者重载父类的属性和方法，使这些属性和方法能够体现该异常类对应的错误信息。

在例 4-12 中，定义了一个继承 Exception 类的异常类 UnSafePasswordException。在主类中定义一个静态方法 checkPassword(String strPassword)，用以检测密码是否合法，如不合法则创建并抛出一个 UnSafePasswordException 异常对象。在主类的 main 方法中，读取用户在控制台输入的密码，并调用 checkPassword 方法检测密码。

例 4-12 TestException06.java

```
import java.io.*;

//用户定义的异常，由Exception类派生
class UnSafePasswordException extends Exception {

    private static final long serialVersionUID = 1L;

    public UnSafePasswordException() {
        super("密码过于简单,安全密码的长度应大于6,且必须包含数字、大写字母和小写字母");
    }

    public UnSafePasswordException(String msg) {
        super(msg);
    }
}

public class TestException06 {
    //抛出异常的方法
    static void checkPassword(String strPassword) throws UnSafePasswordException {
        if (strPassword.length() < 6)
            throw new UnSafePasswordException("密码长度太短");
        boolean bNumber = false;
        boolean bUpper = false;
        boolean bLower = false;
```

```java
    for (int i = 0; i < strPassword.length(); i++) {
        if (bUpper && bLower && bNumber)
            break;
        if (strPassword.charAt(i) >= 'a' && strPassword.charAt(i) <= 'z')
            bLower = true;
        if (strPassword.charAt(i) >= 'A' && strPassword.charAt(i) <= 'Z')
            bUpper = true;
        if (strPassword.charAt(i) >= '0' && strPassword.charAt(i) <= '9')
            bNumber = true;
    }
    if (bUpper && bLower && bNumber) {
        System.out.println("密码是安全的");
        return;
    } else {
        throw new UnSafePasswordException();
    }
}

public static void main(String args[]) {
    try {
        System.out.println("请输入密码: ");
        BufferedReader stdin = new BufferedReader(new InputStreamReader(
                System.in));
        checkPassword(stdin.readLine());
    } catch (UnSafePasswordException e) {
        System.out.println(e.getMessage());
    } catch (Exception e) {
        System.out.println(e.getMessage());
    }
}
```

程序运行的效果如图 4-17 所示。

```
请输入密码:
123456
密码过于简单,安全密码的长度应大于6,且必须包含数字、大写字母和小写字母
```

图 4-17 自定义异常程序运行效果

习 题 4

1. 简答题

（1）简述 String 和 StringBuffer 的区别。
（2）简述字符串和基本数据类型之间相互转换的方法。
（3）简述字符串和 Date 对象之间相互转换的方法。

2. 选择题

（1）以下方法中，能返回 String 中的字符数的是（   ）。
  （A）size( ) （B）length( ) （C）width( ) （D）sub( )

（2）以下方法中，能返回一个 String 中子串的方法是（   ）。
  （A）size( )   （B）length( )
  （C）charAt(int index)   （D）substring(int beginIndex)

（3）随机数类 Random 属于下面哪个包？（   ）
  （A）java.awt （B）java.util （C）java.lang （D）java. swing

（4）数学类 Math 属于下面哪个包？（   ）
  （A）java.awt （B）java.util （C）java.lang （D）java.io

（5）JDK 中定义日期类 Date 属于下面哪个包？（   ）
  （A）java.awt （B）java.util （C）java.lang （D）java.io

（6）Java 语言类层次结构的根类是（   ）。
  （A）java.lang.Object   （B）java.lang.System
  （C）java.lang.Class   （D）java.lang.Process

（7）以下哪种类型的异常，是在源代码中不需要捕获处理也能通过编译的？（   ）
  （A）I/OException   （B）SQLException
  （C）RuntimeException   （D）ClassNotFoundException

（8）当类路径设置错误时，最有可能会出现的异常是（   ）。
  （A）I/OException   （B）RuntimeException
  （C）SQLException   （D）ClassNotFoundException

（9）关于 Java 中异常的叙述正确的是（   ）。
  （A）异常是程序编写过程中代码的语法错误
  （B）异常是程序编写过程中代码的逻辑错误
  （C）异常出现后程序的运行马上中止
  （D）异常是可以捕获和处理的

（10）在 Java 中可能会抛出异常的代码应该放在什么语句块中？（   ）
  （A）try 语句块   （B）catch 语句块
  （C）finally 语句块   （D）exception 语句块

3. 编程题

（1）编写程序 Dog.java，要求要覆盖继承自 Object 类中的 equals()和 toString()方法。按模板要求，将【代码 1】～【代码 5】处替换成相应的 Java 程序。注意代码中的输出要求。

```java
public class Dog {
    String name;
    int weight; //重量
    public Dog(String name, int weight) {
        this.name = name;
        this.weight = weight;
```

```
}
【代码1】{//Override覆盖Object类的toString()方法
    return this.name + "重" + this.weight + "千克";
}
//Override覆盖Object类的equals方法
@Override
public boolean equals(Object obj) {
    if(this == obj) {
        return true;
    }
    if(【代码2】) { //如果obj是Dog类的实例
        Dog dog = (Dog)obj;
        if(【代码3】) { //根据重量和名字判断两条狗是否相等,相等则返回true
            return true;
        }
    }
    return false;
}
//Override覆盖Object类的hashCode方法
@Override
public int hashCode() {
    return 【代码4】//要求能够根据狗的重量和名字返回狗的hashCode
}
public static void main(String[] args) {
    Dog dog1 = new Dog("DaHuan", 10);
    Dog dog2 = new Dog("DaHuan", 10);
    System.out.println(dog1);//应该显示:"DaHuan重10千克"
    System.out.println(【代码5】);//调用equals方法,判断dog1和dog2是否相等,
    //应该显示:"true"
    System.out.println(dog1 == dog2); //为什么显示的是"false"?
}
}
```

（2）编写程序 TestMath.java，随机产生一个 0~10 的整数，并且求这个数的平方根，要求使用 JDK 中的 java.lang.Math 类，请自行查阅 PAI 文档，学习这个类的使用。将【代码1】和【代码2】替换成相应的 Java 程序代码，使之能完成注释中的要求。

```
public class TestMath {
    public static void main(String[] args) {
        int a = 【代码1】    //使用Math类,生成一个[0,10]范围内的整数
        System.out.println("a=" + a);
        System.out.println(a + "的平方根是:"+【代码2】);//使用Math类求 a的平方根
    }
}
```

(3) 编写程序 TestString.java,要求使用 java.lang.String 类的相关方法,完成以下练习。按模板要求,将【代码1】～【代码12】处替换成相应的 Java 程序。

```java
public class TestString {
    public static void main(String[] args) {
        String name = "My name is [代码1]";  //请用你姓名的拼音替换[代码1]
        System.out.println("字符串的长度是:" + 【代码2】);
                    //使用length方法,打印字符串name的长度
        System.out.println("字符串中的第一个字符是:" + 【代码3】);
                    //使用charAt方法,打印字符串name中的第一个字符
        System.out.println("字符串中的最后一个字符是:" + 【代码4】);
                    //使用length和charAt方法,打印字符串name中的最后一个字符
        System.out.println("字符串中的第一个单词是:" + 【代码5】);
                    //使用subString和indexOf方法,打印字符串name中的第一个单词
        System.out.println("字符串中的第一个单词是:" + 【代码6】);
                //使用subString和lastIndexOf方法,打印字符串name中的最后一个单词
        String s1 = new String("you are a student");
        String s2 = new String("how are you");
        if (【代码7】)     //使用equals方法,判断s1与s2是否相同
        {
            System.out.println("s1与s2相同");
        } else {
            System.out.println("s1与s2不相同");
        }
        if (【代码8】)     //使用startWith方法,判断s1是否以"you"开始
        {
            System.out.println("s1是以you开头的");
        }
        if (【代码9】) { //使用contains方法,判断s2是否包含"you"
            System.out.println("s2中包含you");
        }
        String path = "c:/java/A.java";
        int index = 【代码10】        //获取path中第一个目录分隔符/的位置
        System.out.println("c:/java/A.java中第一个/出现的位置是: " + index);
        int lastIndex = 【代码11】   //获取path中最后一个目录分隔符/的位置
        System.out.println("c:/java/A.java中最后一个/出现的位置是: " + lastIndex);
        String fileName = 【代码12】//获取path中包含的文件名A.java
        System.out.println("c:ava/A.java中包含的文件名是: " + fileName);
    }
}
```

(4) 编写程序 TestStringBuffer.java,要求使用 java.lang.StringBuffer 类的相关方法,完成以下练习。按模板要求,将【代码1】～【代码5】处替换成相应的 Java 程序。

```java
public class TestStringBuffer {
    public static void main(String[] args) {
```

```
        String s = "MicroSoft";
        StringBuffer sb = 【代码1】     //用s构造sb对象
        System.out.println(【代码2】);//使用append方法在sb末尾添加字符串"Oracle"
        System.out.println(【代码3】); //使用insert方法在MicroSoft和Oracle之间插
                                      //入字符'/'
        System.out.println(【代码4】); //使用replace方法将MicroSoft替换成MicroSun
        System.out.println(【代码5】); //使用delete方法删除子串"Micro"
    }
}
```

程序的执行效果如下所示：

```
MicroSoftOracle
MicroSoft/Oracle
MicroSun/Oracle
Sun/Oracle
```

（5）编写程序 TestRandom.java，要求使用 java.util.Random 类和 java.util.Scanner 类的相关方法，完成以下练习。程序的功能是：循环读取用户在控制台输入的整数 n，并生成 [0, n] 的随机整数。按模板要求，将【代码 1】～【代码 5】处替换成相应的 Java 程序。

```
import java.util.Random;
import java.util.Scanner;

public class TestRandom {
    public static void main(String[] args) {
        Scanner scanner =【代码1】     //创建标准输入流System.in的扫描器对象
        Random random =【代码2】       //创建随机数生成器
        int n = 0;
        System.out.println("输入0表示退出循环");
        while(true) {
            System.out.print("请输入n的值：");
            n = 【代码3】                //将控制台的输入读取为整型
            if(n==0) {                  //如果n=0，则退出while循环
                break;
            }
            System.out.print("生成的[0," + n + "]之间的随机数是：");
            System.out.println(【代码4】);   //生成[0, n]的一个随机整数
        }
        System.out.println("程序执行结束");
        【代码5】   //关闭扫描器
    }
}
```

（6）编写程序 TestCalendar.java，要求使用 java.util.Calendar 类的相关方法，完成以下

练习。程序的功能是输出当前时间的月历。按模板要求，将【代码1】～【代码5】处替换成相应的 Java 程序。

```
import java.util.Calendar;
public class TestCalendar {
    public static void main(String[] args) {
        Calendar calendar=【代码1】//使用getInstance方法获取当前时间的Calendar对象
        【代码2】//使用set方法将calendar的日期Calendar.DATE设为本月1号
        int dayOfWeek=【代码3】//使用get方法获取本月1号是星期几Calendar.DAY_OF_WEEK
        int maxDate = calendar.getMaximum(Calendar.DATE);   //获得本月的最大日期数
        System.out.println("日\t一\t二\t三\t四\t五\t六");//打印标题行
        for(int i=Calendar.SUNDAY; i<dayOfWeek; i++) {
                      //打印1号之前的空格,循环次数：从星期天开始到本月1号的天数
            System.out.print("\t");
        }
        for(【代码4】) { //循环打印本月的每一天,从本月1号到maxDate号遍历循环变量i
            System.out.print(i + "\t");
            if( 【代码5】 ) { //如果本月i号是星期六,则打印换行,i号是星期六时,
                    "dayOfWeek+i-1"的值应该是7的整数倍
                System.out.println();
            }
        }
    }
}
```

程序的执行效果如下所示：

```
1. 日    一    二    三    四    五    六
2.                   1     2     3
3. 4     5     6     7     8     9     10
4. 11    12    13    14    15    16    17
5. 18    19    20    21    22    23    24
6. 25    26    27    28    29    30    31
```

（7）编写程序 Test.java，实现功能为：用户在控制台输入一个日期，打印出这个日期的月历。可按以下步骤完成这个练习：

① 使用 Scanner 类获取用户在控制台输入的日期，日期的格式为"yyyy-MM-dd"，如"2015-10-15"。

② 将用户输入的日期字符串转换成 Date 对象，并由 Date 对象生成 Calendar 对象。需要用到 java.util.SimpleDateFormat 类。

③ 将上一题中输出月历的功能封装成一个静态方法，该方法通过接收一个 Calendar 对象，然后输出 Calendar 对象的月历。

④ 调用步骤③中定义的方法，并将步骤②中生成的 Calendar 对象传递给该方法。最

终打印出 Calendar 对象的月历。

（8）编写程序 TestException1.java，定义一个能抛出异常的方法，在 main()方法中捕获处理该异常。按模板要求，将【代码 1】～【代码 5】替换成相应的 Java 程序代码，使之能完成注释中的要求。

```
public class TestException1 {
    static void m()   【代码1】{  //声明该方法会抛出throws异常
        int a = 3;
        int b = 0;
        int c = a/b;
        System.out.println(c);
    }
    public static void main(String[] args) {
        //以下是异常处理代码结构
        【代码2】 {          //尝试执行方法m()
            m();
        } 【代码3】 {        //捕获异常对象e
            【代码4】        //打印异常栈信息
        } 【代码5】 {        //无论是否发生异常都需要执行的代码
            System.out.println("总会执行");
        }
        System.out.println("程序正常结束");
    }
}
```

（9）修改下面的程序 TestException2.java，要求：增加异常捕获处理的代码，注意下面的程序可能会抛出多种异常。

```
public class TestException2 {
    public static void main(String[] args){
        BufferedReader br = new BufferedReader(
                new InputStreamReader(System.in));
        int x = Integer.parseInt(br.readLine());
        int y = Integer.parseInt(br.readLine());
        System.out.println(x/y);
        br.close();  //将这条语句放到finally结构中
    }
}
```

第 5 章　数组和集合

5.1　数　　组

数组可以看成是多个相同类型数据的集合，这些数据称为数组元素，数组元素之间是有先后顺序的。一个数组元素可以用数组的名字和这个元素在数组中的顺序位置来表示。例如，a[0]表示数组 a 中的第一个元素，a[1]代表数组 a 的第二个元素，以此类推。这个顺序位置通常又称为数组的下标，数组的下标是从 0 开始的。

在 Java 语言中，**数组就是对象**，数组元素可以看成数组对象的成员变量，数组元素既可以是基本数据类型的，也可以是引用数据类型的。需要注意的一点是：虽然数组是对象，但是 J2SE API 中却没有提供数组类，所有的数组类都是 JVM 动态创建的。

5.1.1　数组的创建

在 Java 语言中，定义一维数组引用的语法格式是 "type var[ ]" 或者是 "type[ ] var"。例如，定义一个 int 类型的一维数组引用 a: "int a[]" 或者是 "int[] a"，定义一个 Person 类型的一维数组引用 p，代码为 "Person p[]" 或 "Person[] p"。注意：定义一个数组引用只是在 Stack 栈中创建了一个引用，而且这个引用的值是 null，此时并没有创建数组对象。

在 Java 语言中，创建一维数组对象的语法格式是 "new type[length]"。例如，创建一个包含 5 个 int 类型元素的数组对象的代码为 "new int[5]"，创建一个包含 3 个 Person 类型元素的数组对象的代码为 "new Person[3]"。注意：创建的数组对象是存放在 Heap 堆中的，而且数组对象中的数组元素都是有默认初始值的，例如，int 类型的数组元素默认初始值是 0，引用类型的数组元素默认初始值是 null。

所以，在 Java 语言中，创建一维数组的语法格式通常如下所示：

```
type[] var = new type[length]
```

也可以在创建数组的同时，设置数组元素的初始值，比如：

```
int[] a = { 1, 2, 3, 4, 5 };
```

接下来，我们来看看基本数据类型数组和引用类型数组的区别，下段代码中创建了一个包含 3 个 int 类型元素的数组对象 a，创建了一个包含 3 个 Person 类型元素的数组对象 p，代码如下所示：

```
int[] a = new int[3];
```

```
Person[] p = new Person[3];
```

执行完上段代码后，内存中的相关数据如图 5-1 所示。

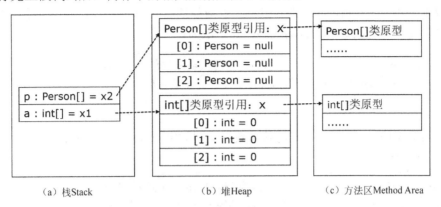

(a) 栈Stack　　　　　　　(b) 堆Heap　　　　　　　(c) 方法区Method Area

图 5-1　数组对象内存分析

在图 5-1 中，需要注意以下几点。

- 在栈 Stack 中：a 和 p 只是数组对象引用，不是数组对象。需要特别注意的一点是：在定义数组对象引用的时候不能指明数组对象的大小，因为此时数组对象都还未创建，例如，代码 "int[3] a" 和 "int a[3]" 是有语法错误的。
- 在堆 Heap 中：两个数组对象都是在程序运行期间通过关键字 new 创建的。需要特别注意的一点是，Person 类型数组中的数组元素都是 Person 类型引用，不是 Person 对象，也就是说，执行代码 "new Person[3]" 只是创建了初始值为 null 的 3 个 Person 类型引用，并没有创建任何 Person 对象。
- 在方法区 Method Area 中：两个数组类型 int[]和 Person[]都是 JVM 动态创建的，而不是 JVM 通过载入某个 class 文件创建的。数组类型 int[]的名称实际上是 "[I"，数组类型 Person[]的名称实际上是 "[LPerson;"。

5.1.2 基本数据类型数组

对数组的常用操作包括对数组的遍历、对数组的排序、对数组的查找。

所谓 "对数组的遍历" 就是指依次访问数组的每个元素，一般是通过循环语句来实现的。这里介绍两种遍历数组的方式：使用普通的 for 循环语句和使用增强型的 for 循环语句。

在使用普通的 for 循环语句遍历一个一维数组的时候，首先需要得到数组元素的个数（数组长度）。在 Java 语言中，可以通过代码 "数组引用.length" 来获取某个数组元素的个数。注意，length 并不是数组对象的一个属性，而是会被编译器翻译成一条特殊的，用以获取数组长度的字节码指令 arraylength。因为数组元素的下标值是从 0 开始的，所以一个数组 a 中最大的元素下标值是 a.length-1。使用普通的 for 循环语句遍历基本数据类型数组的代码如下所示：

```
int[] a = {1, 2, 4, 3, 5};
for (int i = 0; i < a.length; i++) {   //等同于 for ( int i= 0; i < 5; i++)
```

```
    System.out.println(a[i]);              //依次打印 a[0]、a[1]、a[2]、a[3]、a[4]、
}
```

从版本 JDK 1.5 开始，Java 语言中引入了增强型的 for 循环语句，通过增强型的 for 循环语句可以简化遍历数组或集合的代码，其语法为：

```
for (type element : array) { 每次从数组array中取出一个元素赋给element
    ... //访问element, 即等于依次访问数组array中的元素
}
```

使用增强型的 for 循环语句遍历基本数据类型数组的代码如下所示：

```
int[] a = {1, 2, 4, 3, 5};
for ( int e : a) {           //每次从数组a中取出一个元素赋给e
    System.out.println(e);   //访问e，即等于访问数组a中的元素
}
```

所谓"对数组的排序"就是指：将数组中的所有元素按从小到大，或者从大到小的顺序排列。J2SE API 中提供了封装了数组操作的工具类：java.util.Arrays，通过这个 Arrays 类中定义的静态方法 sort，就可以完成对数组元素的排序。使用 Arrays.sort 对数组排序的代码如下所示：

```
int[] a = {1, 2, 4, 3, 5};
Arrays.sort(a);           //排序后，数组a中元素的排列顺序是：1, 2, 3, 4, 5
```

目前，Arrays.sort 方法对基本数据类型数组进行排序所采用的算法是"双轴快速排序"算法，该算法的平均时间复杂度是 $O(n \log(n))$，而且该排序算法是不稳定的。

所谓"对数组的查找"就是指：在数组中的所有元素中搜索是否有等于指定值的元素。对于一个已排序的数组，可以通过 java.util.Arrays 类中定义的静态方法 binarySearch 来进行查找。使用 Arrays.binarySearch 在数组 a 中进行查找 key 值时，如果数组 a 中存在某个元素 e 的值等于 key，那么该方法就会返回这个元素 e 在数组 a 中的下标值，否则该方法就会返回一个负整数，表示数组 a 中没有任何元素的值等于 key。使用 Arrays.binarySearch 对数组查找的代码如下所示：

```
int[] a = {1, 2, 4, 3, 5};
Arrays.sort(a);                              //查找前先排序
int index = Arrays.binarySearch(a, 4);//index的值会等于3
```

顾名思义，Arrays 类 binarySearch 方法所采用的算法是"二分查找"算法，二分查找算法只能用于有序集合，如果用到一个无序集合中，返回的结果是不确定的。如果在对数组进行查找之前不想对数组进行排序，那么查找的方式只能是逐个遍历数组元素，代码如下所示：

```
int search(int[] a, int key) {
```

```
for (int i = 0; i < a.length; i++) {
    if (key == a[i]) { return i;    }
}
return -1;
}
```

在例 5-1 中，以 int 类型数组为例，列举了基本数据类型数组的相关操作。

例 5-1　TestIntArray.java

```
import java.util.Arrays;
public class TestIntArray {
    public static void main(String[] args) {
        int[] a = { 1, 2, 4, 3, 5 };                //创建并初始化int类型数组
        System.out.print("排序前，使用普通的for循环遍历数组a: ");
        for (int i = 0; i < a.length; i++) {    //a.length = 5
            System.out.print(a[i] + ", ");
        }
        Arrays.sort(a);         //使用Arrays.sort方法对数组a排序
        System.out.print("\n排序后，使用增强型的for循环遍历数组a: ");
        for (int e : a) {       //每次循环，依次将a中元素的值赋给e
            System.out.print(e + ", ");
        }
        System.out.print("\n排序后，在数组a中查找值等于4的元素,");
        int index = Arrays.binarySearch(a, 4);
        System.out.println("下标值为: " + index);
    }
}
```

例 5-1 的输出结果如下所示：

```
排序前，使用普通的for循环遍历数组a: 1, 2, 4, 3, 5,
排序后，使用增强型的for循环遍历数组a: 1, 2, 3, 4, 5,
排序后，在数组a中查找值等于4的元素,下标值为: 3
```

5.1.3　引用数据类型数组

5.1.2 节介绍了基本数据类型数组的相关操作，本节介绍引用数据类型数组的相关操作，包括数组的遍历、数组的排序、数组的查找。

引用数据类型数组的遍历方式和基本数据类型数组的遍历方式是相同的，需要注意的一点就是：引用数据类型数组元素的值是否为 null，如果是 null，则遍历时容易出现空指针异常，代码如下所示：

```
Person[] p = new Person[3];         //并没有创建Person对象，数组p的元素值都为null
for (Person e : p) {
```

```
        System.out.println(e.name);        //运行时会抛出空指针异常
}
```

所以，在创建引用数据类型数组时，在遍历这个数组之前，需要创建相关对象，让数组元素的值不为 null，代码如下所示：

```
Person[] p = new Person[3];
p[0] = new Person(20, "张三");
p[1] = new Person(22, "李四");
p[2] = new Person(21, "王五");
```

此时，内存中的数据如图 5-2 所示，注意图中的 x 表示引用地址。

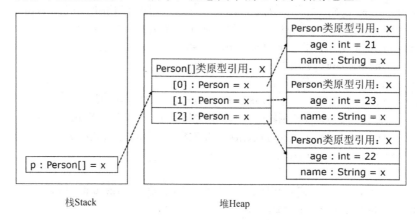

图 5-2　引用数据类型数组

如果对一个引用数据类型数组进行排序，实际上就是对数组元素所引用的对象进行排序。想要将若干个对象按由小到大的顺序排列，首先要求对象之间是"可比较的"。

定义一个类时，可以通过实现 java.lang.Comparable 接口来指明这个类的对象之间是"可比较的"。Comparable 接口中只定义了一个 compareTo 方法，所有实现 Comparable 接口的类都要实现 compareTo 方法，在 compareTo 方法中定义该类对象之间的比较规则。int compareTo(T o)方法的定义要求如下：

- 当调用该方法的对象"大于"对象 o 时，该方法返回正整数。
- 当调用该方法的对象"小于"对象 o 时，该方法返回负整数。
- 当调用该方法的对象"等于"对象 o 时，该方法返回 0。

只要一个类型实现了 java.lang.Comparable 接口，那么就可以使用 java.util.Arrays 的 sort 方法来对这种类型的数组进行排序，也就能使用 java.util.Arrays 的 binarySearch 方法来对这种类型的数组进行查找。

在例 5-2 中，以 Person 类型的数组为例，列举了引用数据类型数组的相关操作。要注意的是：Person 类实现了 Comparable 接口，定义了"按年龄比较"的规则，所以 Person 对象之间才能比较，Person 类型数组才能排序。

例 5-2　TestPersonArray.java

```java
import java.util.Arrays;
class Person implements Comparable<Person> {
                              //实现Comparable接口，表示"可比较"
    public int age;
    public String name;
    public Person(int age, String name) {
        this.age = age;
        this.name = name;
    }
    @Override
    public String toString() {  //重写继承自Object的toString方法
        return this.name + "的年龄是: " + this.age;
    }
    @Override
    public int compareTo(Person o) {    //实现compareTo方法
        return this.age - o.age;        //制订Person对象之间"按年龄比较"的规则
    }
}

public class TestPersonArray {
    public static void main(String[] args) {
        Person[] p = new Person[3];         //创建Person类型数组
        p[0] = new Person(20, "张三");      //创建数组元素所引用的对象
        p[1] = new Person(22, "李四");
        p[2] = new Person(21, "王五");
        System.out.println("排序前，使用普通的for循环遍历数组p");
        for (int i = 0; i < p.length; i++) {
            System.out.println(p[i]);
        }
        Arrays.sort(p);
        System.out.println("排序后，使用增强型的for循环遍历数组p");
        for (Person e : p) {
            System.out.println(e);
        }
        System.out.print("排序后，在数组p中查找值等于21的元素，");
        int index = Arrays.binarySearch(p, new Person(21,"麻六"));
        System.out.println("下标值为: " + index);
    }
}
```

例 5-2 的输出结果如下所示：

```
排序前，使用普通的for循环遍历数组p
张三的年龄是: 20
李四的年龄是: 22
```

```
王五的年龄是：21
排序后，使用增强型的for循环遍历数组p
张三的年龄是：20
王五的年龄是：21
李四的年龄是：22
排序后，在数组p中查找值等于21的元素，下标值为：1
```

关于例 5-2 中的代码有两点补充说明如下。

- Comparable<Person>：其中代码"<Person>"是泛型的语法机制，指明实现该接口的类的对象，可以和 Person 类型的对象相互比较。关于泛型的语法机制在本章的后续部分会进一步详细介绍。
- 有时我们并不想去修改类的代码，但又想让该类的对象可以进行比较，或者是设置另一种对象比较策略，此时可以定义一个比较器类，用于实现该类对象的比较。比较器类实现 java.util.Comparator 接口，调用 Arrays.sort 方法时提供相应的比较器对象即可，代码如下所示：

```
//定义比较器类，设置Person对象之间"按姓名比较"的规则
class ComparatorByName implements Comparator<Person> {
    @Override
    public int compare(Person o1, Person o2) {
        return o1.name.compareTo(o2.name);
    }
}

public class TestPersonArray {
    public static void main(String[] args) {
        Person[] p = new Person[3];
        …
        Arrays.sort(p, new ComparatorByName());//通过比较器对数组p排序
        …
    }
}
```

5.1.4 多维数组

在 Java 语言中，多维数组被看作是"数组的数组"。

以二维数组为例，定义二维数组引用的语法格式是：

```
type var[ ][ ]; //或者是 type[ ][ ] var;
```

创建二维数组对象的语法格式是：

```
new type[length1][length2];
```

或者是只初始化第一维的长度：

```
new type[length1][];
```

所以，在 Java 语言中，创建二维数组的语法格式通常如下所示：

```
type[ ][ ] var = new type[length1][length2];
```

以下代码中，首先创建了一个 int 类型的二维数组 a，这个数组第一维的长度是 2，第二维的长度没有指定，此时等于这个二维数组对象 a 中的两个元素都是 null，也就是说，相应的一维数组对象没有创建。然后分别创建了 a[0] 和 a[1] 两个元素所引用的一维数组对象。完整的代码如下所示：

```
int[][] a = new int[2][];
a[0] = new int[3];
a[1] = { 1, 2, 3, 4 };
```

以上代码执行后的内存示意图如图 5-3 所示。

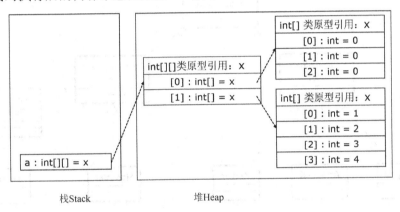

图 5-3　二维数组对象内存分析

关于二维数组的遍历操作，可以使用增强型的 for 循环语句，但是要始终牢记的一点是：二维数组的元素是一维数组。以下代码演示了二维数组的遍历方法：

```
int a[][] = { {1,2,3}, {4,5,6,7}, {8,9} };
for ( int[] i : a) {      //每次循环从a中取一个元素的值赋给i，这个值是一个int[]引用
    for( int j : i) {    System.out.print(j);     }
}
```

5.2　集　　合

一个数组中只能存放固定数量的对象，当对象的数量超出一个数组的大小时，这个数组就不能存放了。但有些情况下，我们需要一个能够存放不固定数量的容器，这时候就不能使用数组，而应该使用 J2SE 基本库中提供的集合。可以把一个集合对象理解成一个大

小可变的容器,可以用来存放数量不固定的一组对象。

在 J2SE 基本库中提供了一套由设计优良的接口和类组成的集合框架,包括了很多常用的抽象数据类型,如队列、栈、链表、树、哈希表等,这些接口和类都定义在 java.util 和 java.util.concurrent 包中。java.util 包中定义的集合是没有实现多线程支持的集合,java.util.concurrent 包中的定义的集合是实现了多线程支持的集合,也就是支持并发操作的集合。

5.2.1 集合框架概述

J2SE 基本库为实现集合框架定义了众多的接口和类,学习这个集合框架,首先需要了解一下这些接口和类之间的层次关系。从集合中存储的内容来分,分为存储一组对象的 Collection 和存储一组键值对的 Map。

Collection 框架中部分接口和类的层次关系如图 5-4 所示。

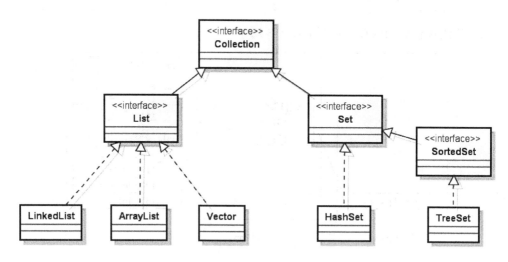

图 5-4　Collection 集合框架图

从图 5-4 中可以看到,java.util.Collection 是最顶端的接口,一个 Collection 表示一组对象的集合,这组对象也称为 Collection 集合的元素。

java.util.List 是 java.util.Collection 接口的子接口,或者说接口 List 是继承接口 Collection 的。一个 list 列表表示一组有前后位置关系的元素的集合,list 列表中的元素通常是可以重复的。可以对 list 列表中每个元素的位置进行精确控制,也可以根据元素在列表中的位置访问某个位置的元素。List 接口的实现类中包括链式列表 java.util.LinkedList、数组列表 java.util.ArrayList、同步的动态数组列表 java.util.Vector、后进先出的堆栈列表 java.util.Stack 等。

java.util.Set 是 java.util.Collection 接口的子接口,或者说接口 Set 是继承接口 Collection 的。一个 set 集合表示一组不包含重复元素的集合,set 集合中的元素通常是无序的。java.util.SortedSet 是 java.util.Set 的子接口,表示的是一组不包含重复元素的,而且元素是有序的集合。Set 接口的实现类中包括使用哈希表实现的散列集 java.util.HashSet、使用哈希表和链式列表实现的链表散列集 java.util.LinkedHashSet、使用红黑树实现的有序树集

java.util.TreeSet 等。

java.util.Map 框架中部分接口和类的层次关系如图 5-5 所示。

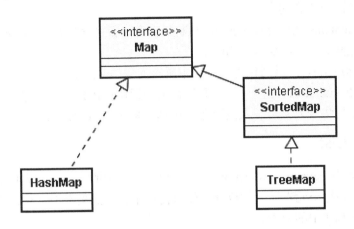

图 5-5 Map 集合框架图

从图 5-5 中可以看到，java.util.Map 是最顶端的接口，一个 map 表示一组映射的集合，一个映射又称为一个<键，值>（<Key, Value>）对。java.util.SortedMap 接口是 java.util.Map 接口的子接口，或者说接口 SortedMap 是继承接口 Map 的，一个 SortedMap 集合表示一组按键 Key 值排序的映射的集合。Map 接口的实现类中包括：使用哈希表实现映射集 java.util.HashMap、使用红黑树实现的有序映射集 java.util.TreeMap 等。

5.2.2 集合 Collection

java.util.Collection 是集合框架中最基本的集合接口，一个 Collection 代表一组 Object 的集合，这些 Object 称为 Collection 的元素。

Collection 接口中声明的方法是所有 Collection 实现类都要实现的方法，Collection 接口中声明了以下常用方法。

- boolean add(E e)：向集合中添加指定元素 e，成功返回 true，失败则返回 false。
- boolean remove(Object o)：如果集合中有指定元素 o，则将 o 移除，并返回 true，否则返回 false。
- int size()：返回集合中的元素个数。
- boolean contains(Object o)：判断集合中是否包含指定的元素 o，包含则返回 true，否则返回 false。
- void clear()：移除集合中的所有元素。
- boolean isEmpty()：判断集合是否为空，集合为空则返回 true，否则返回 false。
- boolean addAll(Collection c)：将指定集合 c 中的所有元素都添加到此集合中，集合若因此调用发生变化，则返回 true，否则返回 false。
- boolean removeAll(Collection c)：移除集合中那些也包含在指定集合 c 中的所有元素，若因此调用导致集合发生改变，则返回 true，否则返回 false。调用此方法实际上是移除两个集合的交集。

- boolean retainAll(Collection c)：移除集合中那些不包含在指定集合 c 中的所有元素，若因此调用导致集合发生改变，则返回 true，否则返回 false。调用此方法实际上是保留两个集合的交集。
- boolean containsAll(Collection c)：判断集合中是否包含集合 c 中的所有元素，包含所有则返回 true，否则返回 false。
- Object[] toArray()：返回包含此集合中所有元素的数组。
- Iterator<E> iterator：返回可以在此集合上进行迭代操作的迭代器。使用该迭代器可以正向遍历集合元素，以及删除集合中迭代器所指向的元素。

5.2.3 列表 List

java.util.List 是 java.util.Collection 的子接口，List 中的元素是有先后顺序的。在 List 中能够精确地控制每个元素插入的位置，能够使用索引（元素在 List 中的位置，类似于数组下标）来访问 List 中的元素。

为了实现 List 的有序性，在 List 接口中声明了一些相关的方法。

- void add(int index, E element)：在列表中指定的索引位置 index 插入指定的元素 element。
- boolean addAll(int index, Collection c)：从列表中指定的索引位置 index 开始插入指定集合 c 中的所有元素。插入后，如果列表发生改变，则返回 true，否则返回 false。
- E remove(int index)：移除列表中指定的索引位置 index 上的元素，并返回这个移除的元素。
- E get(int index)：获取列表中指定的索引位置 index 上的元素。
- List<E> subList(int fromIndex, int toIndex)：获取列表中指定的索引位置在 [fromIndex, toIndex) 范围的元素，并将这些元素以 List 列表的方式返回。
- E set(int index, E element)：将列表中指定的索引位置 index 上的元素替换为指定的元素 element，并返回这个被替代的元素。
- int indexOf(Object o)：在列表中以正向顺序查找指定元素 o，返回第一个符合条件的元素索引。但如果列表中不存在该元素，则返回-1。
- int lastIndexOf(Object o)：在列表中以反向顺序查找指定元素 o，返回第一个符合条件的元素索引。但如果列表中不存在该元素，则返回-1。
- ListIterator<E> listIterator()：返回列表的迭代器，该迭代器是 java.util.ListIterator 类型的。该迭代器除了拥有 Iterator 类型迭代器的功能外，还可以逆向遍历 List 元素、对 List 进行添加元素、替换元素的操作。
- ListIterator<E> listIterator(int index)：从列表指定的索引位置 index 开始返回一个 ListIterator 类型的列表迭代器。

java.util.List 只是一个接口，如果要创建列表这种类型的集合对象，需要使用实现了 List 接口的相关类，例如 java.util.ArrayList 和 java.util.LinkedList。

java.util.ArrayList 数组列表类是一个实现了 java.util.List 接口的类，它内部是通过一个"可变长"数组来存储列表集合元素的，所以这种集合拥有数组类似的优缺点，如高效的随机访问（通过下标值直接访问元素），低效的插入和删除（插入或删除元素时，可能需要大量移动数据)。为了更方便地创建数组列表对象,ArrayList 提供了以下几种构造方法。
- public ArrayList():构造一个内部数组初始容量为 10 的空列表。
- public ArrayList(int initialCapacity):构造一个指定内部数组初始容量为 initialCapacity 的空列表。
- public ArrayList(Collection c):构造一个包含指定集合 c 中所有元素的列表。

java.uti.LinkedList 链式列表类也是一个实现了 java.util.List 接口的类,它内部是通过一个双向链表来存储列表集合元素的,所以这种集合拥有链表类似的优缺点,例如高效的插入和删除,低效的随机访问(与 ArrayList 正好相反)。LinkedList 提供了以下几种构造方法。
- public LinkedList():构造一个空列表。
- public LinkedList(Collection c):构造一个包含指定集合 c 中所有元素的列表。

除此之外,LinkedList 类还提供了一些直接处理双向链表两端元素的方法,如 addFirst、addLast、getFirst、getLast、removeFirst、removeLast 等。

在例 5-3 中,以存放 Person 对象元素的列表为例,列举了 List 类型集合的相关操作,其中用到了上面例 5-2 中定义的 Perosn 类和 ComparatorByName 类。

例 5-3 TestList.java

```java
import java.util.*;
public class TestList {
    public static void main(String[] args) {
        List<Person> list = new ArrayList<Person>();//创建List类型的集合对象list

        Person p1 = new Person(20, "c张三");   //创建Person对象
        Person p2 = new Person(22, "b李四");
        Person p3 = new Person(21, "a王五");
        list.add(p1); //往集合list添加Person对象元素
        list.add(p2);
        list.add(p3);

        System.out.println("元素个数: "+list.size());//获取集合list中的元素个数

        System.out.println("排序前: ");
        for(Person p : list) {   //增强型for循环遍历list
            System.out.println(p);
        }

        Collections.sort(list);//使用Collections工具类对集合list中的元素进行排序

        System.out.println("排序后: ");
        Iterator<Person> iterator=list.iterator();//获取集合list的Iterator类型迭代器
        while(iterator.hasNext()) {  //使用迭代器遍历集合list中的元素
            Person p = iterator.next();
            System.out.println(p);
```

```java
        }
        Collections.sort(list, new ComparatorByName());
                        //使用指定的比较器对集合list中的元素进行排序
        System.out.println("使用比较器进行排序后，逆向遍历的结果：");
        ListIterator<Person> listIterator = list.listIterator(list.size());
                        //获取集合list中指定位置的ListIteraotr类型的迭代器
        while(listIterator.hasPrevious()) {
                        //使用ListIteraotr类型的迭代器逆向遍历集合list中的元素
            Person p = listIterator.previous();
            System.out.println(p);
        }

        System.out.println("从集合中删除元素前，是否包含张三：" + list.contains(new
Person(20,"c张三")));//根据元素对象的equals方法判断集合list中是否包含该元素
        System.out.println("元素张三在list中的索引位置：" + list.indexOf(new
Person(20,"c张三")));
        list.remove(new Person(20,"c张三"));  //删除指定元素
        System.out.println("元素个数：" + list.size() );
        System.out.println("从集合中删除元素后，是否包含张三：" + list.contains(p1));
        for(int i=0; i<list.size(); i++) {  //使用列表特有的for循环方式，遍历列表list
            System.out.println(list.get(i));
        }

        list.clear();   //清空集合中的元素
        System.out.println("清空集合中的元素后，集合是否为空：" + list.isEmpty());
    }
}
```

例 5-3 的输出结果如下所示：

```
元素个数：3
排序前：
c张三的年龄是：20
b李四的年龄是：22
a王五的年龄是：21
排序后：
c张三的年龄是：20
a王五的年龄是：21
b李四的年龄是：22
使用比较器进行排序后，逆向遍历的结果：
c张三的年龄是：20
b李四的年龄是：22
a王五的年龄是：21
从集合中删除元素前，是否包含张三：true
元素张三在list中的索引位置：2
```

```
元素个数：2
从集合中删除元素后，是否包含张三：false
a王五的年龄是：21
b李四的年龄是：22
清空集合中的元素后，集合是否为空：true
```

在例 5-3 中，最开始在集合 list 中存放了 3 个 Person 对象元素，然后对集合中的元素进行排序，在执行完代码"Collections.sort(list);"后，内存中的相关数据如图 5-6 所示。从图 5-6 中可以看到，这个 ArrayList 类型的集合对象 list，它内部其实是用一个 Object[]类型的数组，这个数组中元素的值等于存入 list 集合的这些 Person 对象的地址值。对 ArrayList 集合中元素进行排序，就可以看成是对这个 Object[]类型的数组进行排序。

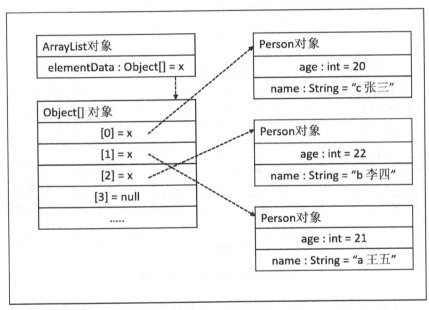

图 5-6　ArrayList 对象内存分析

对于 ArrayList 的使用还需要注意的一点是，数组的长度总是明确的，当试图在 ArrayList 集合中增加一个对象的时候，Java 会去检查当前数组的长度，以确保当前的数组中有足够的容量来存储这个新的对象。如果没有足够容量，则会新建一个容量约为当前数组容量 1.5 倍的新数组，然后使用 Arrays.copyOf 方法将当前数组中的元素值复制到新数组中去，再将 elementsData 引用指向新的数组。如果能提前估计出元素个数，那么可以通过 ArrayList 的构造方法 public ArrayList(int initialCapacity) 来创建一个大小更为合适的数组列表，以减免没必要的数组扩容过程。

如果例 5-3 中使用的是 LinkedList 链式列表，而不是 ArrayList 数组列表，即把 main 方法的一条语句：

```
List<Person> list = new ArrayList<Person>();
```

替换成：

```
List<Person> list = new LinkedList<Person>();
```

那么，其他语句不用修改，程序也能顺利执行。这就是把引用类型变量 list 定义成接口 List 类型，而不是实现类 ArrayList 或 LinkedList 的原因之一。这种模式可以称为"基于接口编程"模式。当使用 LinkedList 类型列表后，与图 5-6 类似的 LinkedList 对象内存分析如图 5-7 所示。

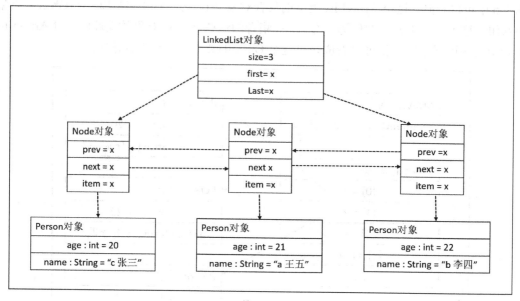

图 5-7　LinkedList 对象内存分析

从图 5-7 中可以看到，一个 LinkedList 对象其实是一个双向循环列表。当在链表集合中添加一个元素或者是删除一个元素时，并不需要移动大量的元素，只需要修改部分指针的值即可，而且可以直接快速处理双向链表两端元素。

5.2.4　映射 Map

java.util.Map 不是 java.util.Collection 的子接口，可以把它们看成同一层级的接口。Map 中存储的元素是一组<key, value>的键值对，一个<key, value>键值对又称为一个 entry 映射，所以一个 Map 就是一组映射的集合。在一个 Map 中存在着三个集合视图，分别是 key 集合、value 集合和 entry 集合，其中 key 集合和 entry 集合都是 Set，而 value 集合是 Collection。Map 是软件开发中使用得最为广泛的一种数据结构。

为了操作 Map 中的三个集合视图，Map 接口中声明了以下常用的方法。

- Object put(Object key, Object value)：将一个<key, value>键值对存入到 map 中。如果在 map 中不存在该 key，则在 map 中添加这个 entry；如果在 map 中已经存在该 key，则将该 value 替换 key 原先所对应的 value。

- Object remove(Object key)：从 map 中删除与 key 相关的 entry。
- Object get(Object key)：获得与 key 对应的 value，如果没有在 map 中找到该 key，则返回 null。
- void putAll(Map t)：将映射集合 t 中所有的元素添加到该 map 中。
- void clear()：清空 map 中所有 entry。
- boolean containsKey(Object key)：判断 map 中是否存在此 key。
- boolean containsValue(Object value)：判断 map 中是否存在此 value。
- int size()：返回 map 中 entry 的数量。
- boolean isEmpty()：判断 map 是否为空，当 map 为空时返回 true，否则返回 false。
- Set keySet()：返回 map 中所有 key 的集合。因为 map 中的 key 是不能重复的，所以返回的是一个 Set 集。
- Collection values()：返回 map 中所有 value 的集合。
- Set entrySet()：返回 map 中所有 entry 的集合。因为 map 中的 key 是不能重复的，所以<key, value>映射也是不能重复的，返回的是一个 Set 集。

java.util. Map.Entry 接口是在 Map 接口中定义的内部接口，Map 的 entrySet 方法返回的就是一个由 Entry 对象组成的 Set 集。Map.Entry 接口中声明了如下一些方法。

- Object getKey()：返回该 entry 中的 key。
- Object getValue()：返回该 entry 中的 value。
- Object setValue(Object value)：将该 entry 中的值改为 value，并且返回原来的 value 值。

java.util.HashMap 是 Map 的一个具体实现类，是以哈希表实现的映射集合，内部由一个存储 Entry 类型元素的数组组成。HashMap 中不能包含重复 key 值的元素，一个 HashMap 中的任意两个元素的 key 对象 key1 和 key2，都不能同时满足条件 1：key1.equals(key2) == true 和 条件 2：key1.hashCode() == key2.hashCode()。

当需要在一个 HashMap 中添加一个<key, value> 时，会通过某个 hash 函数 f，计算出这个 entry 的存储位置 index，即 index = f(key)。一般是通过一个 entry 中 key 对象的哈希码计算这个 entry 在数组 table 中的存储位置 index：int index = Maths.abs(key.hashCode()) % table.length，这样就可以通过 hash 函数将任意 entry 映射到数组 table 中的某个位置。当两个 entry 映射到了相同的位置时，即发生 hash 冲突时，只需要在位置处插入一个 entry 链表，并简单地将 entry 元素添加到此链表中。HashMap 中的一个 Entry 对象由 int hashCode 对象的哈希码、Object key、Object value 和 Entry next 指向链表中的下一个 Entry 的引用组成。

有两个参数影响 HashMap 实例的使用性能：容量和加载因子。容量是指 HashMap 对象中的 Entry 数组的大小，加载因子是一个(0, 1)范围内的常量。当一个 HashMap 实例中的 Entry 数组中的元素个数大于容量乘上加载因子时，会对 HanMap 实例进行 rehash 操作，即将 Entry 数组增加一倍。在设置 HashMap 实例的初始容量时应该考虑到所需的 entry 数及其加载因子，以便最大限度地减少 rehash 的操作次数。

可以通过以下构造方法创建一个 HashMap 实例。

- HashMap()：构建一个空的 HashMap 对象，该对象中的 Entry 数组的大小是 16，加载因子是 0.75。

- HashMap(int initialCapacity)：构建一个空的 HashMap 对象，该对象中的 Entry 数组的大小是 initialCapacity，加载因子是 0.75。
- HashMap(int initialCapacity, float loadFactor)：构建一个空的 HashMap 对象，该对象中的 Entry 数组的大小是 initialCapacity，加载因子是 loadFactor。
- HashMap(Map m)：构建一个 HashMap 对象，并且映射集合 m 的所有的 entry 添加到此 HashMap 对象中。

在例 5-4 中，以 HashMap 类型的 Map 为例，列举了 Map 类型集合的相关操作，其中 Key 类型使用了自定义类型 HashMapKey，并重写了 hashCode 和 equals 方法，使其对象可以根据唯一属性 i 进行比较，当两个 HashMapKey 对象的属性 i 的值相等，就认为这两个对象是相等的。

例 5-4　TestHashMap.java

```java
class HashMapKey {
    int i;
    public HashMapKey(int i) {
        this.i = i;
    }
    @Override
    public int hashCode() {
        return i*10000;
    }
    @Override
    public boolean equals(Object obj) {
        if (!(obj instanceof HashMapKey)) {
            return false;
        } else {
            HashMapKey key = (HashMapKey)obj ; //类型强制转换
            return this.i == key.i;
        }
    }
    @Override
    public String toString() {
        return "MyHashMapKey [i=" + i + "]";
    }
}

public class TestHashMap {
    public static void main(String[] args) {
        Map<HashMapKey, String> hashMap = new HashMap<HashMapKey, String>();

        //注意：下面创建的key1 和 key2 对象的 i 属性值相同
        HashMapKey key1 = new HashMapKey(2);
        HashMapKey key2 = new HashMapKey(2);

        System.out.println("key1==key2: " + (key1==key2));
```

```java
        System.out.println("key1.equals(key2): " + key1.equals(key2));
        System.out.println("key1.hashCode() == key2.hashCode(): " + (key1.hashCode()
            == key2.hashCode()));

        String value1 = "a";
        String value2 = "b";

        hashMap.put(key1, value1);    //将 <key1, value1> 添加到Map集合
        hashMap.put(key2, value2);    //将 <key2, value2> 添加到Map集合

        System.out.println("添加key1,key2后，map中的元素数量: " + hashMap.size());
        System.out.println("是否包含key1: " + hashMap.containsKey(key1));
        System.out.println("是否包含key2: " + hashMap.containsKey(key2));
        System.out.println("是否包含value1: " + hashMap.containsValue(value1));
        System.out.println("是否包含value2: " + hashMap.containsValue(value2));

        HashMapKey key3 = new HashMapKey(3);
        String value3 = "c";
        hashMap.put(key3, value3);

        System.out.println("添加key3后， 遍历key集的结果: ");
        Set<HashMapKey> keys = hashMap.keySet();
        for(HashMapKey key : keys) {
            System.out.println(key);
        }
        System.out.println("添加key3后，遍历value集的结果: ");
        Collection<String> values = hashMap.values();
        for(String value : values) {
            System.out.println(value);
        }
        System.out.println("添加key3后，遍历entry集的结果: ");
        Set<Map.Entry<HashMapKey, String>> entries = hashMap.entrySet();
        for(Map.Entry<HashMapKey, String> entry : entries) {
            System.out.println("["+entry.getKey().i+","+entry.getValue() + "]");
        }

        System.out.println("删除的key2的value是: "  + hashMap.remove(key2));

        hashMap.clear();
        System.out.println("调用clear方法后，是否清空: " + hashMap.isEmpty());
    }
}
```

例 5-4 的输出结果如下所示:

```
1. key1==key2: false
2. key1.equals(key2): true
3. key1.hashCode() == key2.hashCode(): true
4. 添加key1,key2后，map中的元素数量: 1
5. 是否包含key1: true
```

```
6. 是否包含key2: true
7. 是否包含value1: false
8. 是否包含value2: true
9. 添加key3后，遍历key集的结果:
10.MyHashMapKey [i=2]
11.MyHashMapKey [i=3]
12.添加key3后，遍历value集的结果:
13.b
14.c
15.添加key3后，遍历entry集的结果:
16.[2,b]
17.[3,c]
18.删除的key2的value是: b
19.调用clear方法后，是否清空: true
```

从第 4 行的输出中可以看到，虽然往 hashMap 中添加了两个 entry：<key1, value1> 和 <key2, value2>。但是由于 key1.equals(key2) 且 key1.hashCode() == key2.hashCode()，所以 key2 会被认为是和 key1 相同的 key，那 <key2, value2> 就会覆盖 hashMap 中原有的<key1, value1>。从第 7 行和第 8 行的输出也能看出不包含 value1，只包含 value2 了。

在执行完例 5-4 中的语句 "hashMap.put(key3, value3);" 后，该 hashMap 对象内存分析如图 5-8 所示。

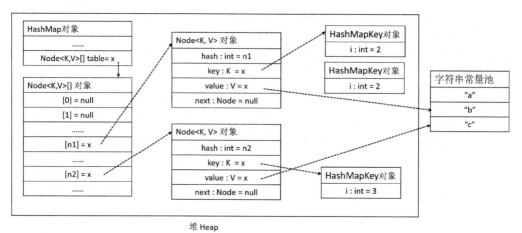

图 5-8　HashMap 对象内存分析（1）

从图 5-8 中可以看到，一个 HashMap 内部实际上有一个 Node 数组用以存放键值对，在将一个 Node 存入数组中时，会通过 hash 函数由 key 的 hashCode 值计算出这个 Node 应该存放到 Node 数组的哪个位置。

接下来，我们修改例 5-4 中的 HashMapKey 类型的定义，将 Override 的 equals 方法注释掉，修改后，例 5-4 的运行结果部分如下所示：

```
1. key1==key2: false
```

```
2. key1.equals(key2): false
3. key1.hashCode() == key2.hashCode(): true
4. 添加key1,key2后,map中的元素数量: 2
5. 是否包含key1: true
6. 是否包含key2: true
7. 是否包含value1: true
8. 是否包含value2: true
```

从第 4 行的输出中可以看到，两个 entry：<key1, value1> 和 <key2, value2>都已经存入到这个 hashMap 中。因为此时 key1 和 key2 两个对象之间的关系只满足条件 key1.hashCode() == key2.hashCode()，不满足条件 key1.equals(key2) == true。

按照散列函数的定义，如果两个对象相同，即 obj1.equals(obj2)=true，则它们的 hashCode 必须相同，但如果两个对象不同，则它们的 hashCode 不一定不同。因为 key1 和 key2 这两个不相等对象的 hashCode 相同，所以往 hashMap 中存入<key2, value2>时会产生 hash 冲突。

在 "hashMap.put(key3, value3);" 后，该 hashMap 对象内存分析如图 5-9 所示。

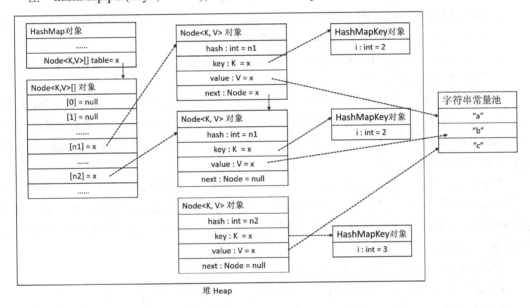

图 5-9 HashMap 对象内存分析（2）

注意图 5-9 和图 5-8 的区别，在图 5-9 中有两个 Node 对象的 hash 属性值都是 n1，而且第一个 hash 值为 n1 的 Node 对象的 next 引用指向了第二个 hash 值为 n1 的 Node 对象。

从图 5-9 中可以看到 HashMap 实际上是一个"链表散列"的数据结构，即数组和链表的结合体。 在发生 hash 冲突时，会将 hash 值相同的 Node 放到一个链表中，这样自然会导致操作哈希表的时间开销增大。所以在 Key 类型中定义良好的 hashCode()方法，尽量避免 hash 冲突，能加快哈希表的操作。

同时使用时还需要注意：当相同的对象有不同的 hashCode，即 key1.equals(key2)==true 且 key1.hashCode() != key2.hashCode()时，对哈希表的操作会出现意想不到的结果。避免这种现象的方法是，在定义 Key 类型时，如果覆盖了 equals 方法，那么一定要覆盖 hashCode 方法，使其保持语义的一致。

java.util.SortedMap 接口是 Map 接口的子接口，SortedMap 中存储 entry 都是按 key 值排序的，SortedMap 是一种有序的 Map。因为 SortedMap 中的 entry 需要按 key 值排序，所以 key 之间必须是"可比较"的，key 值的类型必须实现 java.lang.Comparable 接口。也可以在创建具体的 SortedMap 实现类实例时，提供 Comprator 比较器对象，此时 SortedMap 中的 key 会按比较器制订的规则进行比较。

在 SortedMap 接口中新声明了一些方法，以支持 entry 元素的有序性。

- Object firstKey()：返回 SortedMap 中的第一个 key。
- Object lastKey()：返回映像中最后一个(最高)关键字。
- SortedMap headMap(Object toKey)：返回 SortedMap 的一个子集，其内各元素的 key 皆小于 toKey。
- SortedSet tailMap(Object fromKey)：返回 SortedMap 的一个子集，其内各元素的 key 皆大于等于 fromKey。
- SortedMap subMap(Object fromKey, Object toKey)：返回 SortedMap 的一个子集，其内各元素的 key 属于[fromKey, toKey)范围。
- Comparator comparator()：返回 SortedMap 的比较器对象，如果该 SortedMap 未指定比较器，则返回 null。

java.util.TreeMap 是 SortedMap 的一个具体实现类，是以红黑树实现的映射集合，内部由一个存储 Entry 类型节点的二叉树组成。TreeMap 中不能包含重复 key 值的元素，即一个 TreeMap 中的任意两个元素的 key 对象 key1 和 key2，都必须要满足条件 key1.compareTo(key2) != 0。

当需要在一个 TreeMap 中添加一个<key, value> 时，会根据 key 值将这个 entry 插入到二叉树中的对应位置，以保持二叉树中 entry 元素的有序性。TreeMap 中的一个 Entry 对象由 Object key、Object value、Entry left 指向左子树的引用、Entry right 指向右子树的引用、Entry parent 指向父节点的引用组成。

可以通过以下构造方法创建一个 TreeMap 实例。

- public TreeMap()：使用键的自然顺序构造一个空的 TreeMap 对象。
- public TreeMap(Comparator c)：构造一个空的 TreeMap 对象，并且使用特定的比较器对其元素进行排序。
- public TreeMap(Map m)：构造一个空的 TreeMap 对象，然后将映射集合 m 中所有元素按自然排序插入到 TreeMap 中的对应位置。
- public TreeMap(SortedMap s)：构造一个空的 TreeMap 对象，然后将有序映射集合 s 中的所有元素插入到 TreeMap 中的对应位置，元素的比较规则依循 s 中设置的比较规则。

在例 5-5 中，以 TreeMap 类型的 SortedMap 为例，列举了 SortedMap 类型集合的相关操作，其中 Key 类型使用了自定义类型 TreeMapKey，该类的对象之间需要能够相互比较大小，所以需要实现 java.lang.Comparable 接口。在实现的 int compareTo(Object obj)方法中，指定了该类对象之间可以根据整型属性 i 的值比较大小。

例 5-5 TestTreeMap.java

```java
import java.util.*;

class TreeMapKey implements Comparable<TreeMapKey>{
    int i;
    public TreeMapKey(int i) {
        this.i = i;
    }
    @Override
    public int compareTo(TreeMapKey o) {
        return this.i - o.i;
    }
    @Override
    public String toString() {
        return "TreeMapKey [i=" + i + "]";
    }
}

public class TestTreeMap {
    public static void main(String[] args) {
        SortedMap<TreeMapKey, String> treeMap = new TreeMap<TreeMapKey, String>();

        TreeMapKey key1 = new TreeMapKey(2);
        TreeMapKey key2 = new TreeMapKey(2);

        System.out.println("key1==key2: " + (key1==key2));
        System.out.println("key1.equals(key2): " + key1.equals(key2));
        System.out.println("key1.hashCode() == key2.hashCode(): " + (key1.hashCode()
            == key2.hashCode()));
        System.out.println("key1.compareTo(key2): " + key1.compareTo(key2));

        String value1 = "a";
        String value2 = "b";

        treeMap.put(key1, value1);
        treeMap.put(key2, value2);

        System.out.println("map中的元素数量: " + treeMap.size());
        System.out.println("是否包含key1: " + treeMap.containsKey(key1));
        System.out.println("是否包含key2: " + treeMap.containsKey(key2));
        System.out.println("是否包含value1: " + treeMap.containsValue(value1));
        System.out.println("是否包含value2: " + treeMap.containsValue(value2));

        TreeMapKey key3 = new TreeMapKey(3);
```

```java
        String value3 = "c";
        treeMap.put(key3, value3);
        
        System.out.println("遍历key集");
        Set<TreeMapKey> keys = treeMap.keySet();
        for(TreeMapKey key : keys) {
            System.out.println(key);
        }
        System.out.println("遍历value集");
        Collection<String> values = treeMap.values();
        for(String value : values) {
            System.out.println(value);
        }
        System.out.println("遍历entry集");
        Set<Map.Entry<TreeMapKey, String>> entries = treeMap.entrySet();
        for(Map.Entry<TreeMapKey, String> entry : entries) {
            System.out.println("["+entry.getKey().i+","+entry.getValue()+"]");
        }
        
        System.out.println("firstKey是: " + treeMap.firstKey());
        System.out.println("lastkey是: " + treeMap.lastKey());
        
        SortedMap<TreeMapKey, String> headMap = treeMap.headMap(key3);
        System.out.println("headMap(key3): " + headMap);
        SortedMap<TreeMapKey, String> tailMap = treeMap.tailMap(key3);
        System.out.println("tailMap(key3): " + tailMap);
        
        System.out.println("删除的key2的value是: " + treeMap.remove(key2));
        treeMap.clear();
        System.out.println("调用clear方法后,是否清空: " + treeMap.isEmpty());
    }
}
```

例 5-5 的部分输出结果如下所示:

```
1. key1==key2: false
2. key1.equals(key2): false
3. key1.hashCode() == key2.hashCode(): false
4. key1.compareTo(key2): 0
5. map中的元素数量: 1
6. 是否包含key1: true
7. 是否包含key2: true
8. 是否包含value1: false
9. 是否包含value2: true
```

从输出结果的第 5 行可以看到,在往 TreeMap 集合中添加<key1, value2> 和 <key2,

vlaue2> 两个 entry 元素之后，这个 TreeMap 中只有一个元素。原因在于 key1.compareTo(key2) == 0，所以 key1 和 key2 在 TreeMap 中被看成是同一个 key。在把 <key3, value3> 添加到 treeMap 集合后，这个 treeMap 集合对象内存如图 5-10 所示。

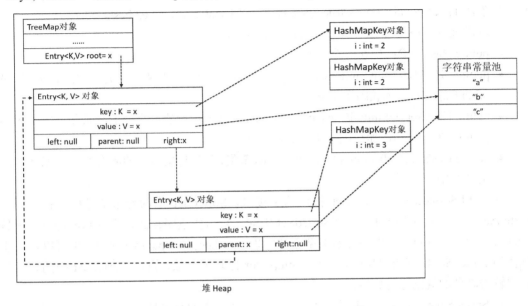

图 5-10　TreeMap 对象内存分析

从图 5-10 中我们可以看到一个 TreeMap 实际上就是一棵树，树中的每个节点都有指向 key 和 value 对象的指针，以及指向左右孩子节点和父节点的指针。

在了解完 HashMap 和 TreeMap 两种 Map 接口的具体实现类后，我们来分析一下这两种 Map 的性能特点。

HashMap 是使用 Hash 来实现的 Map，所以在没有发生 hash 冲突的情况下，查找和插入删除操作的时间复杂度都是 O(1)。但如果是产生了 hash 冲突，则有的查找和插入删除操作需要操作链表，这样就会降低效率。而且需要注意的是要尽量减少 rehash 的次数。而减少 hash 冲突的概率或是 rehash 的次数的最好方法就是，将 hash 数组定义得大一些，也就是以空间获取时间的机制。

TreeSet 是使用自平衡的红黑二叉树来实现的 Map，它最大的优点在于集合中的元素始终是保持有序状态的。在红黑树上查找和添加删除元素的时间复杂度都是 $O(\log_2 N)$，但是需要注意的是，每次修改完红黑树后，即这棵树添加或删除元素后，都可能会引发这棵树的自平衡调整操作，目的是防止出现普通二叉树失衡状态引发的查找效率降低的问题。

5.2.5　集 Set

java.util.Set 是 java.util.Collection 的子接口，它是一种不包含重复的元素的 Collection。Set 接口没有引入新方法，所以可以像使用 Collection 接口一样使用 Set 接口。

java.util.HashSet 是 Set 的一个具体实现类，是以哈希表实现的集，内部实际上是通过 HashMap 来实现的。例如，当使用 add 方法将一个元素 e 存入一个哈希集 set 中时：set.add(e)，哈希集 set 内部实际上是使用一个哈希映射 map 来实现：map.put(e, new Object())。可以看到，在 HashSet 中的元素集实际上就是其内部 HashMap 的 Key 集。

HashSet 中不能包含重复的元素，一个 HsahSet 中的任意两个元素 e1 和 e2，都不能同时满足条件 1：e1.equals(e2) == true 和条件 2：e1.hashCode() == e2.hashCode()。

可以通过以下构造方法创建一个 HashSet 实例。

- public HashSet()：构建一个空的哈希集。
- public HashSet (int initialCapacity)：构建一个空的哈希集，容量大小是 initialCapacity，加载因子是 0.75。
- public HashSet (int initialCapacity, float loadFactor)：构建一个空的哈希集，容量大小是 initialCapacity，加载因子是 loadFactor。
- public HashSet(Collection c)：构建一个哈希集，并且将集合 c 的所有的元素添加到此哈希集中。

java.util.SortedSet 接口是 Set 接口的子接口，SortedSet 中的元素都是按序存储的，SortedSet 是一种有序的 Set。因为 SortedSet 中的元素需要按序存储，所以元素之间必须是"可比较"的，SortedSet 中的元素类型必须实现 java.lang.Comparable 接口。也可以在创建具体的 SortedSet 实现类对象时，提供 Comprator 比较器对象，此时 SortedSet 中的元素会按比较器制订的规则进行比较。

在 SortedSet 接口中新声明了一些方法，以支持元素的有序性。

- Object first()：返回 SortedSet 中的第一个元素。
- Object last ()：返回 SortedSet 中最后一个元素。
- SortedSet headSet(Object toElement)：返回 SortedSet 的一个子集，其内各元素皆小于 toElement。
- SortedSet tailSet(Object fromElement): 返回 SortedSet 的一个子集，其内各元素皆大于等于 toElement。
- SortedSet subSet(Object fromElement, Object toElement)：返回 SortedSet 的一个子集，其内各元素的大小属于[fromElement, toElement)范围。
- Comparator comparator()：返回 SortedSet 的比较器对象，如果该 SortedSet 未指定比较器，则返回 null。

java.util.TreeSet 是 SortedSet 的一个具体实现类，是以红黑树实现的元素集合，内部实际上是通过 TreeMap 来实现的。例如，当使用 add 方法将一个元素 e 存入一个 TreeSet 对象 set 中时：set.add(e)，set 内部实际上是使用一个 TreeMap 对象 map 来实现：map.put(e, new Object())。可以看到，在 TreeSet 中的元素集实际上就是其内部 TreeMap 的 Key 集。

TreeSet 中不能包含重复的元素，一个 TreeSet 中的任意两个元素的 e1 和 e2，都必须要满足条件：e1.compareTo(e2)!=0。

可以通过以下构造方法创建一个 TreeSet 实例。

- public TreeSet()：构建一个空的树集。
- public TreeSet (Collection c)：构建一个树集，并且将集合 c 的所有的元素添加到此树集中。
- public TreeSet(SortedSet s)：构建一个树集，添加有序集合 s 中的所有元素，并且使用与有序集合 s 相同的比较器排序。
- public TreeSet(Comparator c): 构建一个树集，并且使用特定的比较器对其元素进行排序。

在例 5-6 中，定义了一个实现了 java.lang.Comparable 接口的类 Person，而且该类重写了 equals 和 hashCode 方法。在 main 方法中，演示了 HashSet 和 TreeSet 两种类型集合的使用。

例 5-6　TestSet.java

```java
import java.util.*;

class Person implements Comparable<Person> {
    public int age;
    public String name;
    public Person(int age, String name) {
        this.age = age;
        this.name = name;
    }
    @Override
    public String toString() {   //重写继承自Object的toString方法
        return this.name + "的年龄是: " + this.age;
    }
    @Override
    public int compareTo(Person o) {    //实现compareTo方法
        return this.age - o.age;    //指定Person对象之间"按年龄比较"的规则
    }
    @Override
    public int hashCode() {
        final int prime = 31;
        int result = 1;
        result = prime * result + age;
        result = prime * result + ((name == null) ? 0 : name.hashCode());
        return result;
    }
    @Override
    public boolean equals(Object obj) {
        if (this == obj)
            return true;
        if (obj == null)
            return false;
        if (getClass() != obj.getClass())
            return false;
        Person other = (Person) obj;
        if (age != other.age)
            return false;
        if (name == null) {
```

```java
            if (other.name != null)
                return false;
        } else if (!name.equals(other.name))
            return false;
        return true;
    }
}
public class TestSet {
    public static void main(String[] args) {
        Set<Person> hashSet = new HashSet<Person>();
        Person p1 = new Person(20, "c张三");
        Person p2 = new Person(22, "b李四");
        Person p3 = new Person(21, "a王五");
        hashSet.add(p1);
        hashSet.add(p2);
        hashSet.add(p3);
        System.out.println("添加p4前，元素个数： " + hashSet.size() );
        Person p4 = new Person(20, "c张三");
        hashSet.add(p4);
        System.out.println("添加p4后，元素个数： " + hashSet.size());
        System.out.println("hashSet遍历的结果： ");
        for(Person p : hashSet) {
            System.out.println(p);
        }
        SortedSet<Person> treeSet = new TreeSet<Person>(hashSet);
        Iterator<Person> iterator = treeSet.iterator();
        System.out.println("treeSet遍历的结果： ");
        while(iterator.hasNext()) {
            Person p = iterator.next();
            System.out.println(p);
        }
        //将hashSet集合中的元素添加到treeSet中
        SortedSet<Person> treeSet = new TreeSet<Person>(hashSet);
        Iterator<Person> iterator = treeSet.iterator();
        System.out.println("treeSet遍历的结果： ");
        while(iterator.hasNext()) {
            Person p = iterator.next();
            System.out.println(p);
        }
    }
}
```

在例 5-6 中，程序首先创建了一个 HashSet 类型的集合，然后依次创建了 4 个 Person 对象添加到集合中，但是由于 p1 和 p4 指向的两个对象是相等的，而且这两个对象的

hashCode 也是相等的，所以最终在 hashSet 集合中只有 3 个 Person 对象。从下面程序输出的第 1、2 行可以看出，在添加 p4 前后，集合元素个数都是 3 个。

```
1. 添加p4前，元素个数：3
2. 添加p4后，元素个数：3
3. hashSet遍历的结果：
4. c张三的年龄是：20
5. b李四的年龄是：22
6. a王五的年龄是：21
7. treeSet遍历的结果：
8. c张三的年龄是：20
9. a王五的年龄是：21
10.b李四的年龄是：22
```

同时，从上面的输出结果中还要看到的一点是，在遍历 treeSet 输出的结果和遍历 hashSet 输出的结果中，元素顺序是不同的。虽然遍历的都是相同的 3 个 Person 对象，但是由于 treeSet 是有序集，所以遍历 treeSet 输出的结果是按 Person 对象大小进行排序的，而 Person 对象之间的大小比较规则是由 Person 类中实现的 compareTo 方法确定的。

5.2.6 集合框架小结

前面主要介绍了一些集合框架中非线程安全的集合类的使用，这里对这些类做个小结。

- Collection：顶层接口，表示可以存储一组元素的集合。
- List：继承 Collection 的接口，表示列表，列表集合中的元素是有前后顺序的，并且可以有重复的元素。
- ArrayList：实现 Lis 接口的类，使用数组实现的列表集合。
- LinkedList：实现 List 接口的类，使用双向链表实现的列表集合。
- Map：顶层接口，表示可以存储一组映射<key, value>的集合，不能有重复的 key。
- HashMap：实现 Map 接口的类，使用哈希表实现的映射集合。
- SortedMap：继承 Map 的接口，表示有序的映射集合，在该集合中添加一个映射时，会根据其 key 值按序存储。
- TreeMap：实现 SortedMap 接口的类，使用红黑树实现的有序映射集合。
- Set：继承 Collection 的接口，表示集，集中的元素是不可重复的。
- SortedSet：继承 Set 的接口，表示有序的集，在该集中添加一个元素时，会按序存储该元素。
- HashSet：实现 Set 接口的类，使用 HashMap 实现的集。
- TreeSet：实现 SortedSet 接口的类，使用 TreeMap 实现的集。

集合框架中的集合类有很多，在实际使用中，需要根据程序处理数据的特点选择合适的集合类，以达到满意的效率。各种集合类的各种操作性能如表 5-1 所示。

表 5-1 集合的操作性能比较

接口	实现类	查找	插入	删除
List	ArrayList	O(1)	O(N)	O(N)
	LinkedList	O(N)	O(1)	O(1)
Set	HashSet	O(1)	O(1)	O(1)
	TreeSet	O(logN)	O(logN)	O(logN)
Map	HashMap	O(1)	O(1)	O(1)
	TreeMap	O(logN)	O(logN)	O(logN)

对于集合的使用，还需要注意以下几点：
- ArrayList、HashSet 和 HashMap 在使用时，集合的初始容量和使用性能密切相关。因为当这几种集合中的元素个数与集合容量的比值超过一定数值时，这几种集合都会扩大重建内部数组，要尽量避免 rehash 这类的操作。
- Set 集和 Map 中的 key 集都不允许重复，相应的元素类型要正确重写 equals、hashCode 和 compareTo 方法，并保持语义的一致性。
- 为了保证 TreeSet 和 TreeMap 中的元素始终是有序的，在 TreeSet 和 TreeMap 中的查找、插入、删除操作都不快。当程序无须保持元素的排序状态时，应该使用 HashSet 和 HashMap。
- 当程序中的元素个数固定的时候，应该尽量使用数组，而不是集合。
- 使用迭代器 iterator 遍历集合时，不能通过集合的引用来添加、删除集合中的元素，只能通过迭代器来操作，而且每次使用迭代器的 remove 方法进行删除之前，必须先调用迭代器的 next 方法。进行添加操作后是不能立即进行删除与修改操作的。进行删除操作后可以进行添加，但不能进行修改操作。进行修改后是可以立即进行删除与添加操作的。

5.3 泛型

在初始化一个集合实例时，需要提供一个**类型参数**来指明集合中存储的元素类型，如 List<Person> list = new ArrayList<Person>()，这是一种"参数化"类型的方式，即 Java 泛型。

泛型是 Java SE 1.5 的新特性，泛型的本质是参数化类型，也就是说，所操作的数据类型被指定为一个参数。这种参数类型可以用在类、接口和方法的创建中，分别称为泛型类、泛型接口、泛型方法。

定义泛型类的语法如下：

```
class ClassName<T> { ... }
```

T 就是类型参数，使用<>括起来，在创建 ClassName 实例的时候可以将具体的类型赋值给参数变量 T，例如将 Person 类型赋值给参数 T：

```
ClassName<Person> obj = new ClassName<Person>();
```

定义泛型方法的语法如下：

```
public <T> void m(T arg) { ... }
```

类型参数 T 要放在修饰符后、返回类型前。方法参数中的 T 不用< >括起来，当方法有多个参数的时候使用逗号分隔。

也可以对类型参数 T 做限定，比如限定类型 T 必须是实现了 Comparable 接口的类，可以将类型 T 声明为"有界类型"：

```
class ClassName<T extends Comparable<T>>
```

源代码中的类型参数 T，在经过编译之后，都会用具体的类型进行替换。如果参数类型 T 没有被限定，则会用 Object 替换 T。如果参数类型 T 做了限定，则会用限定类型替换 T。这种机制称为"类型擦除"。

```
public class GenericClass<T> {
    private T param;
    public void setParam(T param) {
        this.param = param;
    }
    public T getParam() {
        return param;
    }
}
```

这段代码经过类型擦除生成的代码如下所示：

```
public class GenericClass {
    private Object param;
    public void setParam(Object param) {
        this.param = param;
    }
    public Object getParam() {
        return param;
    }
}
```

下段代码中的类型参数 T 做了类型限定：

```
public class GenericClass<T extends Comparable<T>> {
    private T param;
    public void setParam(T param) {
        this.param = param;
    }
    public T getParam() {
        return param;
    }
```

```
    }
}
```

经过类型擦除后,GenericClass 代码中的 T 会被替换成限定类型 Comparable:

```
public class GenericClass {
    private Comparable param;
    public void setParam(Comparable param) {
        this.param = param;
    }
    public Comparable getParam() {
        return param;
    }
}
```

调用返回类型是泛型的方法时,编译器会自动进行类型强制转换:

```
GenericClass<Person> gen = new GernericClass<Person>();
gen.setParam(new Person());
Person p = gen.getParam();  //类型自动转换
```

以上代码的"Person p = gen.getParam();"这条语句,经过编译后,会变为:

```
Object o = gen.getParam();
Person p = (Person)o;
```

从这里可以看出,使用泛型的好处之一是可以简化代码、增强类型安全。

下面的例 5-7 中定义了泛型类和泛型方法,演示了 Java 中泛型的使用方法。

例 5-7 TestGenerics.java

```
import java.util.Comparator;

class MySorter<T extends Comparable<T>> {   //定义的排序器类是一种泛型类
    public void sort(T[] a) {   //定义了一个泛型方法
        T temp = null;
        for (int i = a.length - 1; i > 0; i--){//使用冒泡算法对数组a中的元素进行排序
            for (int j = 0; j < i; j++) {
                if (a[j].compareTo(a[j + 1]) > 0) {
                    temp = a[j];
                    a[j] = a[j + 1];
                    a[j + 1] = temp;
                }
            }
        }
    }
```

```java
    public void sort(T[] a, Comparator<T> comparator) {    //可使用指定比较器进行排序
        T temp = null;
        for (int i = a.length - 1; i > 0; i--) {
            for (int j = 0; j < i; j++) {
                if (comparator.compare(a[j], a[j+1]) > 0) {
                    temp = a[j];
                    a[j] = a[j + 1];
                    a[j + 1] = temp;
                }
            }
        }
    }
}

class MyArrays {
    public static <T extends Comparable<T>> T getMin(T[] a) {
        T min = a[0];
        for(T t : a) {
            if(t.compareTo(min)<0) {
                min = t;
            }
        }
        return min;
    }
}

class ComparatorByName implements Comparator<Person> {
    @Override
    public int compare(Person o1, Person o2) {
        return o1.name.compareTo(o2.name);
    }
}

class Person implements Comparable<Person> {
    public int age;
    public String name;
    public Person() { }
    public Person(int age, String name) {
        this.age = age;
        this.name = name;
    }
    @Override
    public String toString() {                //重写继承自Object的toString方法
        return this.name + "的年龄是:" + this.age;
    }
```

```java
    @Override
    public int compareTo(Person o) {      //实现compareTo方法
        return this.age - o.age;          //制订Person对象之间"按年龄比较"的规则
    }
}

public class TestGenerics {
    public static void main(String[] args) {
        Person[] p = new Person[3];          //创建Person类型数组
        p[0] = new Person(20, "c张三");      //创建数组元素所引用的对象
        p[1] = new Person(22, "b李四");
        p[2] = new Person(21, "a王五");

        MySorter<Person> sorter = new MySorter<Person>();
        System.out.println("按Person类制订的默认比较规则排序：");
        sorter.sort(p);
        for (Person e : p) {
            System.out.println(e);
        }

        System.out.println("按ComparatorByName制订的比较规则排序：");
        sorter.sort(p, new ComparatorByName());
        for (Person e : p) {
            System.out.println(e);
        }

        System.out.println("数组中最小的元素是： " + MyArrays.getMin(p));
    }
}
```

在例5-7中，定义了一个泛型类MySorter，该类的对象可以对某种类型的数组元素进行排序；定义了一个数组工具类MyArrays，该类中定义的静态泛型方法可以返回某个数组中的最小元素；定义了实现java.lang.Comparable接口的Person类和实现Comparator接口的比较器类ComparatorByName。在主类的main方法中，首先创建了一个Person类型的数组，并创建了3个Person对象作为数组元素；然后创建了MySorter类对象对Person数组进行不同方式的排序；最后又调用了MyArrays的getMin方法返回了数组中最小的Person元素。

5.4 枚 举

枚举类型是继承自 java.lang.Enum 的 final 类。一个枚举类型对象的值只能是枚举类型中定义的枚举值。

枚举值是枚举类的对象，枚举类型中定义的若干个枚举值是一个常量的集合，这是限

定有限种可能值的方式。例如：

```
enum Season {    //创建枚举类
    SPRING, SUMMER, AUTUMN, WINTER //枚举值
}
```

上面的代码中定义了一个表示"季节"的枚举类，在这个类中定义了表示春夏秋冬四季的枚举值，这4个枚举值就是Season类的对象，而且这4个枚举值都被默认定义为static final的。

只能使枚举类型对象的取值为若干个枚举值中的其中一个，例如：

```
Season season = Season.SPRING;    //创建枚举对象
```

上面的代码中创建了一个Season类型的引用season，这个引用指向Season类型中定义的一个枚举值，而且这个引用也只能指向Season类型中定义的4个枚举值中的其中一个，否则编译器就会报错。可以看到，使用枚举可以降低程序出错的概率，且可以提高代码的可读性与可维护性。

枚举类型可以定义成员变量和成员方法。

枚举类型定义的构造方法只是在初始化枚举值的时候被调用，所以枚举类型的构造方法只能是私有的private，不允许其他类调用该构造方法来新建枚举类型值。

例如，下面的代码中创建一个表示颜色的枚举类Color，Color类中定义了表示三基色红、绿、蓝颜色分量的成员变量r、g、b，定义了一个构造方法以初始化这三个成员变量，最后在定义枚举值时调用了构造方法并给成员变量设置了值。

```
enum Color{    //定义枚举类
    RED(255,0,0) , GREEN(0,255,0), BLUE(0,0,255);    //定义枚举值时调用私有构造方法
    private int r, g, b;    //表示三基色中的红绿蓝分量值
    private Color(int r, int g, int b) {
        this.r = r; this.g = g; this.b = b;
    }
}
```

注意上面代码中的构造方法Color(int,int,int)被定义为private（私有的），所以不能在其他类中通过调用这个构造方法来创建Color对象，例如：

```
Color c = new Color(255,255,0);        //这条语句是不允许的，会产生编译错误
```

如果在枚举类中声明了一个抽象方法，那么在定义该类的枚举值时，每个枚举值都要实现这个抽象方法，例如：

```
enum Color{                                    //定义枚举类
    private int r, g, b;                       //表示三基色中的红、绿、蓝分量值
    private Color(int r, int g, int b) {
        this.r = r; this.g = g; this.b = b;
```

```
    }
    public abstract void printColor();      //声明的抽象方法
    RED(255,0,0) {
        public void printColor() {          //覆盖实现抽象方法
            System.out.println("红色");
        },                                  //注意：这里是逗号
    GREEN(0,255,0) {...},                   //省略部分代码
    BLUE(0,0,255){...};                     //省略部分代码
}
```

习 题 5

1. 简答题

（1）简述 List 和 Set 的区别。

（2）画图描述 Java 集合框架的类层次结构（需要画出 10 个以上的类或接口）。

2. 选择题

（1）设有个数组对象 prices，则下面中能表示数组中最后一个元素的是（　　）。

　　（A）prices[prices.last]　　　　（B）prices[0]

　　（C）prices[prices.length-1]　　（D）prices[prices.length]

（2）以下容器类型中，可以存放"key, value"键值对的是（　　）。

　　（A）java.util.Stack　　　　　　（B）java.util.PriorityQueue

　　（C）java.util.TreeSet　　　　　（D）java.util.HashMapd

（3）需要有一个容器，这个容器中的对象可排序，并且会频繁地做插入删除操作，则以下哪种类型的容器更符合需求？（　　）

　　（A）java.util.HashMap　　　　（B）java.util.HashSet

　　（C）java.util.LinkedList　　　（D）java.util.ArrayList

（4）以下哪个是 JDK 中定义的接口？（　　）

　　（A）java.util.Map　　　　　　（B）java.util.Hashtable

　　（C）java.util.TreeMap　　　　（D）java.util.HashMap

（5）以下容器类型中，不能对存入的对象进行排序的是（　　）。

　　（A）java.util.ArrayList　　　（B）java.util.PriorityQueue

　　（C）java.util.HashSet　　　　（D）java.util.LinkedList

（6）需要有一个容器，这个容器中的元素是以<键,值>对的形式存入的，则以下哪种类型的容器更符合需求？（　　）

　　（A）java.util.HashMap　　　　（B）java.util.HashSet

　　（C）java.util.LinkedList　　　（D）java.util.ArrayList

（7）以下哪个类封装了对容器的常用操作？（　　）

　　（A）java.util.Collections　　（B）java.util.Arrays

（C）java.util.Iterator　　　　　　　（D）java.util.Random

（8）下面哪个语句（初始化数组）是不正确的？（　　）

（A）int x[] = {1,2,3};　　　　　　　（B）int x[3] = new int[3];

（C）int[] x = {1,2,3};　　　　　　　（D）int x[] = new int[3];

（9）执行完以下代码"int [ ] x = new int[20];"后，以下哪项说明是正确的？（　　）

（A）x[20]的值是 0　　　　　　　　（B）x[20]未定义

（C）x[20]的值是 null　　　　　　　（D）x[0]的值是 null

3. 编程题

（1）编写程序 TestIntArray.java，练习基本类型数组的使用。按模板要求，将【代码1】~【代码5】替换成相应的 Java 程序代码，使之能完成注释中的要求。

```java
【代码1】    //导入数组工具类 Arrays
import java.util.Random;
public class TestIntArray {
    public static void main(String[] args) {
        int[] a = 【代码2】  //创建一个长度为10的整型数组a
        Random random = new Random();
        for (int i = 0; 【代码3】 ;i++){//使用for循环遍历数组，使用数组的length属性
            a[i] = 【代码4】  //使用random生成[1,100]的随机整数
            System.out.print(a[i] + " ");
        }
        【代码5】   //使用java.util.Arrays对数组a进行排序
        System.out.println();
        for (int e : a) {  //使用增强型for循环遍历数组
            System.out.print(e + " ");
        }
    }
}
```

（2）编写程序 TestObjectArray.java，练习引用类型数组的使用。按模板要求，将【代码1】~【代码5】替换成相应的 Java 程序代码，使之能完成注释中的要求。

```java
import java.util.Arrays;
class Dog 【代码1】 {   //实现接口Comparable<Dog>
    String name;
    int weight;
    public Dog(String name, int weight) {
        this.name = name;
        this.weight = weight;
    }
    @Override
    public String toString() {
        return this.name + "重" + this.weight + "千克";
    }
```

```
    【代码2】  //@Override public int compareTo(Dog o),实现compareTo方法,根据
    //Dog对象中的weight属性比较两条Dog的大小
}
public class TestObjectArray {
    public static void main(String[] args) {
        Dog[] dogs = 【代码3】      //创建一个长度为3的Dog类型数组dogs
        dogs[0] = new Dog("大黄", 30);
        dogs[1] = new Dog("旺财", 20);
        dogs[2] = new Dog("福娃", 10);
        System.out.println("排序前: ");
        for (【代码4】) {           //使用增强型for循环遍历数组dogs
            System.out.print(e + " ");
        }
        【代码5】                   //使用java.util.Arrays对数组dogs进行排序
        System.out.println("\n排序后: ");
        for (int i = 0; i < dogs.length; i++) {
            System.out.print(dogs[i] + " ");
        }
    }
}
```

程序的执行效果如下所示:

1. 排序前:
2. 大黄重30千克 旺财重20千克 福娃重10千克
3. 排序后:
4. 福娃重10千克 旺财重20千克 大黄重30千克

(3) 编写程序 TestTwoDimensionalArray.java,练习多维数组的使用。按模板要求,将【代码1】~【代码6】替换成相应的 Java 程序代码,使之能完成注释中的要求。

```
import java.util.Arrays;
import java.util.Random;
public class TestTwoDimensionalArray {
    public static void main(String[] args) {
        Random random = new Random();
        int[][] a = 【代码1】    //创建一个3行5列的整型二维数组
        /*
         * 下段代码是想采用增强型for循环对数组元素赋值
         * 观察,二维数组a的元素的值是否有修改,为什么?
         */
        for (int[] i : a) {
            for (int j : i) {
                j = random.nextInt(100);
```

```
        }
        /*
         * 下段两层的for循环是用来遍历二维数组a的
         * 请将下段代码封装成方法 static void traverse(int[][] a)
         */
        for (int i = 0; i < a.length; i++) {
            System.out.print("a[" + i + "]是: ");
            for (int j = 0; j < a[i].length; j++) {
                System.out.print( a[i][j] + " ");
            }
            System.out.println();
        }
        /*
         * 下段两层的for循环是用来对数组元素赋值的
         * 请使用length遍历数组
         */
        for (int i = 0; 【代码2】; i++) {            //使用length遍历数组a
            for (int j = 0; 【代码3】; j++) {        //使用length遍历数组a[i]
                a[i][j] = random.nextInt(100);
            }
        }
        traverse(a); //调用traverse方法遍历数组a
        /*
         * 下段代码是用for循环对二维数组a中的每一行元素进行排序
         * 请使用java.util.Arrays类的sort方法进行排序
         */
        for (int i = 0; i < a.length; i++) {
            【代码4】   //对二维数组a中的每一行元素进行排序
        }
        traverse(a); //调用traverse方法遍历数组a
        System.out.println("二维数组a的和是: " + sum(a));
    }

    public static void traverse(int[][] a) {
        【代码5】  //遍历二维数组a
    }

    public static long sum(int[][] a) {
        long sum = 0;
        【代码6】   //使用两层的增强型for循环对二维数组a中的元素求和
        return sum;
    }
}
```

(4) 编写程序 TestList.java，练习 List 列表的使用。按模板要求，将【代码 1】～【代码 14】替换成相应的 Java 程序代码，使之能完成注释中的要求。

```java
import java.util.Collections;
import java.util.Iterator;
import java.util.List;
import java.util.LinkedList;

class Dog implements Comparable<Dog> {
    String name;
    int weight;
    public Dog(String name, int weight) {
        this.name = name;
        this.weight = weight;
    }
    @Override
    public String toString() {
        return this.name + "重" + this.weight + "千克";
    }
    @Override
    public int compareTo(Dog o) {
        return this.weight - o.weight;
    }
}

public class TestList {
    public static void main(String[] args) {
        List<Dog> list = 【代码1】  //创建一个可以存放Dog对象的LinkedList类型的容器
        Dog dog1 = new Dog("dog1", 30);
        Dog dog3 = new Dog("dog3", 10);
        【代码2】    //使用boolean add(E e)方法，依次将dog1和dog3添加到list中
        list.add(dog3);
        Dog dog2 = new Dog("dog2", 20);
        int index = 【代码3】//使用int indexOf(Object o)方法，获取dog3在list中的位置
        【代码4】//使用void add(int index, E element)方法，将dog2插入到dog3的位置上

        System.out.println("使用增强型for循环遍历list: ");
        for (【代码5】) {  //使用增强型for循环遍历list
            System.out.print(dog + "; ");
        }

        System.out.println("\n使用for循环遍历list: ");
        for (int i = 0; 【代码6】; i++) {  //使用int size()方法获取list中的元素个数
            Dog dog = 【代码7】  //使用E get(int index)方法获取list中下标为i的元素
            System.out.print(dog + "; ");
```

```
          }
     【代码8】 //使用java.util.Collections类的sort方法对list中的元素进行排序

     System.out.println("\n排序后,使用迭代器遍历list: ");
     Iterator<Dog> iterator = 【代码9】 //使用iterator()方法,获取list中的迭代器
     while (【代码10】) {//使用Iterator的boolean hasNext()方法,判断是否存在另
     一个可访问的元素
          Dog dog = 【代码11】 //使用Iterator的Object next()方法,返回要访问的下
          一个元素
          System.out.print(dog + "; ");
     }

     【代码12】   // 使用remove方法删除list中的元素dog2
     System.out.println("\n删除一个元素后,list中的元素数量是:" + list.size());
     【代码13】 //使用clear方法清空list中的元素
     System.out.println("list是否为空: " + 【代码14】); //判断list是否为空
     }
}
```

程序执行的输出结果如下所示：

```
使用增强型for循环遍历list:
dog1重30千克; dog2重20千克; dog3重10千克;
使用for循环遍历list:
dog1重30千克; dog2重20千克; dog3重10千克;
排序后,使用迭代器遍历list:
dog3重10千克; dog2重20千克; dog1重30千克;
删除一个元素后, list中的元素数量是: 2
list是否为空: true
```

（5）编写程序 TestMap.java，练习 Map 映射集合的使用。按模板要求，将【代码 1】～【代码 15】替换成相应的 Java 程序代码，使之能完成注释中的要求。

```
import java.util.*;

class MyKey implements 【代码1】  { // 实现java.lang.Comparable接口
    int key;
    public MyKey(int key) {
        this.key = key;
    }
    @Override
    public String toString() {
        return "key=" + key;
    }
```

        【代码2】 //实现compareTo方法，制订大小比较规则：按key值大小比较

        【代码3】   //覆盖hashCode方法，根据key值生成哈希码

        【代码4】   //覆盖equals方法，指定相等判断规则：如key值相同，则对象相等
}

class MyValue {
    String value;
    public MyValue(String value) {
        this.value = value;
    }
    @Override
    public String toString() {
        return "value=" + value;
    }
}

public class TestMap {
    public static void main(String[] args) {
        MyKey key1 = new MyKey(1);
        MyKey key2 = new MyKey(2);
        MyKey key3 = new MyKey(3);
        MyValue value1 = new MyValue("a");
        MyValue value2 = new MyValue("b");
        MyValue value3 = new MyValue("c");

        Map<MyKey, MyValue> hashMap = 【代码5】 // 创建HashMap对象
        【代码6】; // 使用put方法，依次将<key1, value1>、<key2, value2>、<key3, value3>放入hashMap中
        System.out.println("hashMap中元素的数量：" + 【代码7】); // 使用size方法，获取hashMap中entry的数量
        MyKey key4 = new MyKey(3);
        MyValue value4 = new MyValue("d");
        【代码8】// 将<key4, value4>放入hashMap中，思考：此时hashMap中entry的数量是多少？

        System.out.println("遍历hashMap中的entry");
        Set<Map.Entry<MyKey, MyValue>> entries = 【代码9】 //使用entrySet方法，获取hashMap中的entry集合
        for(Map.Entry<MyKey, MyValue> entry : entries) {
            MyKey myKey = 【代码10】   //使用getKey方法，获取entry中的key
            MyValue myValue =【代码11】 //使用getValue，获取entry中的value
            System.out.println("<" + myKey + ", " + myValue + ">");
        }
```
```

```
        System.out.println("是否包含key3: " +【代码12】); //使用containsKey方法，
        //判断hashMap中是否包含key3
        System.out.println("是否包含value3: " +【代码13】); // 使用containsValue
        //方法，判断hashMap中是否包含value3

        SortedMap<MyKey, MyValue> treeMap =【代码14】// TreeMap(Map m)方法构建
        //TreeMap对象，将hashMap中的所有元素放入此TreeMap中
        System.out.println("遍历treeMap中的entry");
        【代码15】//遍历treeMap，观察输出结果是否有序
    }
}
```

程序执行的输出结果如下所示：

```
hashMap中元素的数量：3
遍历hashMap中的entry
<key=2 , value=b>
<key=1 , value=a>
<key=3 , value=d>
是否包含key3: true
是否包含value3: false
遍历treeMap中的entry
<key=1 , value=a>
<key=2 , value=b>
<key=3 , value=d>
```

（6）编写程序 TestSet.java，练习 Set 集的使用。按模板要求，将【代码1】~【代码10】替换成相应的 Java 程序代码，使之能完成注释中的要求。

```
///说明：java.lang.Integer类已经重写了equals、hashCode、compareTo方法
import java.util.*;
public class TestSet {
    public static void main(String[] args) {
        Set<Integer> hashSet = 【代码1】   //创建HashSet对象
        Integer e1 = new Integer(111);
        Integer e2 = new Integer(333);
        Integer e3 = new Integer(222);
        【代码2】   //依次将e1、e2、e3放入hashSet中
        System.out.println("hashSet中元素的数量: " + 【代码3】); //获取hashSet中
        //元素数量
        Integer e4 = new Integer(333);
        【代码4】  // 将e4放入hashSet中，思考：此时hashSet中的元素数量是多少？

        System.out.print("遍历hashSet中的元素: ");
        for(【代码5】) { // 使用增强型for循环遍历hashSet
```

```
                System.out.print(e + " ");
        }
        System.out.println("\n是否包含e4: " +【代码6】);//使用contains方法，判断
        //hashSet中是否包含e4

        SortedSet<Integer> treeSet =【代码7】//创建TreeSet对象，将hashSet中的所
        //有元素放入此TreeSet中
        System.out.print("遍历treeSet中的元素：");
        Iterator<Integer> iterator =【代码8】   // 获取treeSet的迭代器
        while(【代码9】) { //判断iterator是否仍有元素可以迭代
            System.out.print(【代码10】+ " "); // 返回iterator迭代的下一个元素
        }
    }
}
```

程序执行的输出结果如下所示：

```
hashSet中元素的数量: 3
遍历hashSet中的元素: 333 222 111
是否包含e4: true
遍历treeSet中的元素: 111 222 333
```

（7）编写程序 TestEnum.java，练习 Enum 枚举的使用。按模板要求，将【代码1】～【代码7】替换成相应的 Java 程序代码，使之能完成注释中的要求。

```
///说明：这是一个模拟交通信号灯的程序
【代码1】  { //定义表示交通信号的枚举类 TrafficSignal
    GREEN(7) {  //定义枚举常量：GREEN，表示绿灯，持续时间7秒
        @Override
        public TrafficSignal nextSignal() {  //绿灯过后是红灯
            return YELLOW;
        }
    }, //注意：这里是逗号","  不是分号
    【代码2】{ // 定义枚举常量：YELLOW，表示黄灯，持续时间是2秒，黄灯过后是红灯
    RED(5) {
        @Override
        public TrafficSignal nextSignal() {
            return GREEN;
        }
    }; //注意：这里是分号";"  不是逗号
    private int duration;    //私有成员变量，表示交通灯持续的时间
    【代码3】// 定义TrafficSignal的构造方法，提供int类型参数以初始化成员变量duration
    【代码4】//定义公共的getDuration方法，以返回成员变量duration
    public abstract TrafficSignal nextSignal();//声明的抽象方法，返回下一个交通信号灯
}

public class TestEnum {
```

```
public static void main(String[] args) throws Exception{
    System.out.println("打印出所有的交通信号灯：");
    TrafficSignal[] lights =【代码5】 // 使用TrafficSignal类的静态方法values，
    //以获得所有枚举常量组成的数组
    for(TrafficSignal light : lights) {
        System.out.println(light.ordinal() + ":" + light.name());
    }
    System.out.println("模拟交通信号灯的变化过程：");
    TrafficSignal light =【代码6】   //创建枚举对象：绿色的交通信号灯
    for(int i =0; i<7; i++) {
        System.out.println(light);
        Thread.sleep(1000*light.getDuration()); //程序会暂停1000*duration毫秒
        【代码7】 //切换到下一个交通信号灯
    }
}
```

程序执行的输出结果如下所示：

```
打印出所有的交通信号灯：
0:GREEN
1:YELLOW
2:RED
模拟交通信号灯的变化过程：
GREEN
...//这部分内容会断续输出
```

（8）编写程序 SplitWords.java，要求完成程序功能：输入一句英文，把这句中出现的英文单词逐个打印出来，注意同一个单词只能打印一次。提示：

- 使用 String 类的 split 方法，把一句英文的英文单词拆分到一个字符串数组中。
- 除去重复出现的单词，可采用下面两种方法中的其中一种：
① 双重循环遍历这个字符串数组，并把重复出现的单词去除。
② 将这个字符串数组中的元素放到一个 HashSet 类型的容器中。
- 遍历输出处理后的数组或是 HashSet 容器，将单词逐个输出。

（9）编写程序 WordCount.java，要求完成程序功能：在完成 SplitWords 程序功能的基础上，能统计每一个单词出现的次数。

第 6 章　I/O 框架

6.1　I/O 流概述

在 Java 程序中，对于数据的输入输出操作以 "流"（stream）的方式进行。J2SDK 中提供了各种各样的 "流"，用以处理不同类型数据的输入输出，如图 6-1 所示。

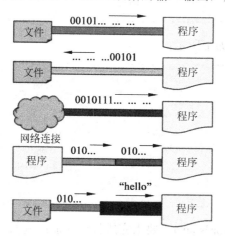

图 6-1　I/O 流概述

java.io 包中定义了多个流类型来实现 I/O 功能，可以从不同的角度对其分类：

按数据流的方向不同可分为输入流和输出流。从程序流向外部使用输出流，如程序将数据写到文件中；从外部流向程序使用输入流，如程序从文件中读取数据。

按处理数据单位不同可分为字节流和字符流。字节流处理数据的单位是字节，字符流处理数据的单位是字符。

java.io 包中提供了 4 个 I/O 流抽象类用来对应以上的分类，如表 6-1 所示。

表 6-1　I/O 框架顶层抽象类

类	字节流	字符流
输入流	InputStream	Reader
输出流	OutputStream	Writer

I/O 流还可以根据功能不同，划分为节点流和处理流。

节点流可以从一个特定的数据源（节点）读写数据（如文件、内存），节点流又称为 "源点流"。

处理流可以"套"在其他的流上面,通过其对特定格式数据的处理能力,为程序提供更方便的读写功能,处理流又称为"过滤流",如图 6-2 所示。

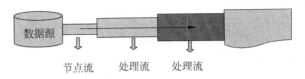

图 6-2 节点流和处理流

6.2 字 节 流

java.io.OutputStream 字节输出流(抽象类),继承自 OutputStream 的流都是用于从程序输出数据,且输出数据的单位为字节,图 6-3 为字节输出流类图。

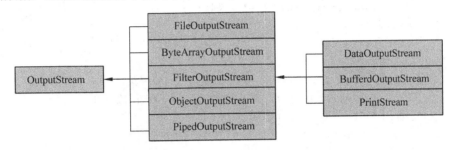

图 6-3 字节输出流类图

OutputStream 常用方法如下。
- void write(int b):向输出流写入一个字节的数据,写入的是整型 b 的低 8 位。
- void write(byte[] b):向数据流写入一个字节数组 b 中的所有数据。
- void write(byte[] b, int offset, int length):向输出流写入一个字节数组 b 中的部分数据,数据是从数组 b 的下标偏移量 offset 开始的 length 字节。
- void flush():强制把缓冲区的数据全部写入到输出流,适用于带缓冲区的字节输出流子类。
- void close():关闭输出流。释放占用的系统资源。

需要注意的是:这些方法的声明中都定义了 throws IOException,而 IOException 是一种非运行时异常,也就是说,在调用这些方法时需要强制进行异常捕获处理,否则代码无法通过编译。

java.io.FileOutputStream 是 OutputStream 类的子类,用于向文件按字节写入数据。常用的构造方法如下。
- FileOutputStream(String fileName):创建一个通过 fileName 指定的文件字节输出流对象。当 fileName 指定的文件不存在时,则会创建一个文件。
- FileOutputStream(File file):创建一个通过 File 对象指定的文件字节输出流对象。当 File 对象指定的文件不存在时,则会创建一个文件。

在例 6-1 中,展示了如何将一个字符串编码为一个字节数组,并通过文件字节输出流将一个字节数组写入到文件中。

例 6-1 TestFileOutputStream.java

```java
public class TestFileOutputStream {
    public static void main(String[] args) {
        FileOutputStream out = null;
        try {
            out = new FileOutputStream("C:/TestFile.txt");//创建文件字节输出流
            byte[] data = "abcd中国".getBytes();//将字符串按默认字符集进行编码
            out.write(data);                             //输出
            System.out.println("内容已写入文件");
        } catch (FileNotFoundException e) {
            System.out.println("该文件可能是目录；或该文件不存在，但无法创建它");
        } catch (IOException e) {
            System.out.println("文件写入失败");
        } finally {
            if(null != out) {
                try {
                    out.flush();                  //刷新
                    out.close();                  //关闭流对象
                } catch (IOException e) {
                    System.out.println("资源关闭异常");
                }
            }
        }
    }
}
```

java.io.InputStream 字节输入流（抽象类），继承自 InputStream 的流都是用于向程序输入数据的流，且输入数据的单位为字节，图 6-4 为字节输入流类图。

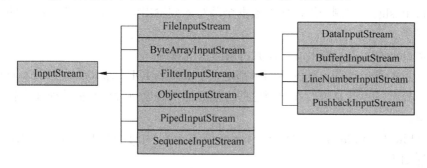

图 6-4 字节输入流类图

InputStream 常用方法如下。

- int read()：从输入流读取一个字节并以整数返回，如果返回-1 则表示已读到了输入流的末尾。（思考问题：read 方法读取的是一个 byte，为什么返回值类型却是 int？）

- int read(byte[] b)：从输入流读取一系列字节并存储到 byte 数组 b 中，返回值表示实际读取的字节数。
- void close()：关闭输入流，释放占用的资源。
- long skip(long n)：在输入流中跳过 n 个字节，返回实际跳过的字节数，返回值可能会小于参数 n。
- void mark(int readlimit)：在输入流的当前位置放置一个标记，只要标记后读取的字节数不大于 readlimit，则此标记有效，即可通过 reset()方法，将输入流返回到标记处。注意，并不是所有的流都支持该方法。
- void reset()：将输入流返回到上一个标记处，如果没有标记，则返回到初始位置。

java.io.FileInputStream 文件字节输入流是 InputStream 的子类，用于按字节从文件读取数据。常用的构造方法如下。

- FileInputStream(String fileName)：创建一个通过 fileName 指定的文件字节输入流对象。当 fileName 指定的文件不存在时，或者 fileName 指定的是一个目录，则会抛出 FileNotFoundException 异常。
- FileInputStream(File file)：创建一个通过 File 对象指定的文件字节输出流对象。当 File 对象指定的文件不存在时，或者 File 是一个目录，则会抛出 FileNotFoundException 异常。

在例 6-2 中，展示了如何从一个文件中依次读取字节，并将字节转换为字符，打印出来。

例 6-2 TestFileInputStream.java

```java
public class TestFileInputStream {
    public static void main(String[] args) {
        int b = 0;
        FileInputStream in = null;
        try {
            in = new FileInputStream("C:/FileTest.txt"); //创建文件字节输入流对象
            long num = 0;                                //记录读了几个字节
            while ((b = in.read()) != -1) {              //如果没有读到末尾
                System.out.print((char)b);
                num++;
            }
            System.out.println("共读取了 " + num + "个字节");
        } catch (FileNotFoundException e) {
            System.out.println("找不到指定文件");
        } catch (IOException e) {
            System.out.println("文件读取错误");
        } finally {
            if (null != in) {
                try {
                    in.close();
                } catch (IOException e) {
```

```
                System.out.println("资源关闭异常");
            }
        }
    }
}
```

6.3 字　符　流

编码与解码是计算机世界的主要技术之一。计算机只能存储和处理二进制，所以编码是指用二进制 bit 序列来表示声音、图片、字符等信息；解码是指将表示声音、图片、字符等信息的二进制 bit 序列还原为原来的信息。

在处理编码与解码的关系时，可能会出现以下两种错误的情况：①由于不知道某种编码算法而无法对使用这种编码的信息进行解码。②由于使用了编码 a 对使用了编码 b 的信息进行了解码而出现乱码，比如字符编码解码时采用不同的字符集的情况下就会出现字符乱码。

我们常见的字符集有以下几种。

- ASCII：用 8b 表示 1 个字符，共 256 个字符，称为 ISO-8859-1 字符集。
- GBK：GBK 字符集是中文 Windows 的默认编码方案（ANSI）。GBK 字符集中使用一字节表示一个英文字符，使用两字节表示一个汉字字符。GBK 字符集兼容 ISO-8859-1 字符集和简体中文 GB2312 字符集。
- UTF-16：每个英文字符和常用汉字字符都需要两个字节来表示。
- UTF-8：UTF-8 是使用最广泛的 Unicode 实现方式，在很多 Linux 系统中和开源软件产品中都是采用这种字符集。UTF-8 最大的特点是与 ISO-8859-1 完全兼容，每个英文字符只需要占用 1 字节的存储空间，但是汉字字符通常需要占用 3 字节的存储空间。UTF-8 和 UTF-16 都是 Unicode 的编码方案，但是如果没有特别指出，一般我们说的 Unicode 编码都指采用 UTF-16 字符集。

由字符序列得到字节序列是字符编码的过程。在 Java 语言中，可以将"字符串"根据某种字符集进行编码，得到对应的"字节数组"。可以使用 String 类的方法：

- byte[] getBytes()：使用系统默认字符集进行编码。
- byte[] getBytes(String charsetName)：使用 charsetName 指定字符集进行编码。

由字节序列得到字符序列是字符解码的过程。在 Java 语言中，可以将"字节数组"根据某种字符集进行解码，得到对应的"字符串"。可以使用 String 类的构造方法：

- String(byte[] bytes)：使用系统默认字符集将字节数组 bytes 解码成字符串。
- String(byte[] bytes, String charsetName)：使用指定字符集 charsetName 将字节数组 bytes 解码成字符串。

例 6-3 TestEncoding.java

```
public class TestEncoding {
    public static void main(String[] args) throws Exception{
```

```
        String str = "ab中国";
        byte[] bytesGBK = str.getBytes();  //使用ANSI编码,中文Windows系统下是GBK
        System.out.println(bytesGBK.length);                        //长度是6
        System.out.println(new String(bytesGBK, "UTF-8"));          //出现乱码
        byte[] bytesUTF8 = str.getBytes("UTF-8");    //指定UTF-8字符集进行编码
        System.out.println(bytesUTF8.length);                       //长度是8
        System.out.println(new String(bytesUTF8, "UTF-8"));         //没有乱码
    }
}
```

java.io.Reader 字符输入流（抽象类），继承自 Reader 的流都是用于向程序输入数据的流，且输入数据的单位为字符。Reader 类常用的方法如下

- int read()：从输入流读取一个字符并以整数返回，如果返回–1 则表示已读到了输入流的末尾。
- int read(char[] c)：从输入流读取一系列字符并存储到 char 数组 c 中，返回实际读取的字符数。
- void close()：关闭流、释放占用的系统资源。

java.io.FileReader 是继承 Reader 类的文件字符输入流。用于字符文件的读取，每次读取一个字符、一个数组或一个字符串。

例 6-4　TestFileReader.java

```
public class TestFileReader {
    public static void main(String[] args) throws Exception{
        int b = 0;
        FileReader reader = new FileReader("C:/FileTest.txt");
        long num = 0;
        while ((b = reader.read()) != -1) {
            System.out.print((char)b);
            num++;
        }
        System.out.println("\n共读取了 " + num + "个字符");
        reader.close();
    }
}
```

java.io.Writer 字符输出流（抽象类），继承自 Writer 的流都是用于从程序中输出数据，且输出数据的单位为字符。Writer 类常用的方法如下。

- void write(int c)：向输出流写入一个字符的数据，写入的是整型 c 的低 16 位。
- void write(char[] c)：向数据流写入一个字符数组 c。
- void write(String s)：向数据流写入一个字符串 s。
- void close()：关闭输出流。释放占用的系统资源。
- void flush()：强制把缓冲区的数据全部写入到输出流，适用于带缓冲区的字符输出

流子类。

java.io.FileWriter 文件字符输出流,继承自 Writer,用于字符文件的写入,每次写入一个字符、一个数组或一个字符串。

例 6-5 TestFileWriter.java

```
public class TestFileWriter {
    public static void main(String[] args) throws Exception{
        FileWriter wirter = new FileWriter("C:/TestFile.txt");
        wirter.write("ab中国");
        System.out.println("内容已写入文件");
        wirter.flush();
        wirter.close();
    }
}
```

需要注意的是,字符流是建立在字节流基础之上的,文件字符流只能按照系统平台默认的字符集进行编码解码。如果想通过 I/O 流在读写文本文件内容时进行转码,需要使用字节字符转换流。

java.io.InputStreamReader 是字节字符输入转换流,通过指定字符集,可以将读取的字节解码成字符。常用的构造方法如下。

- InputStreamReader(InputStream in):通过系统平台默认的字符集和字节输入流构造字节字符输入转换流。
- InputStreamReader(InputStream in,String charsetName):通过指定的字符集 charsetName 和字节输入流构造字节字符输入转换流。
- java.io.OutputStreamWriter 是字节字符输出转换流,通过指定的字符集,可以将写入的字符编码成字节。常用的构造方法如下。
- OutputStreamWriter(OutputStream out):通过系统平台默认的字符集和字节输出流构造字节字符输出转换流。
- OutputStreamWriter(OutputStream out, String charsetName):通过指定的字符集 charsetName 和字节输出流构造字节字符输出转换流。

例 6-6 是一个字符转码的例子,从 TestFile.txt 读取由 GBK 字符集进行编码的文本内容,然后再使用 UTF-8 字符集将读取的文本内容写入到 TestFile-UTF8.txt 中。

例 6-6 TestInputStreamReader.java

```
public class TestInputStreamReader{
    public static void main(String[] args) throws Exception{
        int count = 0;
        char[] buf = new char[1024];
        FileInputStream fis = new FileInputStream("C:/FileTest.txt");
        FileOutputStream fos = new FileOutputStream("C:/FileTest-UTF8.txt");
        InputStreamReader isr = new InputStreamReader(fis, "gbk"); //流嵌套
```

```
        OutputStreamWriter osw = new OutputStreamWriter(fos, "utf-8");
                                                                        //流嵌套
        while ((count = isr.read(buf)) != -1) {
            osw.write(buf, 0 , count);
        }
        System.out.println("文件已复制");
        isr.close();
        osw.flush();
        osw.close();
    }
}
```

对例 6-6 的代码，重点要理解流对象的"嵌套"。字节字符输入转换流 isr 是嵌套在文件字节输入流 fis 上面的，字节字符输出转换流 osw 是嵌套在文件字节输出流 fos 上面的，目的是为了让程序能以字符为数据单位处理输入输出，如图 6-5 所示。

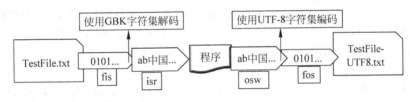

图 6-5　理解 I/O 流的嵌套

6.4　节　点　流

节点流/源点流：可以从一个特定的数据源（节点）读写数据（如文件、内存），又称为"源点流"。前面章节中学习的 FileInputStream、FileOutputStream、FileReader、FileWriter 都是节点流（源点流），因为它们都可以从一个特定的数据源读取数据，或将数据写入特定的数据源。对于文件流来说，数据源就是文件。本节中将介绍其他几个节点流。

java.io.ByteArrayInputStream，字节数组输入流，继承自 InputStream，用于从一个字节数组中读取数据。常用的构造方法如下。

- ByteArrayInputStream(byte[] b)：使用一个字节数组当中所有的数据作为数据源，程序可以像输入流方式一样读取字节。
- ByteArrayInputStream(byte[] b, int offset,int length)：从数组当中的第 offset 开始，一直取出 length 字节作为数据源。

java.io.ByteArrayOutputStream，字节数组输出流，继承自 OutputStream，用于把数据写入一个字节数组。常用的构造方法如下。

- ByteArrayOutputStream()：创建一个长度为 32 字节的数组作为缓冲区，数据会写入这个缓冲区中。
- ByteArrayOutputStream(int size)：创建一个长度为 size 的字节数组作为缓冲区。

不管创建时是否指定缓冲区的大小，创建的缓冲区大小在数据过多的时候都会自动增长。通过调用字节数组输入流对象的 toByteArray()方法，可以把缓冲区以字节数组的类型返回。

JDK 中提供字节数组输入输出流的目的就是为了能以 I/O 流读写的方式操作一块内存。这两个流对象在使用完之后都无须调用 close()方法关闭资源，而且在调用 close()方法之后也可以继续读写。

例 6-7　TestByteArrayStream.java

```java
public class TestByteArrayStream {
    public static void main(String[] args) throws Exception{
        byte b = 10;
        String str = "hello";
        ByteArrayOutputStream out = new ByteArrayOutputStream();
        out.write(b);                        //写入一个字节
        out.write(str.getBytes());           //写入一个字节数组
        byte[] buf = out.toByteArray(); //得到字节数组输出流的缓冲字节数组
        ByteArrayInputStream in = new ByteArrayInputStream(buf);
        System.out.println(in.read());   //读取一个字节
        byte[] strBuf = new byte[32];
        int count = in.read(strBuf); //读取<=strBuf.length的字节数，返回读取字节数
        System.out.println(new String(strBuf, 0 , count));
    }
}
```

类似地，以内存作为数据源的节点流还有字符数组输入流 CharArrayReader、字符数组输出流 CharArrayWriter、字符串输入流 StringReader、字符串输出流 StringWriter。这些流的工作原理、构造方法、读写方式与字节数组流类似。

java.io.CharArrayReader，字符数组输入流，继承 Reader，用于从一个字符数组中读取数据。常用的构造方法如下。

- CharArrayReader(char buf[])：使用一个字符数组 buf 当中所有的数据作为数据源，程序可以像输入流方式一样读取字符。
- CharArrayReader(char buf[], int offset, int length)：从数组 buf 当中的第 offset 开始，一直取出 length 字符作为数据源，程序可以像输入流方式一样读取字符。

常用的方法还包括 read()、skip()、mark()、reset()、close()等。调用 close()方法后，再调用该流的相关方法的话，会抛出异常。

java.io.CharArrayWriter，字符数组输出流，继承 Writer，用于把数据写入一个字符数组。常用的构造方法如下。

- CharArrayWriter()：创建一个长度为 32 的字符数组作为缓冲区。
- CharArrayWriter(int size)：创建一个长度为 size 大小的字符数组作为缓冲区。

以上两个构造方法中，创建的缓冲区大小在数据过多的时候都会自动增长。可以把其

中的内容当作字符数组返回。

常用的方法还包括 write()、toCharArray()、toString()、rclose()等。关闭该流无效，即调用 close()方法，也可以再调用该流的相关方法。

例 6-8 TestCharArray.java

```java
public class TestCharArray {

    public static void main(String[] args) throws Exception{
        CharArrayWriter writer = new CharArrayWriter(4);//创建一个字符数组输出流
        writer.close();                                 //关闭流无效
        writer.write("abcd");           //可以写入，创建的缓冲区大小会自动增长
        char[] buf = writer.toCharArray();  //获取字符数组输出流内部的字符数组副本
        //创建数据源buf的字符数组输入流
        CharArrayReader reader = new CharArrayReader(buf);
        reader.skip(2);                     //读指针移动2单位，指向字符c
        int ch = 0;
        int i = 1;                          //标记读取的字符次数
        while((ch = reader.read()) != -1) {
            System.out.print((char)ch);     //读取一个字符
            if(i == 2) {                    //当i=2时，做个标记
                reader.mark(4);
            }
            if(i <= 3) {                    //当i<=3时，重设读指针
                reader.reset();
            }
            i ++;
        }
        System.out.println();
        reader.reset();                     //重设读指针
        System.out.println((char)reader.read());
        reader.close();
    }
}
```

例 6-8 的输出结果如下所示：

```
cabbcd
b
```

当 i=1 时输出的是字符 c，因为 while 循环之前执行了 reader.skip(2)语句，所以读指针指向的是字符 c，且本次 while 循环内会执行 reader.reset()方法，将读指针重置到流开始的位置，即指向字符 a。当 i=2 时输出的字符是 a，且本次 while 循环内会执行 reader.mark(4)

方法，此时会在字符 b 的位置放置标记，本次 while 循环内也会执行 reader.reset()方法，将读指针重置到最近的标记位置，即指向字符 b。当 i=3 时输出的字符是 b，本次 while 循环内也会执行 reader.reset()方法，将读指针重置到最近的标记位置，即指向字符 b。当 i=4 时，输出的字符是 b，本次循环不会执行 reader.mark(4)和 reader.reset()方法，所以后面的循环中会依次输出数据源中剩余的字符即 cd。while 循环结束后，还会执行一次 reader.reset()方法，会把读指针重新定位到字符 b 处。

java.io.StringReader，字符串输入流，继承 Reader。内部使用 String 类实现，因为只涉及字符串内容的读取，而没有修改等操作，所以在操作过程中不会创建多个字符串对象。常用的构造方法如下。

- StringReader(String s)：使用一个字符串作为数据源，程序可以像输入流方式一样读取字符。

其他常用的方法包括 read()，close()，skip() 等。关闭该流后，再调用相关的方法会抛出异常。

java.io.StringWriter，字符串输出流，继承 Writer。创建的缓冲区大小在数据过多的时候都会自动增长。内部使用 StringBuffer 类实现。可以返回内部的 StringBuffer 对象。常用的构造方法如下。

- StringWriter()：创建一个长度为 16 的字符缓冲区。
- StringWriter(int size)：创建一个长度为 size 的字符缓冲区。

常用的方法还包括 write()、getBuffer()、toString()、close()等。关闭该流无效，即调用 close()方法，也可以再调用该流的相关方法。

例 6-9　TestStringRW.java

```
public class TestStringRW {
    public static void main(String[] args) throws Exception{
        StringWriter writer = new StringWriter();
        writer.write("ab");
        writer.close();                                 //关闭流无效
        writer.write("cdefg", 1, 2);    //1表示位置,2表示长度,写入的子串是"de"
        System.out.println(writer.getBuffer());         //得到StringBuffer
        String s = writer.toString();                   //得到String
        StringReader reader = new StringReader(s);
        reader.skip(2);                                 //读指针指向字符d
        reader.skip(-1);                                //读指针指向字符b
        System.out.println((char)reader.read());
        reader.close();
    }
}
```

例 6-9 的输出结果如下所示：

```
abcd
b
```

除了以磁盘文件、内存作为数据源的节点流之外，还有以线程间通信管道作为数据源管道流：PipedInputStream、PipedReader、PipedOutputStream、PipedWriter；以网络间通信套接字作为数据源的套接字流：SocketInputStream、SocketOutputStream。

6.5 过 滤 流

过滤流/处理流中包含了一个其他类型的流，当作其基本的数据源。目的是在其他流的基础上，为程序提供更方便的数据读写。

基本的处理流包括 java.io 包中的 FilterInputStream、FilterReader、FilterOutputStream、FilterWriter。以 FilterInputStream 为例，一个 FilterInputStream 对象中包含了一个成员变量：InputStream in。在初始化一个 FilterInputStream 对象的时候，可以通过构造方法 FilterInputStream(InputStream in)，将方法形参 in 赋值给成员变量 in。FilterInputStream 类的很多方法都只是简单地调用这个输入流对象 in 实现相关的方法。

通常，我们使用的具体过滤流是 FilterInputStream 等基本过滤流的子类。

6.5.1 缓冲流

java.io.BufferedInputStream，缓冲输入流，继承自 FilterInputStream。这种流提供了缓冲区，用于提高程序的读取效率。常用的构造方法如下。

- BufferedInputStream(InputStream in)：嵌套在输入流 in 之上，创建了一个大小为 8192 字节的数组作为输入缓冲区。
- BufferedInputStream(InputStream in, int size)：嵌套在输入流 in 之上，创建了一个大小为 size 字节的数组作为输入缓冲区。

在使用 BufferedInputStream 读取数据时，读取操作实际上是在缓冲区上进行的。当开始读入数据时，会通过底层输入流 in 一次性尽量多得将数据读取到缓冲区中，如果读取的数据超过了缓冲区的范围，会从底层输入流中读取下一段数据填充到缓冲区。这样做可以减少底层输入流 in 的读取次数，提高效率。比如，当底层输入流是一个磁盘文件输入流时，就可以减少程序磁盘 I/O 的次数，由于磁盘访问的速度远小于内存的访问速度，所以就能提高程序整体的 I/O 效率。

java.io.BufferedOutputStream，缓冲输出流，继承自 FilterOutputStream。这种流提供了缓冲区，用以提高程序输出数据的效率。常用的构造方法如下。

- BufferedOutputStream(OutputStream out)：封装在底层输出流 out 之上，创建了一个大小为 8192 字节的数组作为输出缓冲区。
- BufferedOutputStream(OutputStream out, int size)：封装在底层输出流 out 之上，创建了一个大小为 size 字节的数组作为输出缓冲区。

在使用 BufferedOutputStream 输出数据时，数据首先写到相应的缓冲区中，当缓冲区满了时,再将缓冲区中的数据通过底层输出流 out 写到目标数据源中。需要注意的是,在调用 close()方法关闭缓冲输出流之前,需要先调用 flush()方法将缓冲区的数据通过底层输出流 out 写到目标数据源中。

在例 6-10 中采用了三种方式复制磁盘文件。第一种方式是直接使用文件字节流,每次读写一个字节,这种方式在程序执行时会有大量的 I/O 中断,程序执行效率低。第二种方式是使用缓冲字节流封装文件字节流,虽然还是通过缓冲流每次读写一个字节,但是读写的数据都是在内存中的,因为缓冲流已事先把尽量多的数据放到内存中了,减少了磁盘 I/O 次数,提高了程序执行效率。第三种方式是定义一个字节数组作为缓冲区,每次从文件字节流中读写多个字节,不仅磁盘读写次数减少了,内存读写次数也减少了,程序效率同样提高了。同时需要注意的是,作为缓冲区的字节数组的大小应该为文件系统中数据块的大小的整数倍,NTFS 文件系统的数据块大小默认为 4KB。

例 6-10 TestBufferedStream.java

```java
public class TestBufferedStream {
    public static void main(String[] args) throws Exception{
        long beginTime = new Date().getTime();
        FileInputStream fis = new FileInputStream("D:/test.zip");
        FileOutputStream fos = new FileOutputStream("D:/testCopy1.zip");
        int c = 0;
        while((c = fis.read()) != -1) {   //每次读写1字节
            fos.write(c);
        }
        fis.close();
        fos.close();
        long endTime = new Date().getTime();
        System.out.println("文件已复制,未使用缓冲流,总共花费时间:" + (endTime-beginTime)
            + "毫秒");

        beginTime = new Date().getTime();
        fis = new FileInputStream("D:/test.zip");
        fos = new FileOutputStream("D:/testCopy2.zip");
        BufferedInputStream bis = new BufferedInputStream(fis);   //创建缓冲流
        BufferedOutputStream bos = new BufferedOutputStream(fos);
        c = 0;
        while((c = bis.read()) != -1) {   //使用缓冲流每次读写1个字节,减少磁盘I/O
            bos.write(c);
        }
        bis.close();
        bos.flush();
        bos.close();
        endTime = new Date().getTime();
        System.out.println("文件已复制,使用缓冲流,总共花费时间:" + (endTime-beginTime)
            + "毫秒");
```

```
        beginTime = new Date().getTime();
        fis = new FileInputStream("D:/test.zip");
        fos = new FileOutputStream("D:/testCopy3.zip");
        int len = 0;
        byte[] buffer = new byte[4096];            //自定义缓冲区,大小为4KB
        while((len=fis.read(buffer)) != -1) {      //每次读写多个字节
            fos.write(buffer, 0, len);
        }
        fis.close();
        fos.close();
        endTime = new Date().getTime();
        System.out.println("文件已复制,使用自定义缓冲区,总共花费时间:"+(endTime-beginTime)
        + "毫秒");
    }
}
```

在作者计算机上,执行例 6-10 程序,复制一个大小约为 6MB 的文件,程序执行的结果如下:

文件已复制,未使用缓冲流,总共花费时间:69768毫秒
文件已复制,使用缓冲流,总共花费时间:87毫秒
文件已复制,使用自定义缓冲区,总共花费时间:35毫秒

从例 6-10 的输出结果可以看到,是否使用缓冲区对读写性能影响很大。

6.5.2 数据流

java.io.DataInputStream,数据输入流,继承自 FilterInputStream。这种流提供了读入各种基本数据类型和字符串的方法,用于方便程序对基本数据类型的读取。例如方法 readByte():可以从底层输入流中读入 1 字节,并将数据转换为 byte 类型。类似的方法还有 readShort()、readInt()、readLong()、readFloat()、readDouble()、readChar()、readBoolean(),这些方法都用于读取对应的基本类型数据。除此之外,DataInputStream 类还提供了一个读取字符串的方法:readUTF()。需要注意的是,这个读取的字符串数据需要使用 UTF-8 修改版格式进行编码,具体的数据格式是:字节数组长度(2 字节)＋ 字符串使用 UTF-8 字符集进行编码的内容。

java.io.DataInputStream,数据输出流,继承 FilterOutputStream。提供了写出各种基本数据类型的方法,用于方便程序输出基本类型数据和字符串。例如方法 writeByte (byte b):向底层输出流中写出一个 byte 类型的数据 b,类似的方法还有 writeShort(short s)、writeInt(int i)、writeLong(long l)、writeFloat(float f)、writeDouble(double d)、writeChar(char c)、writeBoolean(boolean b) 和 writeUTF(String str)。需要注意的是,方法 writeUTF(String str) 除了会采用 UTF-8 字符集将字符串 str 进行编码之后,还会在编码数据之前添加两字节的数据用于存放编码数据的长度。

在例 6-11 中，第一部分代码，首先创建了文件字节输出流 fos 指向磁盘文件 "D:/FileTest.data"；然后为了减少磁盘 I/O 次数，创建了缓冲字节输出流 bos，"套"在 fos 上面；然后为了更方便地写入基本类型数据，创建数据字节输出流 dos，"套"在 bos 上面；又使用 dos 依次输出了一个 byte、一个 long、一个 char 和一个字符串；最后调用 dos.close( )方法关闭了流对象，这 3 个流的实际关闭顺序是：fos、bos、dos。第二部分代码是第一部分代码的反过程，读取 FileTest.data 的内容，并打印。

例 6-11　TestDataStream.java

```java
public class TestDataStream {
    public static void main(String[] args) throws IOException {
        FileOutputStream fos = new FileOutputStream("D:/FileTest.data");
        BufferedOutputStream bos = new BufferedOutputStream(fos);//创建缓冲流
        DataOutputStream dos = new DataOutputStream(bos);          //创建数据流
        dos.writeByte(75);                    //写入1个字节，数值为75
        dos.writeLong(10000);                 //写入8个字节，数值为10000
        dos.writeChar('a');                   //写入2个字节
        dos.writeUTF("中");                   //写入 2 + 3 个字节
        dos.close();                          //只需要关闭最外层的过滤流
        FileInputStream fis = new FileInputStream("D:/FileTest.data");
        BufferedInputStream bis = new BufferedInputStream(fis);
        DataInputStream dis = new DataInputStream(bis);
        System.out.print(dis.readByte() + " ");
        System.out.print(dis.readLong() + " ");
        System.out.print(dis.readChar() + " ");
        System.out.print(dis.readUTF() + " ");
        dis.close();                          //只需要关闭最外层的过滤流
    }
}
```

图 6-6 是例 6-11 中写入的数据文件内容的十六进制显示。可以看到，第 1 字节 4B 就是字节型数值 75，第 2～9 字节 00 00 00 00 00 00 27 10 就是长整型数值 10000，第 10 和第 11 字节 00 61 就是字符型数值'a'，第 12 和第 13 字节 00 03 表示的是后面有多少字节是使用 UTF-8 字符集编码的字符串，第 14～16 字节 E4 B8 AD 就是字符串"中"的 UTF-8 编码值。

```
00000000  4B 00 00 00 00 00 00 27  10 00 61 00 03 E4 B8 AD   K......'..a.....
```

图 6-6　使用 DataStream 读写数据示例

图 6-7 描述了例 6-11 中各种流的嵌套关系。

需要注意流关闭的顺序。可以只关闭最外层的处理流，而不用关闭内层的其他流。因为调用最外层的流对象的 close 方法时，会自动调用内层的流对象的 close 方法。但是如果反过来，先关闭内层的节点流对象，再关闭外层处理流对象的话，程序会抛出 I/O 异常。

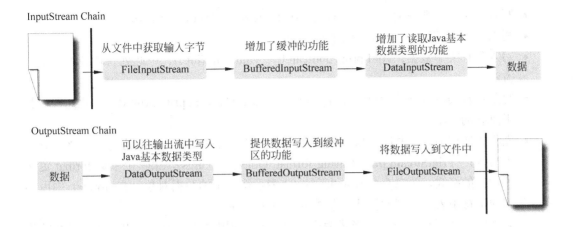

图 6-7 理解流链

6.5.3 打印流

java.io.PrintStream 打印字节流，是 FilterOutputStream 的子类，它的功能是能将各种 Java 类型的数据方便地打印（写入）到底层的字节输出流中，同时可具有诸如：写入后自动刷新、格式化输出、设置字符集、I/O 方法不会抛出 IOException 等功能特点，这个流比前面讲述的几种流功能更为强大、使用更为复杂。我们一直使用的 System.out 就是 PrintStream 类型的对象，所以 System.out.println()其实就是调用 PrintStream 类型对象的 println()方法。下面从成员变量、构造方法、功能方法等几个方面介绍 PrintStream 类的一些核心概念、功能。

一个 PrintStream 流对象内部主要有以下几种成员变量。
- private final boolean autoFlush：写入后是否自动刷新，当 autoFlush 等于 true 时，调用 PrintStream 流的 write()、print()等方法后，会自动调用 flush()，刷新缓冲。
- private boolean trouble = false：判断执行过程中是否产生了异常，PrintStream 类的相关 I/O 方法不像其他流的 I/O 方法会抛出异常，PrintStream 流会将异常在方法内部进行处理，不会向上层抛出。
- private Formatter formatter：用于格式化的对象。
- private OutputStreamWriter charOut：用于封装 PrintStream，完成字节字符转换工作的字节字符转换输出流。
- private BufferedWriter textOut：用于封装 charOut 的缓冲字符输出流。

PrintStream 类常用的构造方法如下。
- PrintStream(OutputStream out)：封装在底层输出流 out 之上，创建了一个内部采用系统默认字符集、不自动刷新缓冲的打印字节流。
- PrintStream(OutputStream out, boolean autoFlush, String encoding)：封装在底层输出流 out 之上，创建了一个内部采用指定字符集 encoding、指定缓冲刷新机制的打印字节流。

PrintStream 类定义的常用的打印输出方法有以下几大类。

- 写入一个字节数组的一部分：void write(byte buf[], int off, int len)。
- 写入一个字符数组：void write(char buf[])。
- 写入各种类型数据：void print(boolean b)、void print(int i)、…此处省略若干重载的方法。
- 写入各种类型数据后换行：void println(boolean b)、void println(int i)、…此处省略若干重载的方法。
- 先将"数据 args"根据"默认 Locale 值(区域属性)"按照 format 进行格式化，然后再写入： PrintStream printf(String format, Object … args)，第一个参数 format 定义了输出的格式，第二个参数是可变长的，表示待输出的数据对象。在 format 中用不同的字符串表示不同的格式，基本的有以下几种。
  - "%s"表示以字符串的形式输出，"%s"之间用"n$"表示输出可变长参数的第 n 个参数值。
  - "%n"表示换行。
  - "%b"表示以布尔值的形式输出。
  - "%d"表示以十进制整数形式输出。
  - "%f"表示以十进制浮点数输出,在"%f"之间加上".n"表示输出时保留小数点后面 n 位。
  - 除了以上几种之外还有："%S"表示将字符串以大写形式输出，"%o"表示以八进制形式输出，"%x"表示以十六进制输出，"%t"表示输出时间日期类型等。

下面的代码示例 6-12 演示了 PrintStream 类的基本使用。

例 6-12 TestPrintStream.java

```java
public class TestPrintStream {
  static final byte[] arr={0x61, 0x62, 0x63, 0x64, 0x65 }; //abced
  static final int i = 10;
  static final boolean b = true;
  static final String str = "字符串abc";

  public static void main(String[] args) throws Exception{
      FileOutputStream fos1 = new FileOutputStream("d:/out.txt");
      PrintStream ps1 = new PrintStream(fos1);
      ps1.write(arr);
      ps1.print(i);
      ps1.print(b);
      ps1.print(str);
      ps1.close();

      FileOutputStream fos2 = new FileOutputStream("d:/out-UTF8.txt");
      PrintStream ps2 = new PrintStream(fos2, true, "UTF-8");//指定字符集为UTF8
      ps2.write(arr);
      ps2.print(i);
```

```
        ps2.print(b);
        ps2.print(str);
        ps2.close();

        FileOutputStream fos3 = new FileOutputStream("d:/out-format.txt");
        PrintStream ps3 = new PrintStream(fos3);
        ps3.printf("My name is %2$s %1$s%n", "san", "zhang");      //zhang san
        ps3.printf("浮点数只保留2位小数: %.2f%n", 10.1010101);        //10.10
        ps3.printf("整数不够4位, 前面补足零: %04d%n", 100);           //0100
        ps3.printf("当前时间是:%1$tF %1$tT", new Date()); //yyyy-MM-dd HH:mm:ss
        ps3.close();
    }
}
```

以下是文件 d:/out.txt 的内容,因为在中文 Windows 下运行,这个文件采用的字符集是系统默认字符集 GBK,在 GBK 字符集中每个汉字使用 2 字节存储表示,所以这个文件的大小为 20 字节。

```
abcde10true字符串abc
```

以下是文件 d:/ out-UTF8.txt 的内容,因为在创建 ps2 时指明了字符集采用 UTF8,在 UTF8 字符集中每个汉字使用 3 个字节存储表示,所以这个文件的大小为 23 字节。

```
abcde10true字符串abc
```

以下是文件 d:/out-format.txt 的内容,在这部分代码中,"%2$s"表示以字符串形式输出第 2 个参数的值,即 "zhang";"%.2f"表示以十进制浮点数形式输出参数的值,并且保留 2 位小数;"%04d"表示以十进制整数形式输出参数的值,如果不够 4 位,则前面补上足够的字符 '0'。"%1$tF "表示以时间格式 yyyy-MM-dd 输出第一个参数的值。

```
My name is zhang san
浮点数只保留2位小数: 10.10
整数不够4位, 前面补足零: 0100
当前时间是:2018-01-10 09:56:01
```

6.6 对象流

6.6.1 对象的克隆

在学习对象流之前,我们先来看看对象的"克隆"。

Object 类中提供了一个 clone 方法,可以创建并返回此对象的一个副本。对象副本中所有字段的值和原对象字段的值相等:

```
protected Object clone() throws CloneNotSupportedException
```

想要使用 clone 方法的类必须要实现一个空接口 java.lang.Cloneable。如果某对象的类没有实现接口 Cloneable，就调用该对象的 clone 方法，会抛出一个异常 CloneNotSupported-Exception。

例 6-13　TestClone.java

```java
class Point implements Cloneable {
    public int x;
    public int y;
    public Point(int x, int y) {
        this.x = x;
        this.y = y;
    }
    @Override
    public Object clone() throws CloneNotSupportedException {
        return super.clone();    //使用Object类默认的clone方法
    }
    @Override
    public String toString() {
        return "Point [x=" + x + ", y=" + y + "]";
    }
}

class Line implements Cloneable {
    public Point p1;
    public Point p2;
    public Line(Point p1, Point p2) {
        this.p1 = p1;
        this.p2 = p2;
    }
    @Override
    protected Object clone() throws CloneNotSupportedException {
        return super.clone();    //使用Object类默认的clone方法
    }
    @Override
    public String toString() {
        return "Line [p1=" + p1 + ", p2=" + p2 + "]";
    }
}

public class TestClone {
    public static void main(String[] args) throws Exception{
        Point p1 = new Point(1,1);
        Point p2 = new Point(2,2);
```

```
        Line line = new Line(p1, p2);

        Point pointClone = (Point)p1.clone();    //克隆p1对象
        Line lineClone = (Line)line.clone();      //克隆line对象

        p1.x = -1;
        System.out.println(pointClone); //pointClone对象的x属性并未修改
        System.out.println(lineClone);  //lineClone对象的p1属性的 x属性修改了
    }
}
```

在 TestClone 中，定义了两个类 Point 和 Line，这两个类都实现了 java.lang.Cloneable 接口，并且采用了父类 Object 的 clone()方法作为自身 clone()的实现。在 TestClone 中首先创建了两个 Point 对象 p1 和 p2，并由这两个 Point 对象创建了一个 Line 对象 line。然后调用 clone 方法克隆了一个 p1 对象 pointClone，克隆了一个 line 对象 lineClone。最后，在修改 p1 对象的 x 属性值后，输出观察克隆对象 pointClone 和 lineClone 的属性值的变化。TestClone 程序的输出结果如下所示：

```
Point [x=1, y=1]
Line [p1=Point [x=-1, y=1], p2=Point [x=2, y=2]]
```

从输出结果可以看到，修改对象 p1 的 x 属性值后，p1 的克隆对象 pointClone 的 x 属性值并没有被修改，但是 line 的克隆对象 lineClone 的 p1 属性的 x 属性值已被修改。TestClone 程序运行时的内存示意如图 6-8 所示。

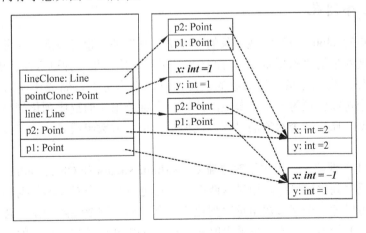

图 6-8　对象克隆-浅层复制

从图 6-8 中可以看到，当程序克隆对象 line 时，只是克隆了 Line 对象本身，并没有克隆 line 对象中的 p1、p2 两个属性所指向的 Point 对象。上面的输出结果说明：Object 类中实现的 clone()方法只能完成被克隆对象和克隆对象之间数据成员一一对应的这种复制，被克隆对象中的引用类型字段所指向的对象是不会被复制的，这种复制称为"浅层复制"。

相对"浅层复制"而言的是"深层复制"，即克隆一个对象时，将被克隆对象中的引用类型字段所指向的对象也一同复制。如果要实现"深层复制"，则需要覆盖 clone()方法。下面的代码片段中，自定义了 Line 类的 clone()方法，实现了 Line 对象的"深层复制"。

```
class Line implements Cloneable {
    ……
    @Override                //自定义clone方法，实现深层复制
    protected Object clone() throws CloneNotSupportedException {
        Line line = (Line)super.clone();
        line.p1 = (Point)this.p1.clone();
        line.p2 = (Point)this.p2.clone();
        return line;
    }
    …
}
```

TestClone 修改之后，程序运行的结果如下所示：

```
Point [x=1, y=1]
Line [p1=Point [x=1, y=1], p2=Point [x=2, y=2]]
```

从输出结果可以看到，修改对象 p1 的 x 属性值后，p1 的克隆对象 pointClone 的 x 属性值并没有被修改，line 的克隆对象 lineClone 的 p1 属性的 x 属性值也没有被修改。说明当程序克隆对象 line 时，不只是克隆了 Line 对象本身，也克隆 line 对象中的 p1、p2 两个属性所指向的 Point 对象。

6.6.2 对象序列化

除了通过重写 clone 方法实现对象的"深层复制"外，也可以通过对象序列化和反序列化的方式实现对象的"深层复制"，而且使用序列化技术是一种更方便、更常用的选择。

所谓的对象序列化是指：将对象的状态信息转换为可以存储或传输的数据形式的过程，比如将一个对象转换为一个字节数组或者一个字符串。而反序列化则是指将一个序列化后得到的数据还原为一个对象的过程，比如将一个字节数组或者一个字符串反序列化为一个对象。

在 JDK 的 I/O 框架中，提供了对象流 ObjectInputStream 和 ObjectOutputStream 来完成对象序列化和反序列化的操作。通过这两个对象流可以把一个对象的数据序列化到一个字节数组中，也可以把一个字节数组反序列化成一个对象。需要注意的是，若要使一个类的对象具备序列化的能力，这个类必须实现 java.io.Serializable 接口。默认的序列化机制是只将对象的非静态的，且没有用 transient 关键字修饰的数据成员变量进行序列化，任何成员方法和静态成员变量都不参与序列化。

java.io.ObjectInputStream，对象输入流，继承 InputStream，封装了一个底层输入流，基本的构造方法如下：

```
public ObjectInputStream(InputStream in) throws IOException
```

得到了一个对象输入流后，可以通过对象输入流，方便地将从底层输入流中读入的数据反序列化为对象，使用的方法如下：

```
public final Object readObject() throws IOException, ClassNotFoundException
```

java.io.ObjectOutputStream，对象输出流，继承 OutputStream，封装了一个底层输出流，基本的构造方法如下：

```
public ObjectOutputStream(OutputStream out) throws IOException
```

得到了一个对象输出流后，可以通过对象输出流，方便地将一个对象序列化为一个字节数组，然后向底层输出流中写入字节数组，使用的方法如下：

```
public final void writeObject(Object obj) throws IOException
```

下面的例子分成两部分。第一部分是将一个对象序列化到磁盘文件中：首先创建一个文件输出流 fos，然后采用 fos 作为底层输出流，创建了一个对象输出流 oos，最后创建一个 Point 对象，并使用 oos 将 Point 对象序列化到磁盘文件中。第二部分是从磁盘文件中读取数据并反序列化为一个对象：首先创建一个文件输入流 fis，然后采用 fis 作为底层输入流，创建一个对象输入流 ois，最后使用 ois 从磁盘文件中读取数据并反序列化为一个 Point 对象。

例 6-14 TestObjectStream.java

```java
class Point implements Serializable{
    private static final long serialVersionUID = 1L;
    private int x;
    private int y;
    private transient int z;                //transient修饰的字段不会参与序列化

    public Point(int x, int y, int z) {
        this.x = x;
        this.y = y;
        this.z = z;
    }

    public String toString() {
        return "(" + x + "," + y + "," + z + "," + ")";
    }
}

public class TestObjectStream {

    public static void main(String[] args) throws Exception {
        String filename = "d:/Object.obj";
        FileOutputStream fos = new FileOutputStream(filename); //文件输出流
        ObjectOutputStream oos = new ObjectOutputStream(fos);  //对象输出流
        Point p = new Point(1, 2, 3);
```

```java
        System.out.println("序列化前: " + p);
        oos.writeObject(p);              //将Point对象序列化成字节数组并写入到文件中
        oos.flush();
        oos.close();
        //将点对象写入文件中
        FileInputStream fis = new FileInputStream(filename);   //文件输入流
        ObjectInputStream ois = new ObjectInputStream(fis);    //对象输入流
        p = (Point)ois.readObject();     //从文件中读取数据并反序列化为Point对象
        System.out.print("反序列化后: " + p);
        ois.close();
    }
}
```

在 TestObjectStream 中,类 Point 的成员变量 z 使用了关键字 transient 修饰,表示这个成员变量不能被序列化,也就是说序列化一个 Point 对象时,不会保存成员变量 z 的值,所以反序列化后得到的 Point 对象中的成员变量 z 的值只会是该成员变量的缺省值。TestObjectStream 程序执行的结果如下所示:

```
序列化前: (1,2,3)
反序列化后: (1,2,0)
```

当观察 TestObjectStream 程序创建的文件 d:/Object.obj 时,我们会发现由一个 Point 对象序列化后得到的数据居然多达 60 多字节,而一个 Point 对象中实际包含的有效数据只有三个整型变量。那是因为使用 JDK 提供的序列化方式中,序列化后的数据中保存了很多其他元数据信息,比如对象的类型、对象中各个属性的类型等。JDK 中提供的序列化和反序列化并不是一种高效的序列化方式,有兴趣的读者可以了解下 Java 中其他的序列化方式。

在下面这个例子中,会采用序列化的方式,实现类似例 6-13 TestClone 中的对象克隆的操作,而且使用序列化方式会得到"深度复制"的对象。

例 6-15 TestDeepClone.java

```java
class Point implements Serializable {                          //实现序列化接口
    public int x;
    public int y;
    public Point(int x, int y) {
        this.x = x;
        this.y = y;
    }
    @Override
    public String toString() {
        return "Point [x=" + x + ", y=" + y + "]";
    }
}
```

```java
class Line implements Serializable {    //实现序列化接口，所有属性必须能被序列化
    public Point p1;
    public Point p2;
    public Line(Point p1, Point p2) {
        this.p1 = p1;
        this.p2 = p2;
    }
    @Override
    public String toString() {
        return "Line [p1=" + p1 + ", p2=" + p2 + "]";
    }
}

public class TestDeepClone {
    public static void main(String[] args) throws Exception{
        Point p1 = new Point(1,1);
        Point p2 = new Point(2,2);
        Line line = new Line(p1, p2);

        ByteArrayOutputStream baos = new ByteArrayOutputStream();
        ObjectOutputStream oos = new ObjectOutputStream(baos);
        oos.writeObject(line);   //将对象line序列化到baos流的字节数组中

        ByteArrayInputStream bais = new ByteArrayInputStream(baos.toByteArray());
        ObjectInputStream ois = new ObjectInputStream(bais);
        Line lineClone = (Line)ois.readObject();
                        //从 baos流的字节数组副本中，读取数据并反序列为对象

        p1.x = -1;
        System.out.println("line:" + line);
        System.out.println("lineClone:" + lineClone);
        System.out.println("line.p1 == lineClone.p1:" + (line.p1 == lineClone.p1));
    }
}
```

TestDeepClone 程序输出的结果如下所示：

```
line:Line [p1=Point [x=-1, y=1], p2=Point [x=2, y=2]]
lineClone:Line [p1=Point [x=1, y=1], p2=Point [x=2, y=2]]
line.p1 == lineClone.p1:false
```

从输出可以看到，使用对象序列化的方式，也能很好地实现对象的深度复制。需要强调的一点是：Line 类型的对象需要能被序列化，那它的属性 p1、p2 的类型 Point 也必须能被序列化。

所以实现对象克隆有以下两种方式：实现 Cloneable 接口并重写或使用 Object 类中的 clone()方法；实现 Serializable 接口，通过对象的序列化和反序列化实现克隆。

6.7 I/O 流重定向

系统中默认的标准输入设备是键盘，默认的标准输出设备是显示器，java.lang.System 类中定义了三个对应的系统标准流对象，分别如下。

- System.in：表示标准输入流，默认的输入数据源是键盘。
- System.out：表示标准正确输出流，默认的输出目的是显示器。
- System.err：表示标准错误输出流，默认的输出目的是显示器。

I/O 重定向是指将系统这个标准 I/O 流默认的输入数据源或输出目的地修改为其他设备（文件）。为了达到这个目的，java.lang.System 类提供了以下几个方法用来实现重定向的功能。

- public static void setIn(InputStream in)：重定向标准输入流。
- public static void setOut(PrintStream out)：重定向标准正确输出流。
- public static void setErr(PrintStream err)：重定向标准错误输出流。

例 6-16 TestIORedirect.java

```java
public class TestIORedirect {
    public static void main(String[] args) throws Exception{
        String str = "要输出的内容";
        PrintStream ps = new PrintStream("d:/out.txt");
        System.setOut(ps);            //重定向标准输出流
        System.out.println(str);
    }
}
```

执行上面的程序会发现，执行语句 "System.out.println(str)" 后，控制台并没有打印字符串 str 的内容。因为在使用 System.out 将字符串打印在标准输出流之前，已经通过语句 "System.setOut(ps)" 对这个流进行了重定向，重定向后输出的目的指向了磁盘文件 d:/out.txt，所以最后字符串的内容会写到这个磁盘文件中。

6.8 文 件 类

java.io.File 类表示文件系统中的抽象路径名，一个 File 类的对象表示文件系统下的一个文件（目录）的路径，通过 File 类中定义的一些方法可以完成磁盘文件（目录）的管理操作，例如创建、删除、移动等。

File 类提供了如下常用的构造方法。

- File(String path)：根据路径名称创建 File 对象。
- File(String parent, String child)：根据父路径名称 parent 和子路径名称 child 创建 File 对象。
- File 类常用的方法包括以下几个。

boolean exists()：判断该 File 对象表示的文件（目录）是否存在，存在返回 true，否则返回 false。

boolean createNewFile()：当该 File 对象表示的文件不存在，且用户拥有相应权限时，创建新的空白文件，并返回 true，否则返回 false。

boolean mkdir()：当该 File 对象表示的目录不存在，且用户拥有相应权限时，创建新的目录，并返回 true，否则返回 false。

boolean mkdirs()：在创建该 File 对象表示的目录同时，也创建必要的父级目录，即父级目录如果不存在，也一并创建。

isFile()：判断该 File 对象表示的是否为文件。

isDirectory()：判断该 File 对象表示的是否为目录。

boolean delete()：删除该 File 对象表示的文件或者目录，如果该 File 对象表示的是一个目录，则必须是空目录才能删除，删除成功返回 true，删除失败返回 false。

boolean renameTo(File dest)：将该 File 对象表示的文件或目录重命名为 dest 对象表示的路径。等同于"移动/剪切复制"文件或目录。需要注意的是，重命名操作可能无法将一个文件从一个文件系统移动到另一个文件系统（分区）。

String getPath()：获取该 File 对象表示的路径名称序列，可能是相对路径，也可能是绝对路径。

String getgetAbsolutePath()：获取该 File 对象表示的路径名称序列，得到的是绝对路径。

String getName()：获取该 File 对象的名称，名称是路径名称序列中的最后一个名称。

File[] listFiles()：返回一个 File 数组，数组中的元素表示该 File 对象表示的目录中的文件和子目录。

例 6-17　TestFile.java

```
public class TestFile {

  public static void main(String[] args) throws Exception {
      File dir1 = new File("d:/dir1");        //即使没有dir1，也能创建File对象
      if (!dir1.exists()) {
          dir1.mkdir();
      }
      File dir2 = new File(dir1, "dir2");
      if (!dir2.exists()) {
          dir2.mkdirs();                       //创建目录d:\dir1\dir2
      }
      File dir4 = new File(dir1, "dir3/dir4");
      if (!dir4.exists()) {
          dir4.mkdirs();                       //创建目录d:\dir1\dir3\dir4
      }
      File file = new File(dir2, "test.txt");
      if (!file.exists()) {
          file.createNewFile();                //创建文件d:\dir1\dir2\test.txt
      }
```

```java
            listDir(dir1);
    }

    public static void listDir(File dir) {
        File[] listFiles = dir.listFiles();
        //打印当前目录下所有子目录和文件的名称
        String info = "目录:" + dir.getName() + "( ";
        for (int i = 0; i < listFiles.length; i++) {
            info += listFiles[i].getName() + " ";
            if (listFiles[i].isDirectory()) {
                listDir(listFiles[i]);   //递归调用
            }
        }
        info += ")";
        System.out.println(info);
    }
}
```

TestFile 的输出结果如下：

```
目录:dir2( test.txt )
目录:dir4( )
目录:dir3( dir4 )
目录:dir1( dir2 dir3 )
```

表明在 D 盘下，创建了 dir1 目录，在 dir1 目录下创建了 dir2 和 dir3 目录，在 dir3 目录下创建了 dir4 目录，在 dir2 目录下创建了 test.txt 文件。

在 TestFile 中，可以看到，定义了一个静态方法 listDir(File dir)，这个方法可以采用递归的方式，显示参数 dir 目录下的所有内容。我们可以把通过 File 类对文件目录的常用操作封装在一个工具类下。在下面这个例子里，FileUtil 类封装了一些基本的操作。

例 6-18　FileUtil.java

```java
public class FileUtil {

    public static void main(String[] args) throws Exception{
        FileUtil.deleteDir("d:/dir1");
    }

    /**
     * 静态方法，创建目录
     * @param  path  - 路径名称字符串
     * @param ignoreIfExist - 当目录存在时，如果为true，则直接返回；如果为false，则
       先将原目录删除，再创建一个目录
     */
```

```java
public static void createDir(String path, boolean ignoreIfExist) {
    File dir = new File(path);
    if (dir.exists() && dir.isDirectory()) {
        if (ignoreIfExist) {
            return ;
        } else {
            deleteDir(path);
        }
    }
    dir.mkdirs();
}

/**
 * 静态方法，删除目录
 * @param path - 路径名称字符串
 */
public static void deleteDir(String path) {
    File dir = new File(path);
    if (!dir.exists() || !dir.isDirectory()) {
        return ;
    }
    File[] files = dir.listFiles();
    if (files != null) {
        for (File file : files) {
            if (file.isFile()) {
                file.delete();
            }
            if (file.isDirectory()) {
                deleteDir(file.getPath());
            }
        }
    }
    dir.delete();
}

/**
 * 静态方法，创建文件
 * @param path - 路径名称字符串
 * @param ignoreIfExist - 当文件存在时，如果为true，则直接返回；如果为false，
 *   则先将原文件删除，再创建一个空文件
 * @throws没有相关权限时，会抛出IOException
 */
public static void createFile(String path, boolean ignoreIfExist) throws IOException{
    File file = new File(path);
```

```java
            if(file.exists()&&file.isFile()) {
                if(ignoreIfExist) {
                    return ;
                } else {
                    file.delete();
                }
            }
            createDir(file.getParent(), true);
            file.createNewFile();
    }

    /**
     * 静态方法,删除文件
     * @param path - 路径名称字符串
     */
    public static void deleteFile(String path) {
        File file = new File(path);
        if(file.exists()&&file.isFile()) {
            file.delete();
        }
    }

    public static void copyDir(File src, File dest) throws IOException {
        if (src.isDirectory()) {
            if (!dest.exists()) {
                dest.mkdir();
            }
            String files[] = src.list();
            for (String file : files) {
                File srcFile = new File(src, file);
                File destFile = new File(dest, file);
                //递归复制
                copyDir(srcFile, destFile);
            }
        } else {
            InputStream in = new FileInputStream(src);
            OutputStream out = new FileOutputStream(dest);

            byte[] buffer = new byte[1024];

            int length;

            while ((length = in.read(buffer)) > 0) {
                out.write(buffer, 0, length);
            }
```

```
            in.close();
            out.close();
        }
    }
}
```

6.9 随机访问文件类

6.8 节学习的 File 类只是针对文件本身进行操作的,而如果要想对文件内容进行操作,除了可以使用前面学习的文件流之外,还可以使用 java.io.RandomAccessFile 类。

java.io.RandomAccessFile 随机访问文件类。这个类在 java.io 包中相对来说是一个比较独立的类,使用它可以读写文件,但是它并不继承 java.io.InputStream 等 I/O 包中的基础抽象类,而是直接实现 java.io.DataInput 和 java.io.DataOutput 接口,从而实现了数据读写的功能。

RandomAccessFile 的特点在于,使用它可以完成对磁盘文件的随机访问功能,或者说,在使用过程中可以任意移动读写指针,程序可以直接跳到文件中的任意位置来读写数据。

构造方法为 RandomAccessFile(String name, String mode)。

name 参数用以指定打开文件的路径,mode 参数用以指定打开文件的访问模式,"r"以只读方式打开,"rw"以可读可写方式打开。

读写文件使用的方法如下。

- 读取文件内容:read(), read(byte[] b), read(byte[] b, int off, int len), readByte(), readShort (),…, readUTF()。
- 写入文件内容:write(), write(byte[] b), write(byte[] b, int off, int len), writeByte(), writeShort(),…, writeUTF()。

其他常用方法如下。

- long getFilePointer():获得文件读写指针当前的位置(偏移量)。
- int skipBytes(int n):移动指针向文件末尾的方向移动 n 个字节,返回实际移动的字节数。
- void seek(long pos):移动指针到指定的位置,当偏移量 pos 的设置超出了文件末尾,对文件进行写入时,才会改变文件的长度。
- long length():获取文件的长度。
- void setLength(long len):设置文件的长度。

例 6-19 TestRandomAccessFile.java

```
public class TestRadomAccessFile {
    public static void main(String[] args) throws Exception{
        RandomAccessFile raf = new RandomAccessFile("D:/test.txt", "rw");
        System.out.println(raf.length());              //输出文件的长度
        raf.writeInt(1);                               //写入整型数据,4字节
```

```
        raf.writeUTF("abcd汉字");                          //写入字符串，字节数=2+4+6
        System.out.println(raf.getFilePointer());         //输出读写指针的位置
        raf.seek(0);                                      //将读写指针移动到文件开始处
        System.out.println(raf.readInt());                //读取4字节并转为整型
        System.out.println(raf.readUTF());                //读取字符串
        raf.seek(0);                                      //将读写指针移动到文件开始处
        raf.skipBytes(4);                                 //读写指针向后移动4字节，即跳过整型数据
        System.out.println(raf.readUTF());                //读取字符串
        raf.seek(99);                                     //将读写指针移动到99位置
        raf.write(0x61);                                  //写入字母a
        System.out.println(raf.length());                 //输出文件的长度
        raf.close();
    }
}
```

在上面 RandomAccessFile 使用的示例中，首先创建了磁盘文件 "D:/test.txt" 的 RandomAccessFile 对象，并且是以可读可写"rw"模式创建的；然后列举了 write()、read()、length()、seek() 等方法的使用。程序的输出结果如下所示：

```
0
16
1
abcd汉字
abcd汉字
100
```

第 1 行输出 0 是因为刚开始"D:/test.txt"文件是空的。第 2 行输出 16 是因为写入了一个整型 4 个字节，再加上"abcd汉字"的 12 字节，总共 16 字节，所以读写指针所在的位置是 16。第 3 行输出之前，将读写指针重新定位到 0，即文件开始位置了所以 3、4 两行输出的分别是前面写入的整型值和字符串。第 5 行输出之前，先将读写指针重新定位到了 0，然后向后移动了 4 字节，所以第 5 行输出的时候就跳过了文件头部 4 字节的整型，输出了字符串。在第 6 行输出之前，先把读写指针定位到 99 的位置，然后写入了一字节 a，所以此时，文件的长度为 100。

习 题 6

1. 简答题

（1）简述字节流与字符流的区别。

（2）什么是 Java 序列化，如何实现 Java 序列化？

2. 选择题

（1）FileOutputStream 类的父类是（　　）。

    A．File   B．FileOutput

C. OutputStream D. InputStream

（2）FileInputStream 类的父类是（　　）。

A. File B. FileInput

C. OutputStream D. InputStream

（3）以下哪个是所有字符输入流的父类？（　　）

A. java.io.InputStream B. java.io.OutputStream

C. java.io.Reader D. java.io.Writer

（4）当需要进行序列化对象操作时，以下哪种类型的流能提供比较便利的操作？（　　）

A. java.io.PrintWriter B. java.io.ObjectOutputStream

C. java.io.BufferedWriter D. java.io.FileOutputStream

（5）以下关于 java.io.File 类的描述中，正确的是（　　）。

A. 一个 File 对象只能代表一个特定文件

B. 一个 File 对象只能代表一个特定目录

C. 一个 File 对象既能代表一个特定文件，又能代表一个特定目录

D. 一个 File 对象代表的文件或目录在文件系统中必须是已经存在的

（6）当需要进行格式化输出时，以下哪种类型的流能提供比较便利的操作？（　　）

A. java.io.PrintWriter B. java.io.ObjectOutputStream

C. java.io.BufferedWriter D. java.io.FileOutputStream

3. 编程题

（1）编写程序 ReadTxtFile.java，读取一个文件。按模板要求，将【代码1】～【代码5】替换成相应的 Java 程序代码，使之能完成注释中的要求。注意：先创建文件 c:/test.txt，并输入内容。

```
【代码1】//导入java.io包下的所有类
public class ReadTxtFile {
   public static void main(String[] args) {
      try {
         FileReader fr =【代码2】         //创建文件c:/test.txt的字符输入流
         int c = 0;
         while ((c =【代码3】) != -1) {   //使用fr读取一个字符
            System.out.print((char) c);
         }
         【代码4】                        //关闭流对象fr
      } catch (FileNotFoundException e) {
         e.printStackTrace();
      } catch (IOException e) {
         【代码5】                        //打印异常栈跟踪信息
      }
   }
}
```

（2）编写程序 CopyAndTranscodingFile.java，完成复制文件并进行字符编码转码的功能。要求：将 GBK 编码的 txt 的文件 src.txt 复制到 UTF-8 编码的文件 dest.txt 中。

（3）编写程序 CopyFile.java，完成复制文件的功能，即读取一个文件 src 的内容，并将内容写到另一个文件 dest 中。

参考实现步骤：

① 创建源文件 src 的 FileInputStream 对象 fis。
② 创建目标文件的 dest 的 FileOutputStream 对象 fos。
③ 创建一个字节数组 buf 作为缓冲区。
④ 使用 fis 的 read(byte[] b)方法，将源文件中的内容读取到 buf 中。
⑤ 使用 fos 的 write(byte[] b, int off, int len)方法，将 buf 中的内容写入到目标文件。
⑥ 循环操作上面第④和第⑤步，直到读到文件末尾。
⑦ 关闭相关的流对象。

（4）执行程序 CopyFile.java，观察文件复制所需的时间。修改程序 CopyFile.java，使用缓冲流 BufferedInputStream 和 BufferedOutputStream 提高磁盘文件的读写效率。CopyFile 的源文件如下：

```java
import java.io.*;
import java.util.Date;
public class CopyFile {
    public static void main(String[] args) {
        try {
            FileInputStream src = new FileInputStream("c:/1.doc");
            FileOutputStream dest = new FileOutputStream("c:/2.doc");
            int b = 0;
            Date d1 = new Date();
            while((b = src.read()) != -1) {
                dest.write(b);
            }
            src.close();
            dest.close();
            Date d2 = new Date();
            long duration = d2.getTime()-d1.getTime();
            System.out.println("文件已成功复制，所花时间是：" + duration + "毫秒");
        } catch (FileNotFoundException e) {
            e.printStackTrace();
        } catch (IOException e) {
            e.printStackTrace();
        }
    }
}
```

（5）编写程序 TestSerialization.java，练习对象流的使用，完成对象的序列化与反序列化。需要先定义一个学生类 Student，定义其成员变量 age 和 name，定义其构造方法并重写 toString 方法。然后按模板要求，将【代码1】~【代码5】替换成相应的 Java 程序代码，使之能完成注释中的要求。

```java
import java.io.*;
public class TestSerialization {
    public static void main(String[] args) throws Exception{
        FileOutputStream fos = new FileOutputStream("C:/Object.obj");
        ObjectOutputStream oos =【代码1】        //由文件输出流fos创建对象输出流oos
        Student s1 =【代码2】                    //创建一个Student对象
        【代码3】                                //使用对象输出流oos写出对象s1
        oos.close();
        fos.close();
        FileInputStream fis = new FileInputStream("C:/Object.obj");
        ObjectInputStream ois =new ObjectInputStream(fis);
        Student s2 =【代码4】      //使用对象输入ois读入对象,并强制转换为Student类型
        System.out.println(s2);
        【代码5】                  //关闭输入流对象
    }
}
```

（6）编写程序 TestFile.java，练习文件目录的操作。然后按模板要求，将【代码1】~【代码10】替换成相应的 Java 程序代码，使之能完成注释中的要求。

```java
import java.io.*;
public class TestFile {
    public static void main(String[] args) {
        String path = "c:/dir1/file1.txt";
        File file =【代码1】         //根据字符串path创建File对象
        File dir =【代码2】          //使用getParentFile方法，获取file的父目录
        if (dir != null &&【代码3】) {
            //使用dir的exists方法判断dir表示的目录是否存在，如果不存在，则创建目录
            if(【代码4】) {
                //使用dir的mkdirs方法创建dir表示的目录，如果创建失败，则结束程序
            System.out.println("目录创建失败，程序结束运行");
            return;
            };
        }
        try {
            【代码5】 //使用file的createNewFile方法创建file表示的文件
            System.out.println("文件创建成功");
```

```java
    } catch (IOException e) {
        System.out.println("创建文件失败");
        e.printStackTrace();
        return;
    }

    try {
        FileWriter out =【代码6】
        //通过构造方法FileWriter(File file)，创建file的文件字符输入流
        out.write("abcdefxyijklmn");
        out.close();
        System.out.println("文件写入成功");
    } catch (IOException e) {
        System.out.println("文件写入失败");
        e.printStackTrace();
        return;
    }

    try {
        RandomAccessFile raf =【代码7】
        //通过构造方法RandomAccessFile(File file, String mode)，以可读可写
        //"rw"的方式创建file的随机访问文件对象
        【代码8】          //使用seek(long pos)方法，将raf的读写指针指向字符
                          //'x'，文件的pos是从0开始的

        【代码9】    //使用raf的write(byte[] b)方法，将字符串"gh"替换文件中的"xy"
        raf.close();
        System.out.println("文件修改成功");
    } catch (Exception e) {
        System.out.println("文件修改失败");
        e.printStackTrace();
        return;
    }

    try {
        FileReader in = new FileReader(file);
        BufferedReader br =【代码10】  //通过文件字符输入流in 创建缓冲字符输入流
        System.out.println(br.readLine());
        br.close();
        in.close();
        System.out.println("文件读取成功");
```

```
        } catch (Exception e) {
            System.out.println("文件读取失败");
            e.printStackTrace();
            return;
        }
        //选做部分：将c:/dir1 复制到 d:/dir1
        //选做部分：将c:/dir1 移动到 d:/dir2
    }
}
```

第 7 章　数据库访问技术

7.1　MySQL 数据库

MySQL 数据库是目前最流行的关系型数据库系统之一。该软件最初由瑞典 MySQL AB 公司开发，现已被 Oracle 公司收购，与 Java 同属于一个企业的产品。MySQL 数据库采用标准 SQL 语言，通用性强、性能高。同时 MySQL 软件采用了双授权政策，有社区版、商业版等。其中社区版属于开源软件，可以免费使用。由于 MySQL 数据库体积小、速度快、成本低，是 Java 数据库开发的最佳搭档，目前也成为中小型软件系统开发的首选。

7.1.1　MySQL 数据库的安装

1. 下载 MySQL

本书选用 MySQL 5.5.51（Windows 64 位）版本，主要由于 MySQL 5.5.51 版本更为轻巧，安装包大小仅为 41MB。MySQL 数据库下载地址为 http://cdn.mysql.com/Downloads/MySQL-5.5/mysql-5.5.51-winx64.msi。

2. Windows 下安装 MySQL

Windows MySQL 安装包下载之后，直接双击进行安装，弹出如图 7-1 所示的安装界面（Linux 下可以直接使用 yum install 命令远程安装）。

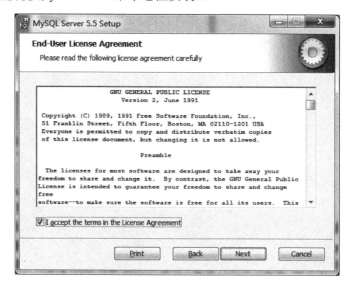

图 7-1　MySQL 安装界面

单击 Next 按钮进入下一步，选择安装模式，我们这里选择 Typical 类型，如图 7-2 所示。

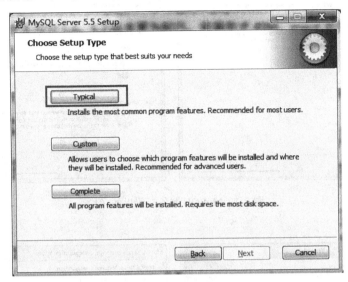

图 7-2　MySQL 安装模式选择

安装成功后界面如图 7-3 所示。

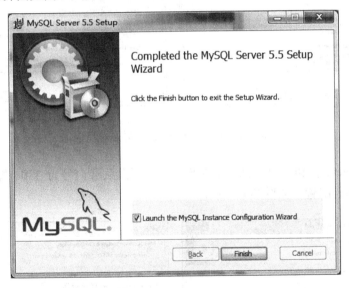

图 7-3　MySQL 安装成功

3. 配置 MySQL 数据库

为了更方便地使用 MySQL 数据库，我们在数据库启动之前对数据库做一些基本的配置：包括配置管理员账号、密码和数据连接编码类型等。双击运行 MySQL 安装目录下/bin 路径下的 MySQLInstanceConfig.exe 程序，弹出的配置界面如图 7-4 所示。

我们选择 Detailed Configuration，进行详细配置，然后单击 Next 按钮，如图 7-5 所示。

继续单击 Next 按钮进入下一步，选择 MySQL 的 InnoDB 表空间配置，如图 7-6 所示。

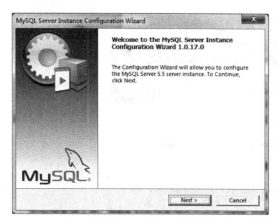
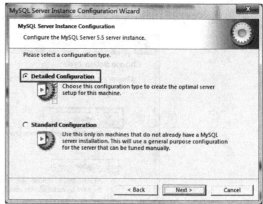

图 7-4 MySQL 服务配置界面（1）

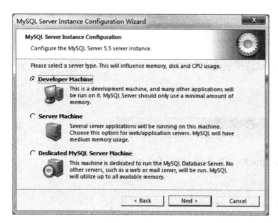
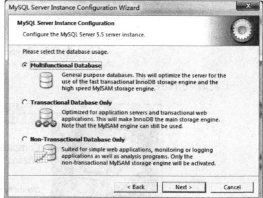

图 7-5 MySQL1 服务配置界面（2）

继续单击 Next 按钮，进入网络配置界面，采用默认端口号为 3306 即可。单击 Next 按钮进行字符编码配置，如图 7-7 所示。

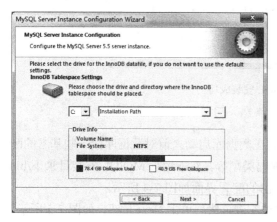
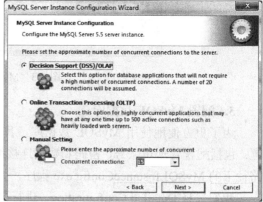

图 7-6 MySQL 服务配置界面（3）

注意：此时需要选择支持多种语言模式，然后在下拉框中选择 UTF-8 编码模式，这样数据库可以支持中文和其他非英文字符。

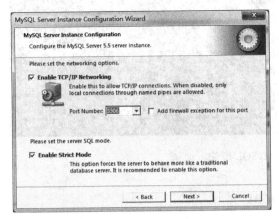
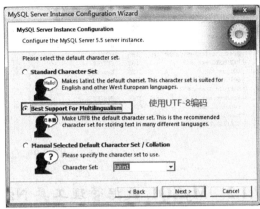

图 7-7 MySQL 网络配置界面和编码配置界面

单击 Next 按钮，如果需要将 MySQL 安装为系统服务，则在 Install as Windows Service 复选框中打勾后单击 Next 按钮。在最后的窗体中，单击 Execute 按钮以应用刚才的所有配置。最后配置成功的界面如图 7-8 所示。

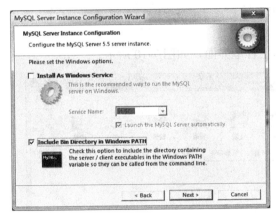
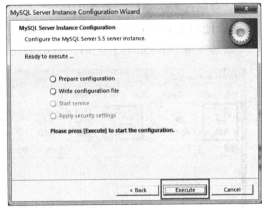

图 7-8 MySQL 服务配置完成

4. 启动 MySQL 数据库服务进程

在使用数据库之前，首先需要启动 MySQL 数据库服务进程。进入到 MySQL 安装目录中的/bin 目录，双击其中的 mysqld.exe 程序。mysqld.exe 是 MySQL 数据库服务后台守护程序。运行成功后出现一个一闪而过的 DOS 窗口。

为了检查 MySQL 服务进程启动是否成功，可以使用进程管理器查看。如果在进程栏发现有 mysqld.exe 进程，表示 MySQL 服务启动成功。同时，也可以使用 netstat –an 命令，查看 TCP 的 3306 端口。若该端口处于 LISTENING(侦听)状态，也表示 MySQL 服务器已启动。MySQL 服务进程启动成功的示意图如图 7-9 所示。

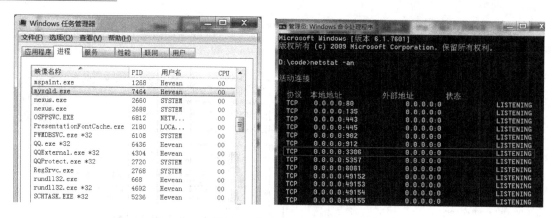

图 7-9　查看 MySQL 服务

7.1.2　MySQL 数据管理工具 Navicat

MySQL 服务器并不自带有图形化的数据库管理界面，只能通过 MySQL 命令行界面进行操作。为了更好地管理数据库和查看数据，我们选择 Navicat for MySQL 作为 MySQL 数据库的前端管理工具。MySQL 前端管理软件还有 MySQL front 以及 Oracle 开发的 MySQL Workbench 等。但是 Navicat 设计界面良好，操作简便，符合数据库管理员、开发人员的需求。Navicat 适用于大部分 MySQL 服务器，同时支持 MySQL 数据库的大部分功能，如触发器、存储过程、函数、事件、视图、管理用户等。

1. 使用 Navicat 登录 MySQL

安装完成 Navicat 软件之后，双击进入其主管理界面，如图 7-10 所示。

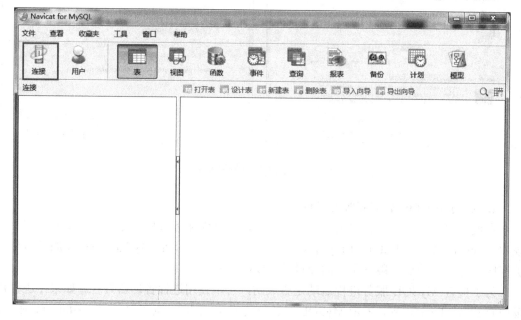

图 7-10　Navicat 管理界面

单击"连接"按钮连接到已经启动的 MySQL 服务器，按照图 7-11 所示输入数据库连接相关参数：主机名（或 IP 地址）、端口号、用户名和密码。单击"连接测试"按钮检查连接是否成功。最后单击"确定"按钮，将保存一个到 MySQL 数据库服务器的连接。

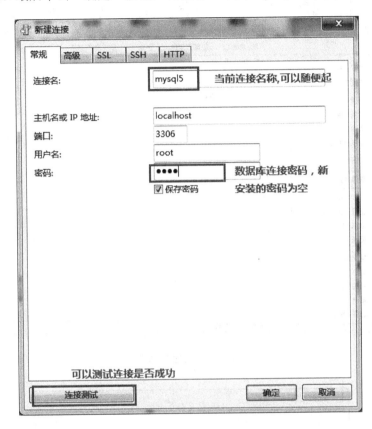

图 7-11　Navicat 连接 MySQL 服务器

2. 创建数据库和表格

操作数据库：连接成功后，右击保存的连接属性菜单，选择"新建数据库"，如图 7-12 所示。

创建一个名为 estore 的数据库，在数据库创建界面中选择字符集为 UTF-8（支持中文编码），单击"确定"按钮，数据库创建成功，如图 7-13 所示。

接下来在新建的 estore 数据库下新建一个数据表 tbl_product，如图 7-14 所示。

注意：在 tbl_product 中，我们使用自增 id 作为主键，每插入一个新记录时，主键 id 会自动增加插入。所以，在 id 的属性中需要选择"自动递增"和"无符号"选项，如图 7-15 所示。自增 id 的类型通常为 bigint 类型，对应于 Java 语言的 long 类型。

3. 修改数据库服务器密码

Navicat 还提供了 MySQL 数据库管理的其他功能。其中常用的修改数据库管理员密码的操作如下。

单击工具栏上的"用户"按钮，进入用户管理界面，如图 7-16 所示。

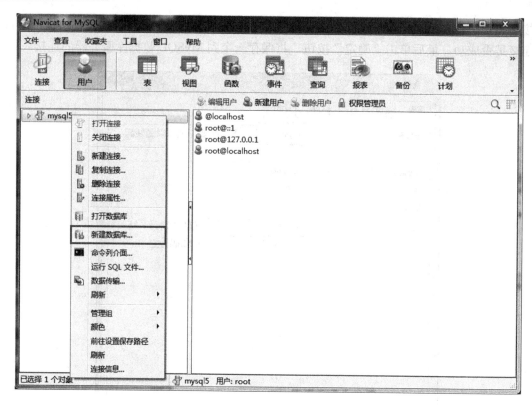

图 7-12 新建数据库

图 7-13 设置数据库属性

MySQL 默认的管理员账号为 root。双击 root@127.0.0.1 列表项，可以设置新的数据库连接密码，如图 7-17 所示。

图 7-14 新建数据表

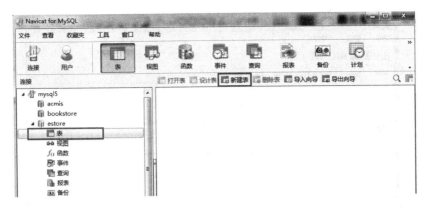

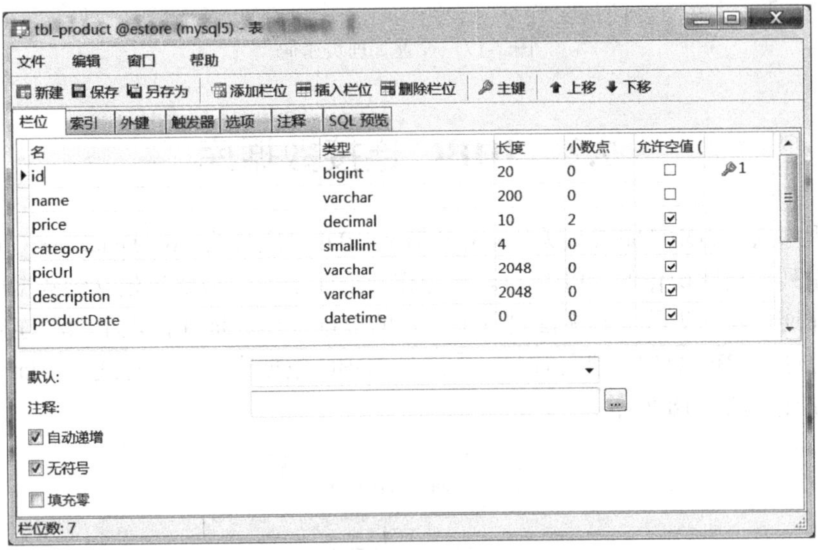

图 7-15 tbl_product 数据表字段属性设置

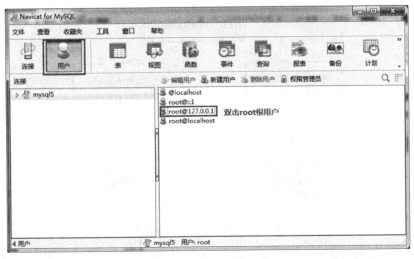

图 7-16 数据库用户管理

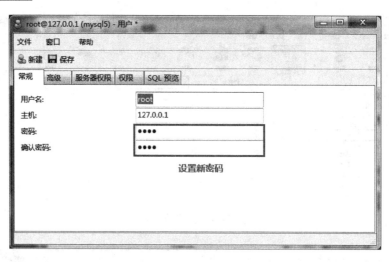

图 7-17　设置管理员密码

7.2　JDBC 连接数据库

Java 程序通过 JDBC 完成相关的数据库操作。JDBC 全称为 Java DataBase Connectivity，提供了一系列数据库操作的 API 接口。在操作数据库之前，需要先建立到数据库的连接。如果数据库连接建立失败，则无法进行下一步的数据操作。Java 提供了两种连接数据库的方式：①通过 ODBC 数据源进行连接；②通过 JDBC 数据库驱动进行连接。Java 连接数据库的具体原理如图 7-18 所示。

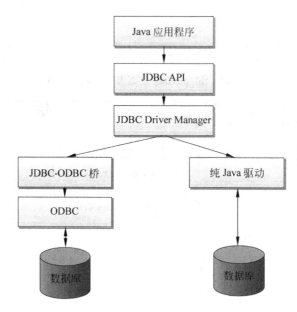

图 7-18　Java 连接数据库技术

第 1 种方式是基于微软的 ODBC（Open Database Connectivity，开放数据库连接）技

术。ODBC 是微软公司提出的用于异构数据库系统连接的一个框架，通过 ODBC 可以连接到不同类型的数据库系统，如 MySQL, Oracle, Access, SQL Server 等。但是由于 ODBC 需要配置 ODBC 数据源，同时性能较低，因此使用较少。本书主要讲解第②种方式：通过 JDBC 数据库驱动连接数据库。

第②种方式通过数据库驱动方式直接连接数据库。因此首先需要下载该数据库对应的驱动文件，通常是 JAR 包形式。通过数据库驱动连接分为两个步骤：①加载数据库 JDBC 连接驱动；②设置连接数据库所需相关参数，包括驱动名称、数据库 URL 路径、用户名和密码等。

下面的例子演示了如何通过数据库驱动建立到 MySQL 数据库的连接。

（1）在工程项目中添加连接 MySQL 数据库所需的 JAR 驱动包 mysql-connector-java-5.1.23-bin.jar（注意：不同数据库的连接驱动包不相同，需要在网上独立下载），具体操作如下：

① 进入工程的 Build Path 配置界面，进行 JAR 包的配置，如图 7-19 所示。

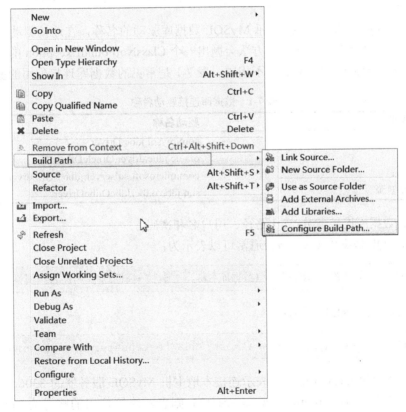

图 7-19　进入工程的 JAR 包配置界面

② 在 Libraries 选项卡中，添加外部的 JDBC 驱动 JAR 包，如图 7-20 所示。

（2）编写连接 MySQL 数据库的代码。

Java 语言中使用 Connection 对象表示数据库连接对象，其中 Connection 类在 java.sql.* 包中定义，因此需要先引入 java.sql.* 包。Java 连接 MySQL 的相关代码如下：

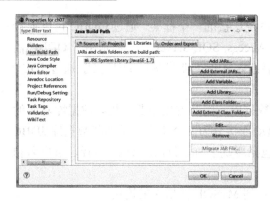 

图 7-20 选择添加 MySQL 数据库驱动连接包

① 使用 JDBC 连接数据库前需要先声明驱动名称，使用代码为：

```
Class.forName("com.mysql.jdbc.Driver");    //声明MySQL数据库驱动
```

其中 com.mysql.jdbc.Driver 表示 MySQL 数据库驱动的名称，在连接驱动的 JAR 包中定义。如果驱动名称书写错误，该方法会抛出一个 ClassNotFoundException 的异常。

另外，不同数据库的驱动名称不相同。表 7-1 是常见的数据库连接使用的驱动名。

表 7-1　数据库连接驱动名称

数据库类型	驱动名称
MySQL	com.mysql.jdbc.Driver
Oracle	oracle.jdbc.driver.OracleDriver
SQL Server	com.microsoft.sqlserver.jdbc.SQLServerDriver
ODBC 数据源	sun.jdbc.odbc.JdbcOdbcDriver

② 定义数据库连接参数：url 路径、用户名和密码。

连接 MySQL 数据库 URL 路径通常可以表示为：

```
jdbc:mysql://[主机名]:[端口号]/[数据库名称][?属性1=属性1][&属性名2=属性值2]。
```

例如：数据库 URL 路径为：

```
String url = "jdbc:mysql://localhost:3306/test?user=root&password=zsc123"
```

URL 路径中的 localhost:3306 表示连接本地主机 MySQL 服务器的 3306 端口号，test 表示数据库名称，?user=root&password=zsc123 则表示连接使用的账号为 root，密码为 zsc123。

③ 使用 DriverManager 的静态方法.getConnection 获取数据库连接对象，代码为：

```
con = DriverManager.getConnection(url);
```

在例 7-1 中，演示了获取 MySQL 数据库连接对象的方法。

例 7-1 ConnectionMySQL.java

```java
import java.sql.*;
public class ConnectMySQL {
    public static void main(String[] args) {
        Connection con = null;
        try {
            Class.forName("com.mysql.jdbc.Driver");
            String url = "jdbc:mysql:
                        //localhost/test?user=root&password=zsc123";
            con = DriverManager.getConnection(url);
            System.out.println("成功连接数据库");
        } catch (ClassNotFoundException e) {
            System.out.println("载入JDBC驱动类出错");
            e.printStackTrace();
        } catch (SQLException e) {
            System.out.println("创建数据库连接出错");
            e.printStackTrace();
        } finally {
            if (con != null) {
                try {
                    con.close();
                } catch (SQLException e) {
                    System.out.println("关闭数据库连接出错");
                    e.printStackTrace();
                    con = null;
                }
            }
        }
    }
}
```

代码说明：
- 采用 try{…} catch{…} finally{…}方式处理数据库连接操作中可能会出现的异常。其中主要的异常类型包括：① ClassNotFoundException 异常，在驱动加载出现错误时抛出；② SQLException 异常，在数据库连接参数设置错误时抛出。
- 注意：在 finally{…}代码块中，需要关闭数据库连接，释放资源，否则容易出现资源耗尽。另外，在使用 con.close()关闭连接时，也需要进行异常捕获。
- JDBC 获取到的连接对象为 Connection 对象，是执行其他数据库操作的基础。

7.3 数据库 CRUD 基本操作

数据库技术已经成为软件开发中的重要组成部分，用于数据存储、查询、维护等。常见数据操作可分为 CRUD 四种：添加（Create）、查询（Retrieve）、更新（Update）和删除

(Delete)。其中使用 JDBC 技术进行数据库的基本操作流程如下：①获取数据库 Connection 连接对象；②编写 SQL 语句；③使用 JDBC 的 API 接口执行 SQL 语句；④关闭数据库连接。

7.3.1 基于 Statement 的 CRUD 操作

前面我们节学习了如何获取数据库连接对象。接下来将学习用于执行 SQL 语句的另外两个对象：Statement 对象和 PreparedStatement 对象。Statement 对象和 PreparedStatement 对象通过 Connection 对象创建，提供了执行 SQL 语句的 API 接口。下面我们将从数据查询、添加、删除、修改等几个方面讲解 Statement 对象的基本用法。

1. 数据查询(Retrieve)

数据查询是数据库最常用的操作之一，使用 SQL 语言的 SELECT 关键词完成。查询语句基本形式如下：

```
SELECT 列名称 FROM 表名称 order by 字段名
```

例如：SELECT * FROM tbl_user; 表示查询 tbl_user 表所有记录。其中使用 JDBC 查询数据记录的完整流程如图 7-21 所示。

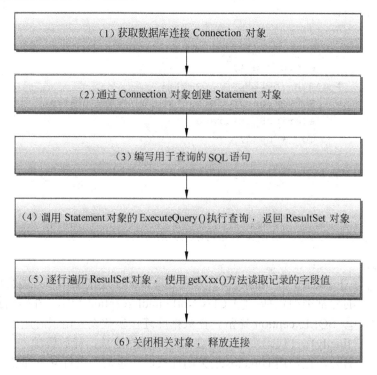

图 7-21 查询数据库记录的基本流程

往往数据库记录查询得到一个二维的结果集 ResultSet 对象。在 ResultSet 中如何读取每行字段的数据，需要注意以下两点。

（1）遍历 ResultSet：Statement 对象执行查询 SQL 语句时，得到的 ResultSet 对象类似一个二维数组，需要逐行进行遍历，读取每行中的字段值。ResultSet 中使用指针指向结果集中的每一行，通过 next()方法移动到下一行。例如返回结果集为 rs，则通过 rs.next()方法将当前指针移动到下一行记录，当 next()方法返回值为 null 时，表示结果集遍历结束。

注意：rs 刚开始返回指针指向第一行的前一行。如果要读取第一行记录，需要先执行 rs.next()，将指针移动到第一行。

（2）读取每行的字段值：JDBC 提供了 getXxx()的方法用于读取不同类型的字段值。例如，getString()读取当前行的字段并返回 String 类型；getInt()则返回 Int 类型。可以认为 getXxx()方法是一座从数据库字段类型到 Java 类型进行转换的桥梁。

注意：如果在 getXxx(int i)中传入整数参数，表示按照字段顺序进行读取，下标从 1 开始。例如 getLong(1)表示读取当期行的第 1 个字段值。

如果 getXxx(String name)参数为字符串，表示按字段名称读取。例如 getLong("userId") 表示读取字段名称为 userId 的字段值。

例 7-2 QueryData.java 演示了从数据库 zsc123 的 user 表中查询相关记录，并遍历查询数据表记录的过程。其中 user 表的结构如图 7-22 所示。

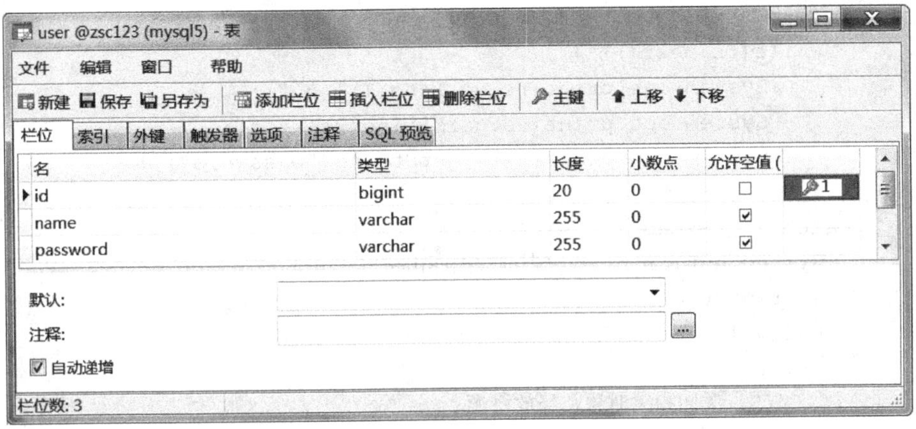

图 7-22　user 表基本结构

例 7-2　QueryData.java

```java
import java.sql.*;
public class QueryData {
    public static void main(String[] args) {
        //1.获取数据库连接
        Connection con = null;
        try {
            Class.forName("com.mysql.jdbc.Driver");
            String url = "jdbc:mysql:
                          //localhost/test?user=root&password=root";
            con = DriverManager.getConnection(url);
            System.out.println("成功连接数据库");
        } catch (ClassNotFoundException e) {
```

```java
            System.out.println("载入JDBC驱动类出错");
            e.printStackTrace();
            return;
        } catch (SQLException e) {
            System.out.println("创建数据库连接出错");
            e.printStackTrace();
            return;
        }
        Statement stmt = null;
        ResultSet rs = null;
        try {
            //2.编写SQL语句
            String sql = "select * from user";
            //3.创建statement对象
            stmt = con.createStatement();
            //4.执行SQL查询语句
            rs = stmt.executeQuery(sql);
            while(rs.next()) {
                System.out.print(rs.getLong(1)+ ",");
                System.out.print(rs.getString(2)+ ",");
                System.out.println(rs.getString("password"));
            }
        } catch (SQLException e) {
            System.out.println("查询数据库出错");
            e.printStackTrace();
        } finally {
            try {
                //5.关闭相关对象，释放资源
                rs.close();
                stmt.close();
                con.close();
            } catch (SQLException e) {
                System.out.println("关闭资源出错");
                e.printStackTrace();
                rs = null;
                stmt = null;
                con = null;
            }
        }
    }
}
```

代码说明：①con.createStatement() 用于创建 Statement 对象。②stmt.executeQuery(sql) 用于执行查询的 SQL 语句，返回 ResultSet 对象。③读取数据操作完成后，需要调用 rs.close();stmt.close();con.close();分别将 ResultSet，Statement 和数据库连接关闭，释放资源。

最后，程序执行结果为：

```
成功连接数据库
1,Jackson,pass123
2,root,root
3,admin,admin123
```

在基于面向对象的软件开发中，我们通常使用 Java 对象保存实体数据，而在数据中则使用记录来保存数据。因此，常常需要将读取到的记录转换为实体对象。此过程也被称为 ORM（对象关系映射）。在下面的例 7-3 中，首先定义 User 类，用于保存用户对象数据，然后将读取到的每一条记录都转为一个 User 对象，并将所有的 User 对象保存在一个集合中。

例 7-3　QueryDataToObject.java

```java
import java.sql.*;
import java.util.ArrayList;
import java.util.List;

class User {
    long userId;
    String userName;
    String password;
    public User(long userId, String userName, String password) {
        super();
        this.userId = userId;
        this.userName = userName;
        this.password = password;
    }
    //构造函数
    public User(String userName, String password) {
        super();
        this.userName = userName;
        this.password = password;
    }
    @Override
    public String toString() {
        return "User [userId=" + userId + ", userName=" + userName
                + ", password=" + password + "]";
    }
    //setter 和getter方法，此处省略...
}

public class QueryDataToObject {
    public static void main(String[] args) {
```

```java
        Connection con = null;
        try {
            Class.forName("com.mysql.jdbc.Driver");
            String url = "jdbc:mysql:
                        //localhost/test?user=root&password=root";
            con = DriverManager.getConnection(url);
            System.out.println("成功连接数据库");
        } catch (ClassNotFoundException e) {
            System.out.println("载入JDBC驱动类出错");
            e.printStackTrace();
            return;
        } catch (SQLException e) {
            System.out.println("创建数据库连接出错");
            e.printStackTrace();
            return;
        }
        Statement stmt = null;
        ResultSet rs = null;
        //创建一个ArrayList线性表,保存多个用户对象
        List<User> userList = new ArrayList<User>();
        try {
            String sql = "select * from user";
            stmt = con.createStatement();
            rs = stmt.executeQuery(sql);
            while(rs.next()) {
                long userId = rs.getLong("userId");
                String userName = rs.getString("userName");
                String password = rs.getString("password");
                User user = new User(userId, userName, password);
                //将当前user对象添加到userList中
                userList.add(user);
            }
        } catch (SQLException e) {
            System.out.println("查询数据库出错");
            e.printStackTrace();
        } finally {
            try {
                rs.close();
                stmt.close();
                con.close();
            } catch (SQLException e) {
                System.out.println("关闭资源出错");
                e.printStackTrace();
                rs = null;
                stmt = null;
```

```
                con = null;
            }
        }
        //遍历输出userList集合每个对象数据
        for(User user : userList) {
            System.out.println(user);
        }
    }
}
```

代码说明：例 7-3 QueryDataToObject.java 和例 7-2 QueryData.java 的区别在于，在读取到每个记录的字段值后，再使用构造函数来构造 User 对象，最后将对象添加到一个线性表 ArrayList 中。

例 7-3 QueryDataToObject.java 程序执行结果为：

```
成功连接数据库
User [userId=1, userName=Jackson, password=pass123]
User [userId=2, userName=root, password=root]
User [userId=3, userName=admin, password=admin123]
```

2. 添加记录(Create)

往数据库添加记录的 SQL 语句为：

```
INSERT INTO 表名称 VALUES (值1, 值2,....) 或者
INSERT INTO 表名称(字段1, 字段2,…) VALUES (值1, 值2,....)
```

在数据查询中，JDBC 使用 ExecuteQuery()方法执行 SQL 语句，而在添加记录以及其他修改数据的操作中，JDBC 提供另外一个方法 ExecuteUpdate(String sql)。该方法返回一个整数（int），表示受影响的行数。

例 7-4 InsertCollection.java 演示将一个对象集合数据添加到数据库中的操作，将一个包含有多个 User 对象的集合添加到了数据库中，其中 User 类参考例 7-3。

例 7-4 InsertCollection.java

```
public class InsertCollection {
    public static void main(String[] args) {
        List<User> userList = new ArrayList<User>();
        userList.add(new User("麻六","1234"));
        userList.add(new User("钱7","abcd"));
        //获取数据库连接
        Connection con = null;
        try {
            Class.forName("com.mysql.jdbc.Driver");
            String url = "jdbc:mysql:
                        //localhost/test?user=root&password=zsc123";
```

```java
            con = DriverManager.getConnection(url);
            System.out.println("成功连接数据库");
        } catch (ClassNotFoundException e) {
            System.out.println("载入JDBC驱动类出错");
            e.printStackTrace();
            return;
        } catch (SQLException e) {
            System.out.println("创建数据库连接出错");
            e.printStackTrace();
            return;
        }
        Statement stmt = null;
        try {
            stmt = con.createStatement();
            for(User user : userList) {
                //构造INSERT SQL插入语句
                String sql = "insert into user(userName, password) values
                ('" + user.getUserName() + "','" + user.getPassword() + "')";
                stmt.executeUpdate(sql);
            }
            System.out.println("对象列表已插入");
        } catch (SQLException e) {
            System.out.println("更新数据库出错");
            e.printStackTrace();
        } finally {
            try {
                stmt.close();
                con.close();
            } catch (SQLException e) {
                System.out.println("关闭资源出错");
                e.printStackTrace();
                stmt = null;
                con = null;
            }
        }
    }
}
```

代码说明：上述代码使用拼接方式生成 SQL 语句：

```
String sql = "insert into user(userName, password) values('" + user.
getUserName() + "','" + user.getPassword() + "')";
```

其中插入集合第一个对象对应的 SQL 语句为：

```
insert into user(userName, password) values ('麻六', '1234' )
```

代码中单引号'不能忽略,用于表示字符串数据。容易看出,使用拼接方式的 SQL 语句在变量过多时容易出错。

注意:INSERT 语句中没有明确插入 userId 的数值,因为该字段属性设置为自增字段,由数据库自动生成,无须手动指定。

程序执行结果如下:

```
成功连接数据库
对象列表已插入
```

使用 Navicat 查看新增加的记录,如图 7-23 所示。

userId	userName	password
1	Jackson	pass123
2	root	root
3	admin	admin123
5	麻六	1234
6	钱7	abcd

图 7-23 查看数据库新增记录

由于主键 id 是由数据库自动生成的,如果我们在插入数据记录的同时需要获取新增数据的主键 id 值,可以在 executeUpdate()方法中传入第 2 个参数,设置为 Statement.RETURN_GENERATED_KEYS。这样 executeUpdate()方法将会完成插入和主键 id 查询两个动作,接着再使用 getGeneratedKeys 即可获取新记录的主键 id。参考代码如下:

```
stmt.executeUpdate(sql, Statement.RETURN_GENERATED_KEYS);
//获得包含主键的ResultSet对象
ResultSet rs = stmt.getGeneratedKeys();
if(rs.next()) {
    System.out.println(rs.getInt(1));   //获取第1个字段的值即为主键id值
}
```

例 7-5 GetGeneratedKey.java 演示在插入新 User 对象同时获取插入记录的主键 id。

例 7-5 GetGeneratedKey.java

```
import java.sql.*;
public class GetGeneratedKey {
    public static void main(String[] args) throws Exception{
        //载入驱动类
        Class.forName("com.mysql.jdbc.Driver");
        System.out.println("成功载入驱动类");
        //创建连接
```

```
            String conStr = "jdbc:mysql:
                        //localhost/test?user=root&password=zsc123";
            Connection con = DriverManager.getConnection(conStr);
            System.out.println("成功创建连接");
            //创出Statement对象
            Statement stmt = con.createStatement();
            System.out.println(stmt.executeUpdate("insert into user(userName,
            password) values ('王五','789')", Statement.RETURN_GENERATED_KEYS));
            //获得包含主键的ResultSet对象
            ResultSet rs = stmt.getGeneratedKeys();
            if(rs.next()) {
                System.out.println(rs.getInt(1));
            }
        }
    }
```

代码说明：此处的 executeUpdate(String sql, int autoGeneratedKeys)方法包含两个参数。一个是要执行插入的 SQL，另外一个是 int 类型，表示要获取新增记录的主键 id。

程序执行结果为：

```
成功载入驱动类
成功创建连接
1
10
```

输出说明：上述输出中 1 表示 executeUpdate()执行返回受影响的记录数，表示成功插入一条记录。10 表示新增记录的主键 id 为 10。通过 Navicat 查看数据库记录，如图 7-24 所示，可以看出两者相符。

userId	userName	password
1	Jackson	pass123
2	root	root
3	admin	admin123
5	麻六	1234
6	钱7	abcd
▶10	王五	789

图 7-24 获取新增记录的主键 id

注意：此处新增记录 userId 值不是 7，而是 10。主要在于 user 表有一些记录被删除过，MySQL 将当前计数器值自动加 1 作为新记录的 id 值。

3. 更新记录(Update)

修改已经存在数据库的记录值，需要使用 UPDATE 关键词，基本格式如下：

```
UPDATE table_name SET column1=value1, column2=value2, … WHERE condition
```

JDBC 更新记录的方法与插入操作类似，同样是使用 executeUpdate()方法完成。例如，需要将 user 表 userName='王五'的 password 字段值修改为"abcd"。参考代码如例 7-6 UpdateData.java 所示。

例 7-6 UpdateData.java

```java
import java.sql.*;
public class UpdateData {
    public static void main(String[] args) {
        Connection con = null;
        try {
            Class.forName("com.mysql.jdbc.Driver");
            String url = "jdbc:mysql:" +
                            "//localhost/test?user=root&password=root";
            con = DriverManager.getConnection(url);
            System.out.println("成功连接数据库");
        } catch (ClassNotFoundException e) {
            System.out.println("载入JDBC驱动类出错");
            e.printStackTrace();
            return;
        } catch (SQLException e) {
            System.out.println("创建数据库连接出错");
            e.printStackTrace();
            return;
        }
        Statement stmt = null;
        try {
            String sql = "update user set password = 'abcd' where userName = '王五'";
            stmt = con.createStatement();
            int count = stmt.executeUpdate(sql);
            System.out.println("影响的记录条数是： " + count);
        } catch (SQLException e) {
            System.out.println("更新数据库出错");
            e.printStackTrace();
        } finally {
            try {
                stmt.close();
                con.close();
            } catch (SQLException e) {
                System.out.println("关闭资源出错");
                e.printStackTrace();
                stmt = null;
```

```
                con = null;
            }
        }
    }
}
```

代码说明：在编写 SQL 时，需要注意使用单引号来表示表达式中的字符变量，如 password = 'abcd'等。

程序执行结果如下：

```
成功连接数据库
影响的记录条数是：1
```

executeUpdate()的返回值为 1 表示 SQL 语句执行成功。此时数据库的记录如图 7-25 所示。

userId	userName	password
1	Jackson	pass123
2	root	root
3	admin	admin123
5	麻六	1234
6	钱7	abcd
10	王五	abcd

图 7-25 数据库更新操作

4. 删除记录（Delete）

删除数据库记录使用 SQL 语句的 DELETE 关键词，基本语法如下：

```
DELETE FROM table_name WHERE some_column=some_value;
```

JDBC 删除记录过程与插入、更新记录过程相似，都是通过 executeUpdate()方法完成的。例如，删除 user 表用户名='王五'的记录如例 7-7 DelData.java 所示。

例 7-7　DelData.java

```java
import java.sql.*;
public class DelData {
    public static void main(String[] args) {
        Connection con = null;
        …… //此处省略连接数据库的相关代码
        Statement stmt = null;
        try {
            String sql = "delete from user where userName = '王五'";
            stmt = con.createStatement();
            int count = stmt.executeUpdate(sql);
```

```
            System.out.println("影响的记录条数是: " + count);
        } catch (SQLException e) {
            System.out.println("更新数据库出错");
            e.printStackTrace();
        } finally {
            //此处省略关闭数据库连接的相关代码
        }
    }
}
```

代码说明：stmt.executeUpdate(sql);将返回删除操作影响的行数。如果删除操作失败，则返回 0。

程序执行结果如下：

```
成功连接数据库
影响的记录条数是：1
```

删除操作执行完成后 user 表如图 7-26 所示。

userId	userName	password
1	Jackson	pass123
2	root	root
3	admin	admin123
5	麻六	1234
6	钱7	abcd

图 7-26 数据库的删除操作

Statement 提供了简单易用的执行 SQL 语句的接口，但是 Statement 只适用于拼接形式的 SQL 语句，当参数较多时，SQL 编写比较繁琐。另外，Statement 中并没有对 SQL 语句中的参数的合法性做检查，容易引发 SQL 注入漏洞，安全性较差。在实际开发中建议使用更为安全的 PreparedStatement 对象。

7.3.2 更为安全的 PreparedStatement

在基于 Statement 的 CRUD 操作中，我们介绍了使用 Statement 来完成数据库 CRUD 操作，但是 Statement 只支持拼接方式的 SQL 语句。例如插入记录：

```
String sql = "insert into user(userName, password) values('" + user.
getUserName() + "','" + user.getPassword() + "')";
```

当 SQL 语句参数比较多时，语句的拼接将变得非常繁琐，容易出现语法错误。另外，Statement 执行的 SQL 操作也容易存在安全问题。

因此，JDBC 提供了预编译方式的 SQL 语句执行接口 PreparedStatement。

PreparedStatement 可以在不需获知具体参数值时对 SQL 语句进行预编译，并在 SQL 语句使用问号（？）表示要传入的参数。由于 PreparedStatement 提前对 SQL 语句预编译，执行速度比 Statement 更快，同时对传入参数合法性进行检查，因此也更为安全。

PreparedStatement 作为 Statement 的子类，也提供了 executeQuery、executeUpdate 等 API 接口。与 Statement 的区别在于在创建 PreparedStatement 对象时需要传入 SQL 语句作为参数，而在执行 executeQuery、executeUpdate 等方法时就不需要 SQL 语句。

PreparedStatement 的使用流程如下：

（1）创建 PreparedStatement 对象。

```
PreparedStatement ps = conn.prepareStatement(String sql);
```

其中 conn 数据库连接对象，参数 sql 为要执行的 SQL 语句。

（2）设置 SQL 语句中的问号（？）参数。

例如：使用 PreparedStatement 删除 userName='王五'的记录，参考代码如下：

```
String name = "王五";
String sql = "DELETE FROM user WHERE userName=?";
PreparedStatement ps = con.preparedStatement(sql);
                                            //创建PreparedStatement对象
ps.setString(1, name);                      //设置问号参数
int rs = ps.executeUpdate();
```

说明：上述代码的 SQL 语句使用问号（？）表示需要填充的参数。对应后面语句 ps.setString(1, name)进行问号（？）参数的传入，表示将变量 name 传入第 1 个问号参数。

注意：问号参数下标从 1 开始，而不是从 0 开始。

下面例子演示了如何使用 PreparedStatement 在数据库中查询 userName='钱7'的记录，其中 User 类的定义和之前相同。

例 7-8 TestPreparedStatement.java

```java
import java.sql.*;
import java.util.ArrayList;
import java.util.List;
public class TestPreparedStatement {
    public static void main(String[] args) throws Exception {
        Class.forName("com.mysql.jdbc.Driver");
        String url = "jdbc:mysql: //localhost/test?user=root&password=root";
        Connection con = DriverManager.getConnection(url);
        String name = "钱7";
        String sql = "select * from user where userName=?";
        PreparedStatement ps = con.prepareStatement(sql);
        ps.setString(1, name);
        ResultSet rs = ps.executeQuery();
```

```
        List<User> userList = new ArrayList<User>();
        while (rs.next()) {
            long userId = rs.getLong("userId");
            String userName = rs.getString("userName");
            String password = rs.getString("password");
            User user = new User(userId, userName, password);
            userList.add(user);
        }
        rs.close();
        ps.close();
        con.close();
        for (User user : userList) {
            System.out.println(user);
        }
    }
}
```

代码说明：为了节省空间，此程序没有捕获异常而是采用了抛出异常的形式进行编写。另外，与 Statement 查询的区别在于：查询 SQL 语句 select * from user where userName=? 时使用问号（?）代替要传入的参数，避免 SQL 拼接容易产生的语法错误，易读性强。

程序执行结果如下：

```
User [userId=6, userName=钱7, password=abcd]
```

扩展：如果需要实现根据用户姓氏来进行模糊查询，如何编写 SQL 语句？下面代码段是否正确？

```
String name="王";
String sql = "SELECT * FROM user WHERE username LIKE %?%";   //是否正确
PreparedStatement ps = con.prepareStatement(sql);
ps.setString(1, name );
```

答案：上面代码是错误的，SQL 语句需要编写为：

```
String sql = "select * from user where userName like ?";
```

而传入参数值的代码则为：

```
ps.setString(1, "%" + name + "%");
```

实践：修改上述代码，完成模糊查询功能，输出查询结果如下：

```
User [userId=6, userName=钱7, password=abcd]
User [userId=11, userName=钱明, password=qian!a@zz.cn]
User [userId=12, userName=钱东海, password=seas$@#]
```

7.4　JDBC 批量处理

当需要一次执行多个类似的数据库操作时，使用 JDBC 提供的批量操作（batch），将多条语句一次性提交给数据库批量处理，往往比单独多次提交更有效率。

JDBC 提供批量操作的 API 主要如下。
- addBatch(String sql)：添加需要批量操作的 SQL 语句。
- executeBatch()：执行批量操作语句。
- clearBatch()：清除缓存。

JDBC 执行批量操作的基本流程为：先将需要执行的 SQL 语句通过 addBatch()方法添加到批量操作，然后使用 executeBatch()一次性执行所有需要批量操作的 SQL 语句，最后使用 clearBatch()清除缓存。

下面程序演示了使用批量操作一次插入 200 条记录和逐个插入记录在性能上的区别。

例 7-9　TestBatch.java

```java
import java.sql.Connection;
import java.sql.DriverManager;
import java.sql.PreparedStatement;
import java.sql.SQLException;
import java.util.Date;
public class TestBatch {
    public static void main(String[] args) {
        int size = 200;
        String[] names = new String[size];
        String[] passwords = new String[size];
        for(int i=0; i<size; i++) {
            names[i] = "name" + i;
            passwords[i] = "password" + i;
        }
        Connection con = null;
        try {
            Class.forName("com.mysql.jdbc.Driver");
            String url = "jdbc:mysql:
                            //localhost/test?rewriteBatchedStatements=
                            //true&user=root&password=root";
            con = DriverManager.getConnection(url);
            System.out.println("成功连接数据库");
        } catch (ClassNotFoundException e) {
            System.out.println("载入JDBC驱动类出错");
            e.printStackTrace();
            return;
        } catch (SQLException e) {
```

```java
            System.out.println("创建数据库连接出错");
            e.printStackTrace();
            return;
        }
        String sql = "insert into user(userName, password) values(?,?)";
        PreparedStatement ps = null;
        try {
            ps = con.prepareStatement(sql);
            //用于计算时间差
            Date d1 = new Date();
            for(int i=0; i<size; i++) {
                ps.setString(1, names[i]);
                ps.setString(2, passwords[i]);
                //逐个执行SQL语句
                ps.executeUpdate();
            }
            Date d2 = new Date();
            System.out.println("对象列表已插入，非批处理方式耗时: " + (d2.getTime()-d1.getTime()));
            Date d3 = new Date();
            //使用批处理执行插入操作
            for(int i=0; i<size; i++) {
                ps.setString(1, names[i]);
                ps.setString(2, passwords[i]);
                //将要执行的SQL语句添加到批处理队列
                ps.addBatch();
            }
            //批量执行SQL语句
            ps.executeBatch();
            Date d4 = new Date();
            System.out.println("对象列表已插入，批处理方式耗时: " + (d4.getTime()-d3.getTime()));
        } catch (SQLException e) {
            System.out.println("更新数据库出错");
            e.printStackTrace();
        } finally {
            try {
                ps.close();
                con.close();
            } catch (SQLException e) {
                System.out.println("关闭资源出错");
                e.printStackTrace();
                ps = null;
```

```
                con = null;
            }
        }
    }
}
```

代码说明:上述代码首先使用逐个执行 SQL 语句的方式来完成 200 条记录的插入操作,并记录所用时间;接着使用批处理的方式来执行插入操作,以比较两者的性能区别。

需要注意的是,对于数据库 MySQL 的批量操作,在创建数据库连接时,需要设置以下参数:

```
rewriteBatchedStatements=true
```

例 7-9 TestBatch.java 程序执行结果如下:

```
成功连接数据库
对象列表已插入,非批处理方式耗时: 510
对象列表已插入,批处理方式耗时: 11
```

7.5 多表关联的数据库操作

软件开发往往涉及多个数据表,在本节中将介绍关于多表关联的数据操作。数据表可看成是现实世界实体对象到计算机虚拟数据存储之间的映射。实体关系通常分为:一对多、一对一、多对多三种形式。其中一对多和一对一通过外键可以两者关联。多对多则需要引入第 3 个中间表来表示。下面以部门和雇员之间的操作演示多表关联的 CRUD 等操作。

场景分析:某公司分为若干个部门,每个部门下面有若干个雇员。每个雇员只能属于一个部门。因此,可以得到部门和雇员之间的关系为一对多关系。部门对象使用 Department 类表示,属性包括 id 和部门名称 name。雇员对象使用 Eployee 类表示,属性包括 id 和雇员姓名以及所属部门对象,两者关联如图 7-27 所示。

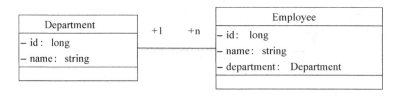

图 7-27 Department 和 Employee 对象关联图

各自对应的 Java 类如下所示。

Department 类:

```
public class Department {
    private long id;
    private String name;
```

```
    //省略相应的setter和getter方法
    public String toString() {
        return "Department [id=" + id + ", name=" + name + "]";
    }
}
```

Employee 类:

```
public class Employee {
    private long id;
    private String name;                    //姓名
    private Department department;          //所属部门
//省略相应的setter和getter方法
    public String toString() {
        return "Employee [id=" + id + ", name=" + name + ", department="
            + department + "]";
    }
}
```

Department 和 Employee 对应的数据表结构如图 7-28 和图 7-29 所示。

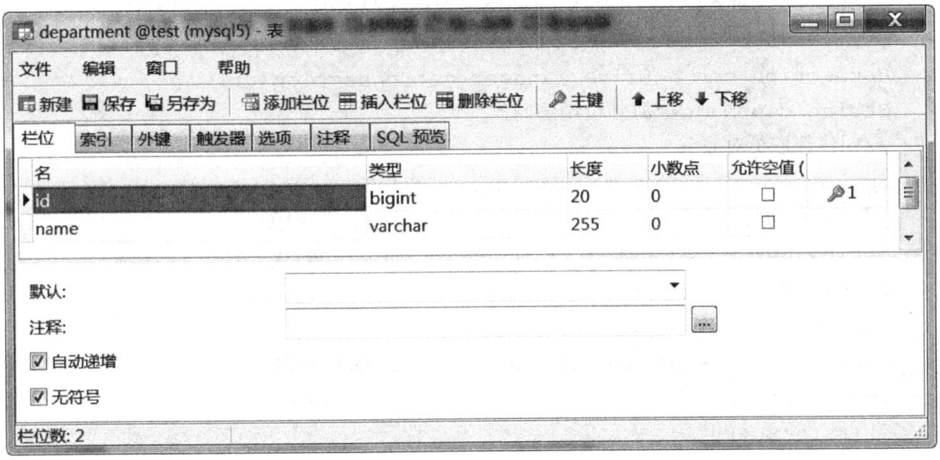

图 7-28 department 表设计

其中 employee 表的 departmentId 作为外键关联到 department 的主键 id。

添加雇员过程：新增雇员时先查看该新雇员所属于的部门是否存在，如果存在，则直接插入一条新雇员记录；如果不存在，则先添加新部门，再插入新雇员记录（该过程与实际不一定相符，仅做演示使用）。具体流程如下：

（1）检查雇员所属部门是否存在。
（2）如果所属部门不存在，则先添加一个新部门，并获得新部门主键 id。
（3）如果所属部门已经存在，则获得所属部门主键 id。
（4）根据部门主键 id 将新雇员信息插入 employee 表。

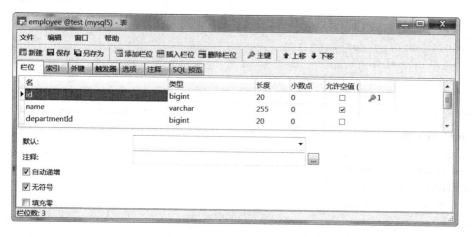

图 7-29　employee 表设计

例 7-10　OperateTables.java

```java
import java.sql.*;

public class OperateTables {
    public static void main(String[] args) throws Exception{
        Class.forName("com.mysql.jdbc.Driver");
        String url = "jdbc:mysql: //localhost/test?user=root&password=root";
        Connection con = DriverManager.getConnection(url);
        String deptName="海外市场部";
        //创建新雇员对象
        Employee employee = new Employee("李松明", new Department(deptName));
        //1.查询部门是否存在
        String sql = "select * from department where name=?";
        PreparedStatement ps = con.prepareStatement(sql);
        ps.setString(1,deptName);
        ResultSet rs = ps.executeQuery();    //执行查询
        long deptId;                          //部门主键id
        if(rs.next()) {
            //2.部门已经存在
            System.out.println("部门:"+ deptName+"已经存在.");
            deptId = rs.getLong("id");        //获取部门主键id
        } else {
            //3.部门不存在
            System.out.println("部门:"+deptName+"不存在.");
            //插入新部门记录
            sql = "insert into department(name) values(?)";
            //插入记录的同时需要获取该记录的主键id
            ps = con.prepareStatement(sql, Statement.RETURN_GENERATED_KEYS);
            ps.setString(1, deptName);
            ps.executeUpdate();
```

```
            //获取新部门的id
            rs = ps.getGeneratedKeys();
            rs.next();
            deptId = rs.getInt(1);
        }
        employee.getDepartment().setId(deptId);
        //4.插入雇员数据
        sql = "insert into employee(departmentId, name) values(?,?)";
        ps = con.prepareStatement(sql, Statement.RETURN_GENERATED_KEYS);
        ps.setLong(1, employee.getDepartment().getId());
        ps.setString(2, employee.getName());
        ps.executeUpdate();
        rs = ps.getGeneratedKeys();              //获取新雇员的主键id
        rs.next();
        long employeeId = rs.getInt(1);
        employee.setId(employeeId);
        System.out.println("雇员数据插入成功.");
        System.out.println(employee.getDepartment());
        System.out.println(employee);
        rs.close();
        ps.close();
        con.close();
    }
}
```

代码说明：上述代码设计到 department 表和 employee 表的关联操作，关键在于插入部门记录时需要获取新部门的主键 id，然后再根据该 id 完成雇员记录的插入操作。与单表操作不同的是，多表操作往往需要考虑到各个表格之间操作的关联顺序。常见的网上商店中的订单的生成也是一个多表操作的例子，大家结合现实可以加深体会下。

程序执行结果如下：

```
部门:海外市场部不存在.
雇员数据插入成功.
Department [id=5, name=海外市场部]
Employee [id=1, name=李松明, department=Department [id=5, name=海外市场部]]
```

拓展练习：尝试对上面例子进行扩展，编写代码实现以下功能：①打印某个部门所有的雇员信息；②将雇员从一个部门调动到另一个部门；③从部门删除指定雇员。

7.6 JDBC 事务控制

事务（Transaction）是数据库中重要的概念之一，一个事务往往包含多条 SQL 语句。前面章节介绍新增雇员的过程固然也含有多条 SQL 语句，但是每条 SQL 语句单独执行，彼此执行的结果没有任何关联。在数据库事务中，多个 SQL 语句作为一个单独的操作来完成，要么全部都执行，要么全部都不执行。

使用事务处理可以确保多个数据库操作都成功执行，否则不会更新数据资源。一个典型用于说明事务的例子如下：当从银行账户 A 转 1000 元到账户 B 上。此操作需要包含两个 SQL 语句：①更新 A 的数据表，将总金额减少 1000 元；②更新 B 的数据表，将总金额增加 1000 元。如果这两个操作只有一个执行成功，另一个失败的话，则会造成数据不一致问题。此时，需要使用事务操作，确保两个 SQL 都执行成功，或者都不执行。

数据库事务可以看做定义了一个执行区域，这个区域包含多个 SQL 操作，区域中的操作要不全部完成，要不都不完成。事务通常具有以下 4 个特性：原子性（Atomicity）、一致性（Consistency）、隔离性（Isolation）和持久性（Durability），简称为 ACID。

在 JDBC 中，处理事务的方式默认是自动提交，也就是每个 SQL 语句单独执行。如果要将多个 SQL 语句划入一个事务，需要先使用 setAutoCommit(false)禁止 JDBC 的自动提交属性。然后再使用 commit()方法提交事务，参考代码如下所示：

```
con.setAutoCommit(false);   //禁止事务自动提交
//将sql1语句添加到事务中，但此时不会执行
ps.executeUpdate(sql1);
//将sql2语句添加到事务中，但此时不会执行
ps.executeUpdate(sql2);
con.commit();               //提交事务，执行sql1, sql2两条语句
```

当事务中的 SQL 操作执行出现异常时，则需要使用 rollback()方法撤销部分已经执行的 SQL 操作，称为事务回滚。通过回滚，使操作还原到初始状态。

下面例子演示了添加多个用户的事务操作过程。在 TestTransaction 代码中，我们插入两个主键 id 都为 1 的新用户，将会发生数据库操作错误，导致事务执行失败，产生事务回滚。

例 7-11 TestTransaction.java

```java
import java.sql.*;
import java.util.Date;
public class TestTransaction {
    public static void main(String[] args) {
    Connection con = null;
    try {
        Class.forName("com.mysql.jdbc.Driver");
        String url = "jdbc:mysql://localhost/test? user=root&password=root";
        con = DriverManager.getConnection(url);
        System.out.println("成功连接数据库");
    } catch (ClassNotFoundException e) {
        System.out.println("载入JDBC驱动类出错");
        e.printStackTrace();
        return;
```

```java
    } catch (SQLException e) {
        System.out.println("创建数据库连接出错");
        e.printStackTrace();
        return;
    }
    String sql = "insert into user(userId, userName, password) values (?,?,?)";
    PreparedStatement ps = null;

    try {
        ps = con.prepareStatement(sql);
        //启动事务
        con.setAutoCommit(false);
        ps.setInt(1, 1);
        ps.setString(2, "张三");
        ps.setString(3, "abcd");
        ps.executeUpdate();
        ps.setInt(1, 1);
        ps.setString(2, "李四");
        ps.setString(3, "1234");
        ps.executeUpdate();
        //提交事务
        con.commit();
        System.out.println("事务操作成功,插入两条新记录");
    } catch (SQLException e) {
        System.out.println("更新数据库出错，事务回滚");
        e.printStackTrace();
        try {
            con.rollback();
        } catch (SQLException e1) {
            e1.printStackTrace();
            System.out.println("事务回滚失败");
        }
    } finally {
        try {
            ps.close();
            con.close();
        } catch (SQLException e) {
            System.out.println("关闭资源出错");
            e.printStackTrace();
            ps = null;
            con = null;
        }
    }
```

```
        }
}
```

代码说明：注意代码中对于异常的处理和事务回滚的实现。

程序执行结果如下：

```
成功连接数据库
更新数据库出错，事务回滚
com.mysql.jdbc.exceptions.jdbc4.MySQLIntegrityConstraintViolationExceptio
n: Duplicate entry '1' for key 'PRIMARY'
    at sun.reflect.NativeConstructorAccessorImpl.newInstance0(Native Method)….
```

结果说明：由于插入的两个用户对象的 id 相同，会由 duplicate entry '1' for key 违反数据库约束引发异常，因此造成事务回滚，导致所有的 SQL 执行失败。

思考：如果此时不使用事务操作，将会有什么样的结果？

7.7 数据库连接池技术

在前面章节中，数据库连接由每个 Java 程序单独管理。JDBC 操作数据库之前需要先建立连接，操作完成后需要关闭连接。但是在面对企业级大量并发数据库操作时，频繁创建连接和关闭连接会消耗大量的系统资源。使用数据库连接池来管理数据库连接可以解决这一问题。

数据库连接池，顾名思义，就是放置了一定数量建立好数据库连接的池子。实际上可以是一个队列或者线性表。使用数据库连接池有以下优点：

（1）重用数据库连接，避免了频繁创建、释放连接引起的大量性能开销。

（2）提高系统性能和速度。数据库连接池会提前进行初始化，需要时直接从池中取得，使用完成后直接放回连接池。

（3）通过管理连接池连接，避免某个应用独占数据库资源。

（4）统一对连接进行管理，强制回收被占用连接，避免资源泄露。

因为目前有很多较为成熟的 Java 数据库连接池开源组件，如 C3P0、DBCP、Tomcat Jdbc Pool、Druid 等，我们直接使用即可。本书主要介绍 C3P0 连接池的使用，原因主要在于 C3P0 使用简单，受到 Hibernate、Spring 等框架的广泛支持，是一个开源的 JDBC 连接池，适用于中小型软件开发。另外，阿里开源的 Druid 也是一个非常优秀的数据库连接池组件，有兴趣的读者可以自行了解。

1. C3P0 使用基本流程

C3P0 的连接池对象为 ComboPooledDataSource 类型，使用下面语句创建一个名称为 myApp 的连接池。

```
ComboPooledDataSource cpds =new ComboPooledDataSource("myApp");
```

ComboPooledDataSource 提供了 setDriverClass、setJdbcUrl 等方法设置连接池的相关属性。C3P0 连接池创建成功后,使用 getConnection()方法可以获取一个数据库连接 Connection 对象,如下所示:

```
Connection con = cpds.getConnection();
```

在项目中使用 C3P0 连接池主要包括两个步骤:①将 C3P0 的库文件 c3p0-0.9.2.1.jar 和 mchange-commons-java-0.2.3.4.jar 加入到工程项目中(具体步骤参考 MySQL 驱动包添加);②配置 C3P0 连接池相关参数。

下面代码演示了如何创建一个 C3P0 数据库连接池,并设置相关参数,接着从连接池中取得一个数据库连接 Connection 对象,休眠 2 秒后,释放该连接回归连接池。

例 7-12 TestC3P0.java

```java
import java.beans.PropertyVetoException;
import java.sql.*;
import com.mchange.v2.c3p0.ComboPooledDataSource;
import com.mchange.v2.c3p0.DataSources;
import javax.sql.DataSource;
public class TestC3P0 {
    public static void main(String[] args) throws InterruptedException {
        ComboPooledDataSource cpds = null;
        try {
            cpds = new ComboPooledDataSource("myApp");
            cpds.setDriverClass("com.mysql.jdbc.Driver");
            cpds.setJdbcUrl("jdbc:mysql:   //localhost/test");
            cpds.setUser("root");
            cpds.setPassword("root");
            System.out.println("C3P0连接池初始化成功!");
                                              //从连接池中获取数据库连接
            Connection con = cpds.getConnection();
            System.out.println("成功从C3P0连接池中获取数据库连接对象!");
            Thread.sleep(2000);               //休眠2秒
                                              //释放连接回连接池
            con.close();
            System.out.println("释放连接,回归连接池!");
            cpds.close();                     //关闭连接池
        } catch (PropertyVetoException e) {
            e.printStackTrace();
        } catch (SQLException e) {
            e.printStackTrace();
        }
    }
}
```

代码说明:代码使用了 C3P0 默认参数来设置连接池中连接数量。另外要注意,con.close()

并不是真正关闭数据库连接,而是将连接重新放回连接池,以便其他应用继续使用。
程序执行结果如下:

```
C3P0连接池初始化成功!
二月 10, 2018 11:50:38 下午 com.mchange.v2.c3p0.impl.
AbstractPoolBackedDataSource getPoolManager
信息: Initializing c3p0 pool... com.mchange.v2.c3p0.ComboPooledDataSource....]
成功从C3P0连接池中获取数据库连接对象!
释放连接,回归连接池!
```

2. 使用属性文件配置 C3P0 参数

在代码中直接设置 C3P0 的属性,维护起来比较麻烦,需要直接修改代码。更为方便的做法是使用属性文件来设定连接池参数。属性文件扩展名通常为.properties。属性文件通过每行设定一个属性值,格式如下:

```
属性名称=属性值
```

在 C3P0 中使用属性文件进行配置可以分为下面两种方法。

方法 1:使用自己解析属性文件。

将属性文件放置工程的根目录下,属性文件名可以任意确定,如图 7-30 所示。

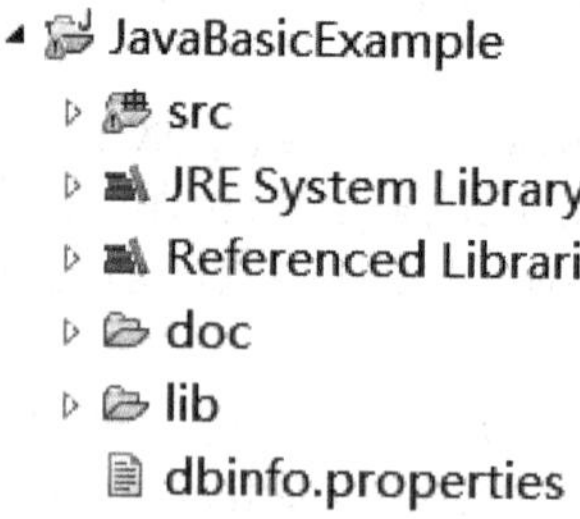

```
▲ JavaBasicExample
  ▷ ⚛ src
  ▷ ▨ JRE System Library [JavaSE-1.8]
  ▷ ▨ Referenced Libraries
  ▷ ▱ doc
  ▷ ▱ lib
    ▤ dbinfo.properties
```

图 7-30 属性文件的路径

例如,属性文件名为 dbinfo.properties,属性文件内容如下:

```
url=jdbc:mysql:               //127.0.0.1:3306/test
user=root
password=root
driver=com.mysql.jdbc.Driver
```

在代码中使用下面代码读取属性文件的内容,并进行连接池属性设置。

```
ComboPooledDataSource cpds = null;
cpds = new ComboPooledDataSource("myApp");
Properties pro = new Properties();
FileInputStream fis = new FileInputStream("dbinfo.properties");
//加载属性文件
```

```
pro.load(fis);
fis.close();
//设置相关属性
cpds.setDriverClass(pro.getProperty("driver"));
cpds.setJdbcUrl(pro.getProperty("url"));
cpds.setUser(pro.getProperty("user"));
cpds.setPassword(pro.getProperty("password"));
```

代码说明：上述代码使用 Properties 对象来保存属性文件的属性数据，通过 pro.getProperty(String proName)方法读取属性名为 proName 的值。

方法 2：使用 C3P0 默认的属性文件。

C3P0 提供了一种更为简单的属性配置方法，即使用 C3P0 的默认配置文件。首先需要在类目录（/src）下创建 c3p0.properties 文件，文件内容如下：

```
c3p0.jdbcUrl=jdbc:mysql://127.0.0.1:3306/test
c3p0.user=root
c3p0.password=root
c3p0.driverClass=com.mysql.jdbc.Driver
```

注意：上述 c3p0.properties 属性文件名不能修改为其他名称。属性名称也要完全一致。

下面的示例演示了使用 C3P0 默认配置文件完成属性设置。

例 7-13　TestProperties.java

```
import java.beans.PropertyVetoException;
import java.io.FileInputStream;
import java.sql.*;
import java.util.Properties;
import com.mchange.v2.c3p0.ComboPooledDataSource;

public class TestProperties {
    public static void main(String[] args) throws Exception {
        ComboPooledDataSource cpds = null;
        cpds = new ComboPooledDataSource("myApp");
        System.out.println("C3P0连接池初始化成功！");
        Connection con = cpds.getConnection();
        System.out.println("从C3P0连接池中获取数据库连接对象!");
        Thread.sleep(2000);
        con.close();
        System.out.println("释放连接，回归连接池!");
        cpds.close();
        System.out.println("关闭数据库连接池!");
    }
}
```

7.8 Apache DbUtils 工具包

7.8.1 DbUtils 简介

DbUtils 是 Apache 组织下一个开源微型 JDBC 封装类库，用于减少数据库操作编码的重复性代码，简化代码编写。与其他数据库框架相比，Dbutils 是一个非常轻量的数据库操作组件，只需导入一个 JAR 文件即可。DbUtils 具有以下优点：①不存在资源泄露；②提供了一个简单、干净的持久层代码编写工具；③能够自动将 ResultSet 结果集转换为 JavaBean 对象。由于 DbUtils 的简单、高效等特性，可以在几乎不影响性能的情况下极大地减少 JDBC 的编码工作。

DbUtils 的安装：

从 http://commons.apache.org/proper/commons-dbutils/download_dbutils.cgi 页面下载 DbUtils 的 commons-dbutils-1.6-bin.zip 压缩文件，解压得到 commons-dbutils-1.6.jar 文件，将该文件添加到工程的库文件路径，即可使用 DbUtils 提供的 API 接口。

7.8.2 DbUtils 的数据 CRUD 操作

1. 基于 DbUtils 的数据库添加、删除和更新操作

与 JDBC 类似，DbUtils 操作数据库时也需要经过获取数据库连接、执行 SQL 操作和释放连接三个阶段。JDBC 主要通过 Statement 或者 PreparedStatement 来执行 SQL 语句，DbUtils 则只通过 QueryRunner 类来完成数据库的 CRUD 所有操作。

下面首先介绍基于 DbUtils 的数据库添加、删除和更新等操作，这些操作的共同点是使数据库记录发生变化。DbUtils 的 QueryRunner 类提供 update() 方法可以完成上述操作，功能相当于之前的 executeUpadte() 方法。update() 方法主要有以下几种形式。

- public int update(Connection conn, String sql)：用于执行不带参数的 SQL 语句。conn 为数据库连接，sql 为执行的 SQL 语句。
- update(Connection conn, String sql, Object[] params)：用于执行带参数的 SQL 语句。conn 为数据库连接，sql 为执行的 SQL 语句。params 为要传递到 SQL 语句中的参数数组。

例子 1：使用 DbUtils 删除一个 id 为 5 的用户记录，代码如下：

```
Connection conn = DbTools.getConnection();        //获取数据库连接
QueryRunner qr = new QueryRunner();               //创建QueryRunner对象
String sql = "DELETE FROM tbl_book WHERE id = 5";
qr.update(conn, sql);                             //执行SQL语句
DbUtils.close(conn);                              //关闭数据库连接
```

其中 DbTools 类主要封装获取数据库连接的方法，代码在后面给出。

例子 2：使用 DbUtils 添加新用户，代码如下：

```
public void add(User user) throws Exception {
```

```java
Connection conn = DbTools.getConnection();
String sql = "insert into tbl_user values(?, ?)";
Object[] ps = {user.getUserName(), user.getPassword() };
QueryRunner qr = new QueryRunner();
qr.update(conn, sql, ps);
DbUtils.close(conn);
}
```

代码说明：在带有参数的 SQL 语句中，update()方法通过 Object[]对象数组将参数传入 SQL 语句，实际上相当于执行多条 PreparedStement 的 setXxx(int index, Object param)语句。

下面结合 C3P0 数据源演示使用 DbUtils 完成用户表的添加、修改和删除操作。其中 user 表的结构如图 7-22 所示。

通过 DbTools 类封装数据库连接的获取。DbTools 类使用 C3P0 默认属性文件方式，其中 c3p0.properties 属性内容与 7.8 节中的配置相同。

例 7-14 DbTools.java

```java
import java.sql.Connection;
import java.sql.SQLException;
import javax.sql.DataSource;
import com.mchange.v2.c3p0.ComboPooledDataSource;
public class DbTools {
    //创建C3P0数据库连接池
    private static ComboPooledDataSource dataSource
= new ComboPooledDataSource();
    //获取数据源
    public static DataSource getDataSource(){
        return dataSource;
    }
    //从连接池中获取数据库连接
    public static Connection getConnection(){
        Connection con = null;
        try {
            con = dataSource.getConnection();
        } catch (SQLException e) {
            e.printStackTrace();
        }
        return con;
    }
}
```

TestDBUtils.java 演示使用 DbUtils 完成添加、删除和修改用户操作，其中 User 类似用户实体对应的 JavaBean 类。

例 7-15　TestDbUtils.java

```java
import java.sql.*;
import java.util.List;
import org.apache.commons.dbutils.*;

class User {
    long userId;
    String userName;
    String password;
    public User() { }            //默认构造函数
    //带参数的构造函数
    public User(String userName, String password) {
        super();
        this.userName = userName;
        this.password = password;
    }
    @Override
    public String toString() {
        return "User [userId=" + userId + ", userName=" + userName
                + ", password=" + password + "]";
    }
    //省略setter和getter方法
    ...
}

public class TestDbUtils {
    //添加用户
    public void addUser(User user) throws SQLException {
        //1.获取数据库连接对象
        Connection conn = DbTools.getConnection();
        //2.编写SQL语句
        String sql = "insert into user(userName,password) values(?,?)";
        //3.设置参数数组
        Object[] ps = { user.getUserName(), user.getPassword() };
        QueryRunner qr = new QueryRunner();
        //4.执行SQL操作
        qr.update(conn, sql, ps);
        //关闭连接
        DbUtils.close(conn);
    }
    //将名字为userName的用户密码修改为password
    public void updateUser(String userName, String password) throws SQLException {
        Connection conn = DbTools.getConnection();
```

```
        String sql = "update user set password=? where userName=?";
        Object[] ps = { password, userName };
        QueryRunner qr = new QueryRunner();
        qr.update(conn, sql, ps);
        DbUtils.close(conn);
}
//删除用户名为userName的用户
public void delUser(String userName) throws SQLException {
        Connection conn = DbTools.getConnection();
        String sql = "delete from user where userName=?";
        Object[] ps = { userName };
        QueryRunner qr = new QueryRunner();
        qr.update(conn, sql, ps);
        DbUtils.close(conn);
}
//测试
public static void main(String[] args) throws Exception {
        User user = new User("刘十", "liu@azc");
        TestDBUtils testor = new TestDBUtils();
        //添加新用户
        testor.addUser(user);
        System.out.println("添加用户成功!");
        //修改用户信息
        testor.updateUser("刘十", "123@zzz");
        System.out.println("用户密码修改成功!");
        //删除用户
        testor.delUser("刘十");
        System.out.println("用户删除成功!");
    }
}
```

程序执行结果如下：

```
添加用户成功!
用户密码修改成功!
用户删除成功!
```

2. 基于 DbUtils 的数据库查询操作

DbUtils 使用 update()方法和参数数组简化了数据库添加、删除和修改等操作。在数据查询方面，DbUtils 提供的 query()接口更是表现出色，query()可以将一个 ResultSet 的查询结果自动转换为 JavaBean 对象（利用 Java 语言的反射机制），减少传统 JDBC 手动转换的繁琐。

注意：此处 JavaBean 类中每个属性都要有 setter 和 getter 方法，同时需要存在默认构造函数（即无参数的构造函数）。

DbUtils 通过 ResultSetHandler 接口来完成 ResultSet 到 JavaBean 的自动转换。ResultSetHandler 只是一个用于处理 ResultSet 结果集的接口类，需要具体实现该接口的类才能将查询结果转为其他不同类型的对象。常用的 ResultSetHandler 接口实现类包括：BeanHandler、BeanListHandler 和 ScaleHandler，它们用于完成不同类型的数据转换工作。

先看一个简单的例子。例如查询 id=1 的用户数据，并返回一个 User 对象。参考代码如下：

```
Connection conn = DbTools.getConnection();        //获取数据库连接
QueryRunner runner = new QueryRunner();           //创建QueryRunner对象
String sql = "select * from user u where u.userId=?";
//创建一个User类型的BeanHandler
BeanHandler<User> beanHandler = new BeanHandler<User>(User.class);
//进行查询并将结果转换为User对象
User user= runner.query(conn, sql, beanHandler, "1");
```

上述代码中先创建了一个 BeanHandler 对象，该对象转换的具体类型为 User，代码如下：

```
BeanHandler<User> beanHandler = new BeanHandler<User>(User.class);
```

接着将 beanHandler 作为参数传入 query()方法，query()则会将查询得到的 ResultSet 结果集转换为 User 对象。query()中最后一个参数"1"表示传入单个参数，值为"1"。

query()方法的结构如下所示：

```
query(Connection con, String sql, ResultSetHandler handler, Object[] params)
```

各个参数的含义分别为：Connection con 表示数据库连接；String sql 表示要执行的 SQL 语句；ResultSetHandler handler 表示要对 ResultSet 类型进行转换的处理器；Object[] params 表示要传入 SQL 语句的参数数组；此处只有一个参数，可以直接使用参数值。

上述代码使用的处理器为 BeanHandler，作用是将一行结果集转换为一个 JavaBean。

注意：JavaBean 的属性名称必须和数据表中字段名称一致，才能完成自动转换。同时 JavaBean 中需要存在无参数的构造方法。

上述代码最后两句也可简写为：

```
User user= runner.query(conn, sql, new BeanHandler<User>(User.class), "1");
```

BeanHandler 是 ResultSetHandler 接口最为常用的一个实现类，其他常用的处理器 Handler 还有：

（1）BeanListHandler BeanListHandler 的作用是将结果集中的每一行数据都封装到一个对应的 JavaBean 对象，然后再将 JavaBean 对象存放到 List 中，该处理器将得到一个 List 对象。例如，要查询所有 User 的信息，并返回一个 List 列表，使用以下几行代码即可完成：

```
String sql = "select * from user";
BeanListHandler<User> beanListHandler = new BeanListHandler
```

```
<User>(User.class);
List<User> list = runner.query(conn, sql, beanListHandler);
```

可以看到，上述代码非常简洁地完成了结果集到 List 列表的转换。如果使用传统 JDBC 实现，则需要逐行、逐个字段读取数据，构造 User 对象，再将对象添加到 List 列表中，代码量大增。

（2）ScalarHandler ScalarHandler 的作用是将结果集某一条记录的某一列数据存储成 Object 对象。ScalarHandler 主要用于处理单个记录的情况。如果查询结果只有一条记录，需要读取里面的字段数据，使用 ScalarHandler 处理会非常方便。例如，要查询用户名为 root 的账号对应的密码，实现代码如下：

```
sql = "select password from user where username=?";
String password = (String) runner.query(conn, sql, new ScalarHandler
("password"), "root");
System.out.println("密码为:" +password);
```

其中 new ScalarHandler("password")表示读取字段名字为 password 的字段值。ScalarHandler()的构造函数支持字符串 String 类型和 int 类型。当参数为 String 类型时，表示字段名称；参数为 int 类型时，则表示字段序号，从 1 开始。因此，上述代码也可以使用 new ScalarHandler(1)来表示读取 password 的字段值。

（3）ColumnListHandler ColumnListHandler 用于将结果集中某一列的数据存放到 List 中。当需要读取某一列的数据而不需要读取整个对象数据时，可以使用 ColumnListHandler。例如，读取商品表中所有商品的名称，实现代码如下：

```
String sql = "select productName from tbl_product";
List<String> productNameList = runner.query(conn, sql, new
ColumnListHandler<String>(" productName "));
```

下面代码演示了使用不同 Handler 来实现以下功能：①根据 id 查询用户；②查询所有用户；③查询 user 表记录数；④查询前 4 条记录；⑤查询所有用户名。

例 7-16 DbUtilsQuery.java

```
import java.sql.Connection;
import java.util.List;
import org.apache.commons.dbutils.QueryRunner;
import org.apache.commons.dbutils.handlers.*;

public class DbUtilsQuery {
    public static void main(String[] args) throws Exception {
        Connection conn = DbTools.getConnection();
        System.out.println("成功创建数据库连接");
        //1.根据id查询用户(BeanHandler使用)
        QueryRunner runner = new QueryRunner();
```

```java
        String sql = "select * from user  where  userId=?";
        User user = runner.query(conn, sql, new BeanHandler<User>(User.class),
        "1");
        System.out.println("1.id=1的用户信息为:" + user);

        //2.查询所有用户(BeanListHandler使用)
        sql = "select * from user";
        BeanListHandler<User> beanListHandler = new BeanListHandler<User>
        (User.class);
        List<User> list = runner.query(conn, sql, beanListHandler);
        System.out.println("2.打印输出全部用户信息");
        for (User u : list) {
            System.out.println(u);
        }
        //3.查询总的记录数(ScalarHandler使用)
        sql = "select count(*) from user";
        long count = (long) runner.query(conn, sql, new ScalarHandler
        ("count(*)"));
        System.out.println("3.总记录数为:" + count);

        //4.查询按id升序排序的前4条记录(BeanListHandler使用)
        sql = "select * from user  order by userId asc limit 0, 4";
        beanListHandler = new BeanListHandler<User>(User.class);
        list = runner.query(conn, sql, beanListHandler);
        System.out.println("4.输出前4条记录");
        for (User u : list) {
            System.out.println(u);
        }

        //5.查询某一列的所有数据(ColumnListHandler使用)
        sql = "select userName from user";
        List<String> userNameList = runner.query(conn, sql, new
        ColumnListHandler<String>("userName"));
        System.out.println("5.输出所有用户名");
        for (String s : userNameList) {
            System.out.println(s);
        }
        conn.close();
    }
}
```

程序执行结果为:

```
成功创建数据库连接
1.id=1的用户信息为:User [userId=1, userName=Jackson, password=pass123]
```

```
2.打印输出全部用户信息
User [userId=1, userName=Jackson, password=pass123]
User [userId=418, userName=root, password=root]
User [userId=419, userName=admin, password=admin123]
User [userId=420, userName=麻六, password=1234]
User [userId=421, userName=钱7, password=abcd]
User [userId=422, userName=刘十, password=test@sdf]
User [userId=423, userName=张三, password=zhzsc]
User [userId=424, userName=莫老五, password=momo5]
3.总记录数为:8
4.输出前4条记录
User [userId=1, userName=Jackson, password=pass123]
User [userId=418, userName=root, password=root]
User [userId=419, userName=admin, password=admin123]
User [userId=420, userName=麻六, password=1234]
5.输出所有用户名
Jackson,root,admin,麻六,钱7,刘十,张三,莫老五,
```

7.8.3 多表关联的 DbUtils 数据库操作

在进行单表操作时，每个 JavaBean 实体对象都和数据表存在一对一的对应，只需要将 JavaBean 属性名称和数据表字段名命名一致即可。但是在多表关联操作时，有可能一个 JavaBean 的属性存在于多个表中。因此，需要手动编写自己的处理器 Handler。

同时在现实很多情景中，需要涉及多表的查询操作时，仅使用 DbUtils 提供的 Handlder 类无法满足此类需求。同样也需要编写自己的 Handler 处理器，进行功能扩展。

要编写自定义的 Handler，需要实现 ResultSetHandler 接口的 handle(ResultSet rs)方法。handle()方法的传入参数为查询结果集 ResultSet，在该方法中需要手工将结果集的字段值赋值到 JavaBean 对象中。例如，需要自定义一个 EmployeeHandler 处理器，基本结构如下：

```java
public class EmployeeHandler implements ResultSetHandler<Employee>{
    @Override
    public Employee handle(ResultSet rs) throws SQLException {
        //ResultSet转换employee对象的代码
        return employee;
    }
}
```

下面以 7.5 节中的部门和雇员的关系，演示基于 DbUtils 的实现。部门和雇员的关系为一对多关联（具体可以参考 7.5 节多表关联数据库操作），其中雇员类的定义如下：

```java
public class Employee {
    private long id;
    private String name;              //姓名
    private Department department;    //所属部门
    //省略相应的setter和getter方法
}
```

```java
    public String toString() {
        return "Employee [id=" + id + ", name=" + name + ", department="
                + department + "]";
    }
}
```

主程序需要实现的功能包括：①查询给定 id 的雇员的相关信息；②查询给定 id 的部门所有雇员的信息。由于雇员类中包含有部门属性，在查询雇员时需要联表查询出部门信息，因此需要编写自定义的 Handler 处理器。在下面的例子中，定义了 EmployeeHandler 类来处理单个 Employee 对象的转换；定义 EmployeeListHandler 来处理多个 Employee 到列表的转换。

例 7-17 CustomHandler.java

```java
import java.sql.*;
import java.util.List;
import org.apache.commons.dbutils.*;

class EmployeeHandler implements ResultSetHandler<Employee>{
    @Override
    public Employee handle(ResultSet rs) throws SQLException {
        Employee employee = null;
        if(rs.next()){
            employee = new Employee();
            employee.setId(rs.getInt("e.id"));
            employee.setName(rs.getString("e.name"));
            int departmentId = rs.getInt("d.id");
            String departmentName = rs.getString("d.name");
            Department department = new Department(departmentId,
            departmentName);
            employee.setDepartment(department);
        }
        return employee;
    }
}

class EmployeeListHandler implements ResultSetHandler<List<Employee>>{
    @Override
    public List<Employee> handle(ResultSet rs) throws SQLException {
        List<Employee> list = new ArrayList<Employee>();
        while(rs.next()) {
            Employee employee = new Employee();
            employee.setId(rs.getInt("e.id"));
            employee.setName(rs.getString("e.name"));
            int departmentId = rs.getInt("d.id");
```

```java
            String departmentName = rs.getString("d.name");
            Department department = new Department(departmentId,
                departmentName);
            employee.setDepartment(department);
            list.add(employee);
        }
        return list;
    }
}

public class CustomHandler {
    public static void main(String[] args) throws SQLException {
        Connection conn = DbTools.getConnection();
        System.out.println("成功创建数据库连接");
        QueryRunner runner = new QueryRunner();
        //1.查询输出id为3的雇员信息
        System.out.println("1:id=3的雇员信息:");
        String sql = "select * from employee as e, department as d where e.id=?
            and e.departmentId=d.id";
        EmployeeHandler employeeHandler = new EmployeeHandler();
        Employee employee = runner.query(conn, sql, employeeHandler, 3);
        System.out.println(employee);
        //查询部门id=4的所有雇员信息
        System.out.println("2:id=4的部门的所有雇员:");
        sql = "select * from employee as e, department as d where d.id=? and
            e.departmentId=d.id";
        EmployeeListHandler employeeListHandler = new EmployeeListHandler();
        List<Employee> employeeList = runner.query(conn, sql,
            employeeListHandler, 4);
        for (Employee e : employeeList) {
            System.out.println(e);
        }
    }
}
```

代码说明：上述代码中的 SQL 语句均使用了联表查询操作。其中 employee as e, department as d 表示 employee 别名为 e，department 别名为 d。SQL 语句的查询结果包含了两个表格的字段数据。用于读取 ResultSet 字段值的 e.id, e.name, d.id, d.name 等在 CustomHandler 中的 SQL 查询语句中进行定义。

程序执行结果为：

```
成功创建数据库连接
1:id=3的雇员信息:
Employee [id=3, name=刘军, department=Department [id=2, name=市场部]]
2:id=4的部门的所有雇员:
```

```
Employee [id=1, name=李松明, department=Department [id=4, name=产品测试部]]
Employee [id=2, name=王强, department=Department [id=4, name=产品测试部]]
Employee [id=6, name=刘栋, department=Department [id=4, name=产品测试部]]
```

7.8.4 DbUtils 获取新增记录的主键 id

在 7.3.1 节关于数据库添加记录的操作中,学习了关于获取新增记录主键 id 的方法。通过向 update()方法传入 Statement.RETURN_GENERATED_KEYS 参数,可以返回数据库自增的主键 id。在 DbUtils 中,如果想获得新增记录的 id,这时需要使用 QueryRunner 提供的 insert()方法,而不是 update()方法。

insert 方法用于数据库的插入操作,方法声明如下:

```
public <T> T insert(Connection conn, String sql, ResultSetHandler<T> rsh,
Object[] params)      throws SQLException
```

参数说明:

conn:数据库连接对象。

sql:需要执行的 SQL 语句。

rsh:用于处理得到的自动生成主键的数值对象。

返回值:一个包含有自动生成主键的对象。

下面的例子中往用户表插入一个新记录,获取该记录的数据库自增主键值。

例 7-18 AutoGeneratedKeyDemo.java

```java
import java.sql.Connection;
import java.sql.SQLException;
import org.apache.commons.dbutils.DbUtils;
import org.apache.commons.dbutils.QueryRunner;
import org.apache.commons.dbutils.handlers.ScalarHandler;

//演示插入记录并获取新记录的主键id值
public class AutoGeneratedKeyDemo {
    public static void main(String[] args) throws SQLException {
        User user = new User("testUser", "test@azc");
        //1.获取数据库连接对象
        Connection conn = DbTools.getConnection();
        QueryRunner qr = new QueryRunner();
        //2.编写SQL语句
        String sql = "insert into user(userName,password) values(?,?)";
        //3.设置参数数组
        Object[] ps = { user.getUserName(), user.getPassword() };
        //4.执行SQL操作
        Long userId = qr.insert(conn, sql, new ScalarHandler<Long>(1), ps);
        //关闭连接
        System.out.println("新增记录的主键id为:"+userId);
```

```
        DbUtils.close(conn);
    }
}
```

程序执行结果如下:

```
新增记录的主键id为:426
```

7.9 JDBC 总结

JDBC 是 Java 操作数据库的基础,很多的数据库框架如 MyBatis、Hibernate、JPA 等都是基于 JDBC 之上进行封装的。熟练掌握 JDBC 的操作将有助于今后进一步的学习。在 JDBC 技术中,重点掌握 Connection、Statement、PreparedStatement、ResultSet 等类的使用。JDBC 操作数据库的流程主要分为建立连接、执行 SQL 语句和关闭连接等三个主要过程。关于 JDBC 的相关知识点总结可以参考图 7-31 所示的 JDBC 思维导图。

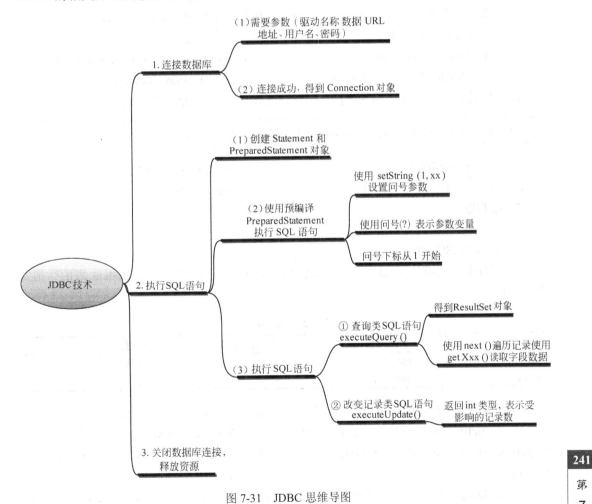

图 7-31 JDBC 思维导图

习 题 7

1. 简答题

（1）简述使用 JDBC 技术查询数据库的步骤。

（2）简述使用 PreparedStatement 的优点。

2. 选择题

（1）以下选项中，哪一个不是 java.sql 包下定义的接口？（　　）

    A．Connection   B．Statement

    C．ResultSet   D．DriverManager

（2）以下选项中，哪一个是错误的？（　　）

    A．Statement 的 executeQuery()方法会返回一个结果集对象

    B．Statement 的 executeUpdate()方法会返回是否更新成功的 boolean 值

    C．ResultSet 中的 next()方法会使结果集中的下一行成为当前行

    D．使用 ResultSet 中的 getString()可以获得一个对应于数据库中 char 类型的值

（3）在 JDBC 中使用事务，想要回滚事务，使用的方法是（　　）。

    A．Connection 的 commit()   B．Connection 的 setAutoCommit()

    C．Connection 的 rollback()   D．Connection 的 close()

（4）如果为下列预编译 SQL 的第三个问号赋值，那么正确的选项是（　　）。

```
UPDATE emp SET ename=?,job=?,salary=? WHERE empno=?;
```

    A．pst.setInt("2",2000);   B．pst.setInt(2,2000);

    C．pst.setInt("3",2000);   D．pst.setInt(3,2000);

3. 编程题

（1）按以下步骤完成准备工作：

① 启动 MySQL 服务实例。

② 创建测试数据库 mydb，并在数据库 mydb 中创建 student 表，student 表的结构如表 7-2 所示。

表 7-2　student 表

字段名称	字段类型	字段描述	描述
sno	char(13)	学号	主键
name	varchar(16)	姓名	非空

③ 在 student 表中输入两条记录以上的测试数据，要求有你的学号和姓名。

④ 在 Eclipse 中创建项目，并添加 MySQL 的 JDBC 驱动 JAR 包：右击选中项目→Properties→Java Build Path→Libraries→Add External JARS→选中 MySQL 的 JDBC 驱动 JAR 包。

⑤ 在 Eclipse 项目中定义 Student 类，在 Student 类中定义成员变量 String sno 和 String name，在 Student 类中定义构造方法和重写 toString 方法。（可以让 Eclipse 自动生成这两个

方法：在代码空白处右击→Source→Generator Constructor using Fileds...和 Generator toString()。

（2）编写程序 TestJDBC.java，读取数据库中的记录，并封装成对象列表。按模板要求，将【代码1】~【代码11】替换成相应的 Java 程序代码，使之能完成注释中的要求。

```java
import java.sql.*;
import java.util.*;

public class TestJDBC {
    public static void main(String[] args) {
        Connection con = null;
        try {
            【代码1】            //载入MySQL的JDBC驱动类 "com.mysql.jdbc.Driver"
            String url =【代码2】     //定义数据库连接字符串，连接数据库mydb
            //使用DriverManager的getConnection方法获取数据库连接对象
            con =【代码3】
            System.out.println("成功连接数据库");
        } catch (ClassNotFoundException e) {
            System.out.println("载入JDBC驱动类出错");
            e.printStackTrace();
            return;
        } catch (SQLException e) {
            System.out.println("创建数据库连接出错");
            e.printStackTrace();
            return;
        }

        Statement stmt = null;
        ResultSet rs = null;
        List<Student> studentList =【代码4】
                                //创建java.util.ArrayList类型的集合对象
        try {
            String sql =【代码5】；   //定义数据库SQL语句，查询student表中所有内容
            stmt =【代码6】    //使用con的createStatement方法创建语句对象
            rs =【代码7】      //使用stmt的executeQuery查询数据库，并返回结果集
            while(【代码8】) {            //使用while循环结构遍历结果集
                String sno = rs.getString("sno");
                String name =【代码9】   //获取记录中的name字段的值
                Student student = new Student(sno, name);
                【代码10】    //将student对象添加到studentList集合中
            }
        } catch (SQLException e) {
            System.out.println("查询数据库出错");
            e.printStackTrace();
```

```
        } finally {
            try {
                rs.close();
                stmt.close();
                con.close();
            } catch (SQLException e) {
                System.out.println("关闭资源出错");
                e.printStackTrace();
                rs = null;
                stmt = null;
                con = null;
            }
        }
        //【代码11】遍历studentLisy集合中的所有元素,并打印这些元素的信息
    }
}
```

(3) 编写程序 UpdateData.java,更新数据库中的记录。按模板要求,将【代码 1】~【代码 12】替换成相应的 Java 程序代码,使之能完成注释中的要求。

```
//导入相关类
public class UpdateData {
    public static void main(String[] args) {
        Connection con = null;
        try {
            【代码1】                    //载入MySQL的JDBC驱动类
            String url = 【代码2】        //定义数据库连接字符串
            con = 【代码3】               //获取数据库连接对象
            System.out.println("连接数据库成功");
        } catch (ClassNotFoundException e) {
            System.out.println("载入JDBC驱动类出错");
            e.printStackTrace();
            return;
        } catch (SQLException e) {
            System.out.println("创建数据库连接出错");
            e.printStackTrace();
            return;
        }
        Statement stmt = null;
        try {
            【代码4】                    //使用con的createStatement方法创建语句对象
            String sql = 【代码5】        //定义delete from语句,删除student表的所有记录
            【代码6】                    //使用stmt的executeUpdate方法更新数据库
            System.out.println("删除数据成功");
            【代码7】        //定义insert into语句,将你的学号和姓名插入到student表中
```

```
            System.out.println("插入数据成功");
            【代码8】              //定义update set语句，将student表中你的名字改为张三，
                                   //System.out.println("修改数据成功");
        } catch (SQLException e) {
            System.out.println("更新数据库出错");
            e.printStackTrace();
            return;
        }
        ResultSet rs = null;
        try {
            String sql = 【代码9】    //定义select from语句，查询student所有的记录
            rs = 【代码10】           //使用stmt的executeQuery方法查询数据库，返回结果集
            System.out.println("数据库中的记录是：");
            while (【代码11】) {      //使用while循环结构遍历结果集
                【代码12】            //将结果集内容以 "学号：姓名" 的格式打印出来
            }
        } catch (SQLException e) {
            System.out.println("查询数据库出错");
            e.printStackTrace();
        } finally {
            try {
                rs.close();
                stmt.close();
                con.close();
            } catch (SQLException e) {
                System.out.println("关闭资源出错");
                e.printStackTrace();
                rs = null;
                stmt = null;
                con = null;
            }
        }
    }
}
```

（4）编写程序 BatchUpdate.java，使用预编译语句对象 PreparedStatement，往数据库中批量插入记录。按模板要求，将【代码 1】～【代码 10】替换成相应的 Java 程序代码，使之能完成注释中的要求。

```
//导入相关类
public class BatchUpdate {
    public static void main(String[] args) throws Exception{    //忽略异常处理
        //定义学号数组和姓名数组，数组的大小是1000
        int size = 1000;
```

```
        String[] sno = new String[size];
        String[] name = new String[size];
        for(int i=0; i<size; i++) {
            sno[i] = String.format("%13d", i);   //学号的格式是: "000000000xxxx"
            name[i] = "name" + i;                 //姓名的格式是: "namex"
        }
        Class.forName("com.mysql.jdbc.Driver");
        String url =【代码1】     //定义连接字符串,需要设置以下参数,来启动批处理操作:
                                  //rewriteBatchedStatements=true
        Connection con = DriverManager.getConnection(url);
        Statement stmt = con.createStatement();
        【代码2】          //定义delete from语句,并使用stmt删除数据库中的所有记录
        //使用stmt和非批处理的方式插入1000条记录
        Date begin = new Date();
        for(int i=0; i<size; i++) {
            【代码3】     //定义insert into语句,将sno[i]和name[i]插入到数据库中
        }
        Date end = new Date();
        long duration = end.getTime() -begin.getTime();
        System.out.println("非批量更新所需的时间是: " + duration + "毫秒");
        【代码4】//定义delete from语句,并使用stmt删除数据库中的所有记录
        String psSql =【代码5】            //定义insert into 语句,使用预处理语句格式
        PreparedStatement ps =【代码6】   //创建预处理语句对象
        //使用ps和批处理的方式插入1000条记录
        begin = new Date();
        for(int i=0; i<size; i++) {
            【代码7】   //通过ps的setString方法设置第1个参数为sno[i]
            【代码8】   //通过ps的setString方法设置第2个参数为[i]
            【代码9】   //添加批处理语句
        }
        【代码10】                        //执行批处理语句
        end = new Date();
        duration = end.getTime() -begin.getTime();
        System.out.println("批量更新所需的时间是: " + duration + "毫秒");
        stmt.close();
        ps.close();
        con.close();
    }
}
```

(5) 按以下步骤编写程序,模拟银行转账功能的实现。

① 创建测试数据库 mydb,并在数据库 mydb 中创建银行账户表:account,account 表的结构如表 7-3 所示,建好表后,在表中输入两条测试数据,一个是源账户,一个是目

标账户。

表 7-3 account 表

字段名称	字段类型	字段描述	描述
id	int	账户	主键
balance	float	账户余额	非空

② 编写程序 TestTransaction.java，完成将源账户的部分金额转账给目的账户的功能。需要注意的是：更新源账户金额和目的账户金额这两个操作应该是一个事务。按模板要求，将【代码1~】【代码13】替换成相应的 Java 程序代码，使之能完成注释中的要求。

```
//导入相关类
public class TestTransaction {
    //定义获取数据库连接的方法getConnection
    public static Connection getConnection(String url) {
        Connection con = null;
        try {
            【代码1】              //载入MySQL的JDBC驱动类
            con =【代码2】         //获取数据库连接对象
            System.out.println("连接数据库成功");
        } catch (ClassNotFoundException e) {
            System.out.println("载入JDBC驱动类出错");
        } catch (SQLException e) {
            System.out.println("创建数据库连接出错");
        }
        return con;
    }

    //定义关闭数据库资源的方法close
    public static void close(Connection con, PreparedStatement ps, ResultSet rs) {
        try {
            if (rs != null) {
                rs.close();
            }
            if (ps != null) {
                ps.close();
            }
            if (con != null) {
                con.close();
            }
        } catch (SQLException e) {
            rs = null;
            ps = null;
            con = null;
```

```java
            e.printStackTrace();
        }
    }

    //主方法main
    public static void main(String[] args) {
        //以下三个变量的值可根据自己数据库中的值进行修改
        int fromId = 1;                    //源账号id
        int toId = 2;                      //目的账号id
        float amount = 1000;               //转账金额

        //创建数据库连接
        String url =【代码3】              //定义数据库连接字符串
        Connection con =【代码4】          //调用getConnection方法，获取数据库连接
        if (con == null) {
            System.out.println("创建数据库连接失败");
            return;
        }

        //查询源账户金额
        PreparedStatement ps = null;
        ResultSet rs = null;
        float fromBalance = 0;             //源账户金额
        try {
            String sql = "select balance from account where id=?";
                                           //定义SQL语句，根据源账户id查询源账户金额
            ps = con.prepareStatement(sql);
            【代码5】                       //设置ps第一个参数的值
            rs = ps.executeQuery();
            if (rs.next()) {
                fromBalance =【代码6】      //从rs中获取查询字段 balance的值
            } else {
                System.out.println("源账户不存在，转账失败");
                【代码7】                   //调用自定义的close方法，关闭数据库资源
                return;
            }
            rs.close();
            ps.close();

            //查询目的账户是否存在
            sql = "select id from account where id=?";
            ps = con.prepareStatement(sql);
            ps.setInt(1, toId);
            rs = ps.executeQuery();
            if (!rs.next()) {
```

```
            System.out.println("目的账户不存在,转账失败");
            close(con, ps, rs);
            return;
        }
        rs.close();
        ps.close();

        //只有在源账户金额>转账金额的情况下,才进行转账操作
        if ((fromBalance -amount) > 0) {
            【代码8】            //禁用事务的自动提交,自定义事务边界(开始)
            sql = "update account set balance=(balance-?) where id=?";
                             //将源账户金额减去转账金额
            ps = con.prepareStatement(sql);
            【代码9】            //设置ps第一个参数的值
            ps.setInt(2, fromId);
            ps.executeUpdate();
            ps.close();

            【代码10】           //类似上面的操作,将目的账户的金额加上转账金额

            try {
                【代码11】     //手动提交事务
                System.out.println("转账成功");
            } catch (Exception e) {
                【代码12】     //进行事务回滚
                System.out.println("事务执行失败,进行事务回滚");
            }
            【代码13】          //启用事务的自动提交,自定义事务边界(结束)
        } else {
            System.out.println("金额不足,转账失败");
            close(con, ps, rs);
            return;
        }
    } catch (SQLException e) {
        System.out.println("数据库操作异常");
        e.printStackTrace();
    } finally {
        close(con, ps, rs);
    }
}
```

③ 修改步骤②中编写的程序 TestTransaction，故意定义错误的"将目的账户的金额加上转账金额" SQL 语句，看看使用事务和不使用事务这两种情况下，数据库中源账户金额的变化。

（6）按以下步骤，完成模拟学生成绩管理功能的实现。

① 根据图 7-32 设计数据库，并输入相关测试数据。

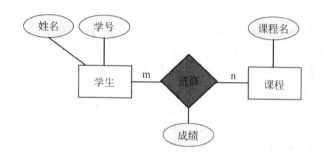

图 7-32　数据库

可参考以下三个表（表 7-4～表 7-6）的设计。

表 7-4　学生表：student

字段名称	字段类型	字段描述	描述
id	int		主键
sno	char	学号	唯一键
name	varchar	学生姓名	非空

表 7-5　课程表：course

字段名称	字段类型	字段描述	描述
id	int		主键
name	varchar	课程名称	非空

表 7-6　成绩表：score

字段名称	字段类型	字段描述	描述
student_id	int		联合主键
course_id	int		联合主键
score	float	成绩	非空

并在 score 表中设置外键关联：student_id 字段参考 student 表中的 id 字段，course_id 字段参考 course 表中的 id 字段。

② 编写程序 ScoreManagement.java，实现以下功能：
- 查找打印某个学生某门课程的成绩。
- 查找打印出某门课程所有学生的成绩，并要求由高分到低分显示。
- 查找打印出某个学生所有课程的成绩，并要求计算出平均分。
- 添加某个学生某门课程的成绩。

- 修改某个学生某门课程的成绩。
- 删除某个学生某门课程的成绩。
- 删除某个学生的所有信息。
- 删除某门课程的所有信息。

（7）按以下步骤完成，练习通过配置文件设置数据库连接字符串的方法。

① 创建测试数据库 mydb，并在数据库 mydb 中创建用户表 user，user 表的结构如表 7-7 所示，建好表后，请在表中输入两条测试数据。

表 7-7 user 表

字段名称	字段类型	字段描述	描述
id	int		主键
name	varchar(16)	用户名	非空
password	varchar(16)	密码	非空

② 在 Eclipse 中创建项目，并添加 MySQL 的 JDBC 驱动 JAR 包。

③ 在项目中创建数据库配置文件 xxx.properties，文件内容类似如下：

```
driver=com.mysql.jdbc.Driver
url=jdbc\:mysql\://127.0.0.1\:3306/test
user=root
password=zsc123
```

④ 编写程序 TestProperties.java，按模板要求，将【代码1】～【代码10】替换成相应的 Java 程序代码，使之能完成注释中的要求。

```
//导入相关类
public class TestProperties {
  public static void main(String[] args) throws Exception{
      Properties pro =【代码1】           //创建java.util.Properties对象
      FileInputStream fis =【代码2】       //创建数据库配置文件的文件字节输入流对象
      【代码3】                            //使用pro的load方法，载入配置文件
      【代码4】                            //关闭fis
      //【代码5】  使用pro的getProperty方法获取配置文件中的相关属性值
      //【代码6】  载入驱动类
      //【代码7】  创建数据库连接对象
      //【代码8】  创建语句对象，定义查询SQL语句，获取user表中的所有记录
      //【代码9】  遍历结果集对象，打印结果集中的所有内容
      //【代码10】 关闭数据库资源
  }
}
```

（8）按以下步骤完成，练习使用 C3P0 数据库连接池管理数据库连接的方法。

① 在 Eclipse 项目中，添加 C3P0 库的 JAR 包：mchange-commons-java-0.2.3.4.jar 和 c3p0-0.9.2.1.jar。

② 在 Eclipse 项目的 bin 目录下，创建 C3P0 的配置文件 c3p0-config.xml，配置文件内容类似如下：

```xml
<c3p0-config>
 <default-config>
  <property name="jdbcUrl">jdbc:mysql://127.0.0.1:3306/test</property>
  <property name="user">root</property>
  <property name="password">pass</property>
  <property name="driverClass">com.mysql.jdbc.Driver</property>
 </default-config>
</c3p0-config>
```

③ 编写 TestC3P0.java，代码如下所示，观察程序的输出，思考：连接池的初始连接数是多少？当连接池中连接不够时，连接池中增加的连接数是多少？

```java
//导入相关类
public class TestC3P0 {
    public static void main(String[] args) throws Exception {
        ComboPooledDataSource cpds = new ComboPooledDataSource();
                                                    //创建连接池对象
        Connection[] con = new Connection[10];
        for(int i=0; i<10; i++) {
            con[i] = cpds.getConnection();   //从连接池中获取连接
            Thread.sleep(500);
            System.out.print("连接池的连接数量：" + cpds.getNumConnections());
            System.out.print("；已使用的连接数量：" + cpds.
            getNumBusyConnections());
            System.out.print("；未使用的连接数量：" + cpds.
            getNumIdleConnections());
            System.out.println();
        }
        for(int i=0; i<10; i++) {
            con[i].close();                  //将连接归还到连接池
            Thread.sleep(500);
            System.out.println("关闭连接" + i + "后，空闲的连接数量：" + cpds.
            getNumIdleConnections());
        }
        cpds.close();                        //关闭连接池
    }
}
```

④ 修改 C3P0 的配置文件 c3p0-config.xml，在<default-config>元素内添加如下内容：

```xml
<property name="minPoolSize">5</property>
<property name="maxPoolSize">9</property>
<property name="acquireIncrement">2</property>
```

⑤ 再次运行 TestC3P0，观察程序的输出，思考：连接池的初始连接数是多少？当连接池中连接不够时，连接池中增加的连接数是多少？程序为什么无法执行下去？

（9）按以下步骤完成，练习使用第三方数据库工具包 DbUtils 的方法。

① 在 Eclipse 项目中，添加 DbUtils 库的 JAR 包：commons-dbutils-1.5.jar。

② 在 Eclipse 项目中定义 User 类，在 User 类中定义私有成员变量 private int id、private String name 和 private String password，在 User 类中定义无参构造方法、成员变量的 get 和 set 方法、重写 toString 方法。可以让 Eclipse 自动生成这两个方法：在代码空白处右击→Source→Generator Constructor from Superclass、Generator Getters and Setters 和 Generator toString()。

③ 编写程序 TestDbUtils.java，按模板要求，将【代码1】～【代码6】替换成相应的 Java 程序代码，使之能完成注释中的要求。

```java
//导入相关类
public class TestDbUtils {
    public static void main(String[] args) throws Exception{
        ComboPooledDataSource cpds = new ComboPooledDataSource();
                            //创建连接池对象
        Connection con = 【代码1】 //使用cpds的getConnection方法，从连接池中获取连接
        QueryRunner runner =【代码2】 //创建QueryRunner对象

        //根据id，查找某条记录
        String sql = "select * from user where id=?";
        BeanHandler<User> beanHandler =【代码3】
                         //创建BeanHandler对象，能将查询结果转换为User对象
        User user = runner.query(con, sql, beanHandler, 【代码4】);
                         //提供查询SQL语句中的参数：id的值
        System.out.println(user);

        //根据id，修改某条记录的name
        sql = "update usert set name=? where id=?";
        runner.update(con, sql, "张三", 1);

        //获取user表中的所有记录
        sql = "select * from usert";
        BeanListHandler<User> beanListHandler =【代码5】
                //创建BeanListHandler对象，能将查询结果转换为List<User>集合
```

```
        List<User> list = 【代码6】
                  //使用runner的query方法,传递实参:con,sql,beanListHandler
        for(User u : list) {     //遍历list集合
            System.out.println(u);
        }

        con.close();
        cpds.close();
    }
}
```

附录 A GUI 编程简介

图形用户界面（Graphical User Interface，GUI）提供了应用程序和用户进行交互的图形化界面，由于现实的 Java 项目开发中，GUI 并不是主流，本书仅以此附录部分简单介绍 Java GUI 编程的基本概念和基本方法。

JDK 中提供了 AWT 和 Swing 图形用户界面库，用以支持 Java 的 GUI 程序开发。AWT 抽象窗口工具包（Abstract Window Toolkit）是 JDK 中用于 GUI 程序开发的库。AWT 库所涉及的类一般在 java.awt 包及其子包中。Swing 是 JDK 中用于 GUI 程序开发的库，它以 AWT 为基础，对 AWT 库进行了改进和扩展。Swing 组件类在 javax.swing 包中。

A.1 界面设计

在 Java 的图形用户界面设计中，需要掌握以下几个基本概念。

组件（Component）：构造 GUI 程序的各个元素称为组件，例如窗口（JFrame）、按钮（JButton）、文本框（JTextField）等。

容器组件（Container）：用于容纳、包含其他组件的一种特殊的组件，例如窗口（JFrame）、面板（JPanel）等。需要注意的是，容器本身也是组件，一个容器中也能包含其他的容器，例如一个面板中就能包含其他的面板。

所以用户界面是由众多的组件 Component 构成的。而容器 Container 是一种特殊的组件，必须将组件 Component 放在容器 Container 中才能显示出来。窗口 Window 是可以自由移动的、顶级的、不依赖于其他容器而存在的容器。主要有两种：可以改变大小的窗口 Frame 和不能改变大小的窗口 Dialog。面板 Panel 是另一种容器，面板没有标题栏、不能独立存在、必须包含在另一个容器中。通常图形用户界面程序中要用一个 Frame 作为容器，在 Frame 中通过放置多个 Panel 面板来设置图形界面的布局。

AWT 库的组件类结构如图 A-1 所示。

java.awt.Component 类提供了如下常用方法。

public void setVisible(boolean b)：根据参数 b 的值显示或隐藏此组件。

public void setSize(int width, int height)：调整组件的大小，使其宽度为 width，高度为 height。

public void setLocation(int x, int y)：将组件移到新位置。通过此组件父级坐标空间中的 x 和 y 参数来指定新位置的左上角。

public void setBounds(int x, int y, int width, int height)：移动组件并调整其大小。

public void setEnabled(boolean b)：根据参数 b 的值启用或禁用此组件。

public void repaint()：重绘此组件。

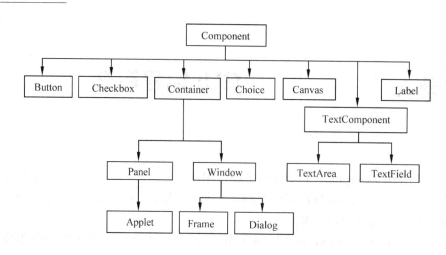

图 A-1 AWT 组件类结构

java.awt.Container 类提供了如下常用方法。

public Component add(Component comp)：将指定组件追加到此容器的尾部。

public void remove(Component comp)：从此容器中移除指定组件。

public void setLayout(LayoutManager mgr)：设置此容器的布局管理器。

通常，我们会使用 Swing 库中的组件类，Swing 库中的组件类的名字一般是 AWT 库中的对应组件类的名字前加一个字母 J，例如 Swing 库中的组件类 JFrame 就对应 AWT 库中组件类 Frame。要避免 AWT 组件和 Swing 组件的混合使用。

javax.swing.JFrame 继承自 java.awt.Frame，可以通过构造方法 JFrame(String title)创建一个带有指定标题的窗口。新创建的 JFrame 对象默认是不可见的，可以使用 setVisible(true)方法使之变为可见。JFrame 窗口包含一个内容窗格 ContentPane，应该将除了菜单组件之外的其他 Swing 组件添加到这个内容窗格中，而不是直接添加到 JFrame 窗口。用户关闭一个 JFrame 时，默认的行为只是简单地隐藏这个 JFrame，setDefaultCloseOperation(int)可以修改默认的关闭行为。

Swing 库中的组件类 JComponent 是 AWT 库中 Container 的子类。也就是说，Swing 的组件对象都可作为一个容器对象。

用户界面上的组件可以按不同方式排列。Java 提供了布局工具以支持用户界面元素的自动定位。容器中的所有组件都由一个布局管理器进行动态管理。通过布局管理器管理 Component 在 Container 中的布局，可以不必直接设置 Component 的位置和大小。每个 Container 对象都有一个默认的布局管理器，可使用方法 public LayoutManager getLayout()获得此容器的布局管理器。可以使用方法 public void setLayout(LayoutManager mgr)设置容器的布局管理器。

AWT 和 Swing 提供一组用来进行布局管理的类，称为布局管理器或布局。所有布局管理类都是实现了 java.awt.LayoutManager 接口的类。以下是最常见的几种布局管理器。

BorderLayout 布局管理器将整个容器的布局划分为东、西、南、北、中五个区域，组件只能被添加到指定的区域。如不指定组件的加入区域，则默认为中区。每个区域只能加入一个组件，如加入多个，则先前加入的会被覆盖。

FlowLayout 布局管理器对组件逐行定位，在一行上水平排列组件，行内从左到右排列，直到该行没有足够的空间为止，然后另起一行继续排列。

GridLayout 布局管理器将整个容器的空间划分成规则的矩形网格，每个单元格区域大小相等。组件按行和列排列，组件被添加到每个单元格中，先从左到右添满一行后换行，再从上到下开始添加。

如果想对一个容器中的每个组件都设置其位置和大小，就需要取消这个容器的布局管理器。然后可以通过以下方法对容器中的某个组件进行定位。

public void setSize(int width, int height)：调整组件的大小，使其宽度为 width，高度为 height。

public void setLocation(int x, int y)：将组件移到新位置。通过此组件父级坐标空间中的 x 和 y 参数来指定新位置的左上角。

public void setBounds(int x, int y, int width, int height)：移动组件并调整其大小。

以上方法中的 x 和 y 都是相对父容器左上角而言的坐标。

A.2 事件交互

如果用户在用户界面执行了一个动作，这将导致一个事件的发生。事件是描述发生了什么的对象。在 Java 中，定义了各种不同类型的事件类，用来描述各种类型的用户操作。

事件是由事件源产生的，事件的产生者称为事件源。例如，在按钮组件上单击会产生一个事件，这个事件的事件源就是按钮组件。

要实现程序对用户在组件上的操作做出响应，就需要先在事件源（组件）上注册一个事件监听器，当事件源产生了一个事件以后，事件源就会发送事件对象以通知注册的事件监听器，监听器对象根据事件对象内封装的信息，决定如何响应这个事件。这就是 GUI 程序与用户交互的过程，又称为委托事件模型，事件监听处理如图 A-2 所示。

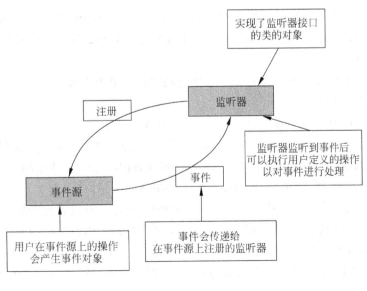

图 A-2　事件监听处理

下面以单击图形用户界面上的一个按钮为例，描述事件监听处理的过程：

（1）单击按钮时会发生 Action 事件，产生一个事件对象，它是 java.awt.event.ActionEvent 类的对象。程序想要监听处理这个 Action 事件，就需要事先在事件源（按钮）上注册一个 Action 事件的监听器。

（2）用来监听处理 Action 事件的监听器必须是实现了 java.awt.event.ActionListener 接口的类的对象。实现了 ActionListener 接口的监听器类必须要实现方法 actionPerformed(ActionEvent e)，在这个方法中添加处理 Action 事件 e 的代码。

A.3 使用 WindowBuilder 开发 GUI 程序

WindowBuilder 是 Eclipse 提供的开发图形用户界面程序的可视化开发插件，使用 WindowBuilder 可以更方便、更快捷地完成 GUI（Graphic User Interface，图形用户界面）程序界面设计的工作，可以避免手动编写复杂、冗长的 UI 代码，提高开发效率。WindowBuilder 支持多种 Java GUI 图形库，包括 Swing、SWT 等，其中 Swing 库是 Java SE 标准库中包含的，WindowBuilder 也默认包含了 Swing Designer 工具。下面简单介绍一下使用 Swing Designer 创建 Swing 图形用户界面程序。

在 Eclipse 项目中新建一个 Swing 图形用户界面程序的操作步骤如下所示。

（1）在 Eclipse 中右击项目下的 src 目录，选择 New→Other。

（2）在新建 New 对话框中，选择 WindowBuilder 下的 Swing Designer，单击 Application Windows 选项，创建一个 Swing 应用程序。

（3）在 New Swing Application 对话框中，输入这个 Swing 应用程序的名字，比如 SwingApp，并单击 Finish 按钮，完成 Swing 应用程序的创建。

（4）打开 Swing Designer 可视化编辑界面，设计实现 Swing 图形用户界面程序，如图 A-3 所示。

程序创建后，在编辑视图中单击 Design 选项卡，打开 Swing Designer 的可视化编辑界面，这个界面中包括了应用程序组件列表、组件属性、Swing 常用组件列表、UI 效果界面等部分，如图 A-4 所示。

按以下步骤实现这个 Swing 程序，程序的功能是：单击"按钮"，弹出"消息对话框"显示内容"HelloWorld!"。

（1）设置窗口 JFrame 的标题 title 属性。如图 A-5 所示。

（2）取消窗口 JFrame 内容窗格的布局管理器，即使用 Absolute layout 布局方式。在应用程序组件列表中单击 JFrame 下的 getContentPane()内容窗格，然后单击属性视图中的 Layout 下拉列表，选择 Absolute layout 方式，如图 A-6 所示。

（3）在 JFrame 内容窗格中添加按钮（JButton）组件，并设置这个按钮组件的属性。在 Swing 常用组件中选择按钮（JButton）组件，在 JFrame 内容窗格中合适的位置单击，就会添加一个 JButton 组件。然后再设置这个 JButton 组件的属性：Variable=btn1，表示这个按钮对象的引用名称是"btn1"；text=点击我，设置这个按钮上的文字为"点击我"，如图 A-7 所示。

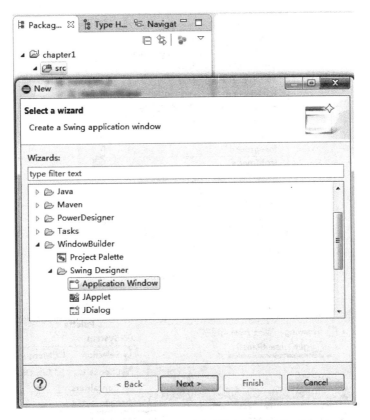

图 A-3 创建 Swing 图形用户界面程序

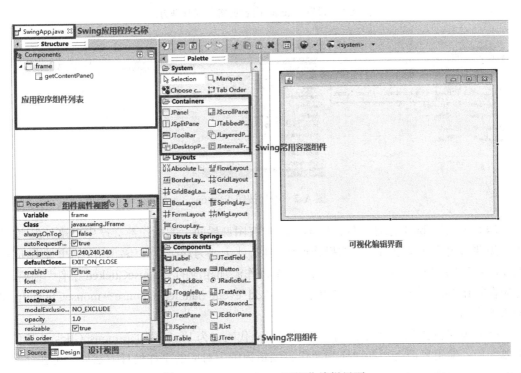

图 A-4 SwingDesigner 可视化编辑界面

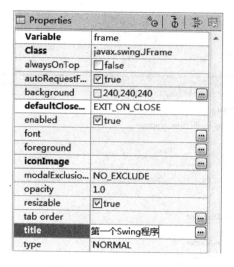

图 A-5　设置 JFrame 标题

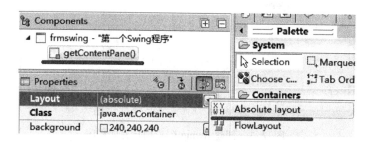

图 A-6　设置 JFrame 内容窗格布局管理方式

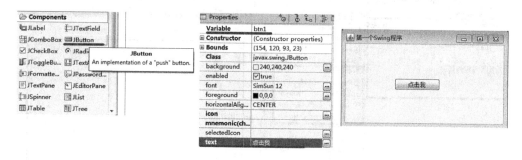

图 A-7　添加按钮 JButton

（4）为按钮 btn1 添加事件监听器。用户在图形界面上的操作都会产生"事件"，如果程序想要对用户在某个组件上的操作产生响应，就需要为这个组件添加相应的事件监听器。例如，要对"用户在按钮 btn1 上单击"这个操作添加相应的"mouseClicked 事件"监听器，可先在按钮 btn1 右击，在弹出菜单中选择 Add event handler→mouse→mouseClicked，如图 A-8 所示。

（5）为在按钮 btn1 上单击的事件编写响应代码。为 btn1 添加完 mouseClicked 事件监听器之后，编辑界面会自动切换到源代码编辑视图中对应的事件处理方法处，可在该方法内编写对该事件的响应代码。在这里，当用户单击按钮 btn1 时，弹出一个显示"HelloWorld"

的消息对话框。读者暂时无须理解这部分代码的含义，如图 A-9 所示。

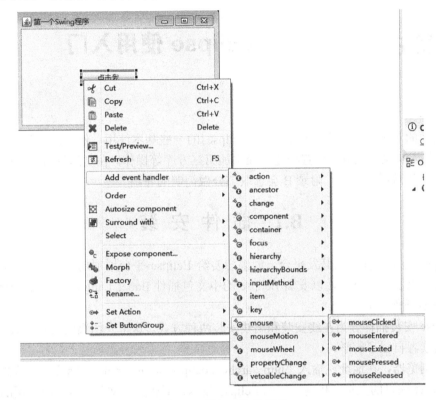

图 A-8　添加事件监听器

```
btn1.addMouseListener(new MouseAdapter() {
    @Override
    public void mouseClicked(MouseEvent e) {
        JOptionPane.showMessageDialog(null, "HelloWorld");
    }
});
```

图 A-9　编写事件处理代码

（6）单击"运行"按钮，运行这个 Swing 图形用户界面程序，效果如图 A-10 所示。

图 A-10　SwingApp 运行效果

附录 B　Eclipse 使用入门

在前面的章节中,本书陆续介绍了 Eclipse 的一些基本使用,例如:下载安装、设置 JDK、设置 API 文档关联、设置构建路径添加第三方库等操作。在实际使用 Eclipse 的过程中,还有一些常用的操作,附录 B 会选取部分做简明的介绍。

B.1　插件安装

Eclipse 是基于插件的开发平台,如果想要给 Eclipse 平台增加功能,只需要安装相应的插件就可以了。接下来,以安装 Eclipse 的中文包插件 Babel Language Pack 为例,介绍 Eclipse 安装插件的方法。

Eclipse 安装插件分为在线安装和离线安装两种方式,这里介绍离线安装方式,在线安装方式请读者自己了解学习。

打开浏览器,在地址栏输入 "http://archive.eclipse.org/technology/babel/",这是 Eclipse Babel Project 项目的主页,找到对应的 Eclipse 版本,下载插件文件。本书中使用的 Eclipse 版本是 Luna,这里我们下载 Luna 版的 Babel Language Pack Zips 文件,单击 Babel Language Pack Zips 下面的链接 Luna,如图 B-1 所示。

Eclipse Babel Project Archived Downloads

Babel Language Pack Zips and Update Sites - R0.12.1 (2014/12/23)

Babel Language Pack Zips
Luna | Kepler | Juno

图 B-1　Eclipse Babel 插件下载(1)

在打开的下载页面中,找到简体中文 Language: Chinese (Simplified)对应的栏目,下载 Eclipse 平台的中文插件 BabelLanguagePack-eclipse-zh_*.zip,单击对应的文件名进入下载镜像选择页面,如图 B-2 所示。

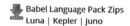

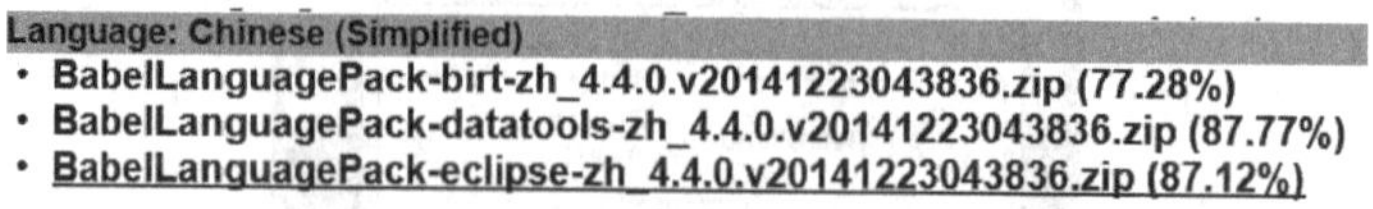

Language: Chinese (Simplified)
- BabelLanguagePack-birt-zh_4.4.0.v20141223043836.zip (77.28%)
- BabelLanguagePack-datatools-zh_4.4.0.v20141223043836.zip (87.77%)
- BabelLanguagePack-eclipse-zh_4.4.0.v20141223043836.zip (87.12%)

图 B-2　Eclipse Babel 插件下载(2)

下载得到的是一个 zip 压缩文件 BabelLanguagePack-eclipse-zh_*.zip,在 Eclipse 的安

装目录下，进入 dropins 子目录，在 dropins 目录下新建文件夹 language_zh（这个文件夹的名字可以随意设定），然后将 BabelLanguagePack-eclipse-zh_*.zip 压缩文件的内容解压到 language_zh 目录下，插件安装后的文件目录结构如图 B-3 所示，图中选中的文件夹 eclipse 就是压缩文件 BabelLanguagePack-eclipse-zh_*.zip 中的内容。最后重启 Eclipse 后，即可看到汉化后的界面。

图 B-3　Eclipse Babel 中文包插件安装

通过安装 Eclipse 的中文包插件的过程，我们应该能够举一反三掌握安装 Eclipse 插件的方法，只需在 Eclipse 的安装目录下的 dropins 子目录下新建插件对应的文件夹，然后将插件包内容复制到新建的文件夹下即可。

B.2　设置字符集

在中文 Windows 操作系统的环境下，Eclipse 源文件的字符集默认为 GBK，但现在很多项目采用的是 UTF-8，可以将 Eclipse 开发环境字符集设为 UTF-8。

在菜单栏选择 Window→Preferences→General→Workspace，在 Text file encoding 中单击 Other，选择 UTF-8，如图 B-4 所示。

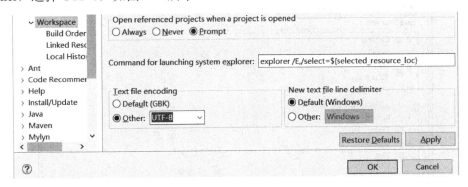

图 B-4　Eclipse 设置字符编码

B.3　重置透视图

Eclipse 的开发界面默认是由很多视图 View 组成的，比如浏览项目文件的 Package

Explorer，显示输出结果的 Console。多个视图按固定的布局组成的 Eclipse 开发界面就称为一个透视图 Perspective。

初学者在刚开始使用 Eclipse 的时候，有时会不小心关闭了某些重要的视图而不知所措，此时可以通过简单地重置透视图的方式，让 Eclipse 开发界面恢复到默认的视图布局效果。在菜单栏选择 Window→Reset Perspective，在弹出的对话框中单击 Yes 按钮，如图 B-5 所示。

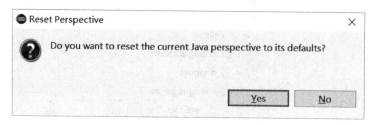

图 B-5　重置透视图

B.4　生成可执行 JAR 文件

JAR 文件向导可用于将项目导出为可运行的 JAR 文件（Runnable JAR file）。在 Package 视图中，右击项目名→在弹出的菜单中单击 Export 导出，然后选中 Java→Runnable JAR file，再单击 Next 按钮，如图 B-6 所示。

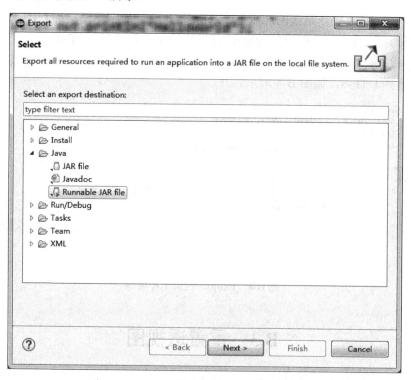

图 B-6　生成可执行 JAR 文件（1）

在弹出的窗口中选中程序执行的主类，设置导出的文件名，在图 B-7 中把可执行 JAR 文件导出为"D:\SwingApp.jar"，单击 Finish 按钮完成，如图 B-7 所示。

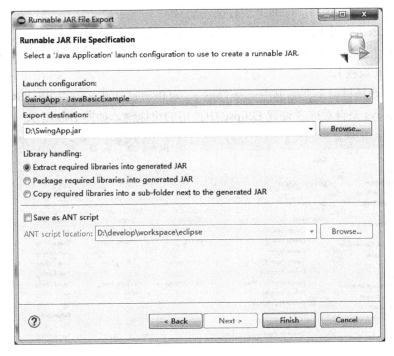

图 B-7　生成可执行 JAR 文件（2）

对于生成的 JAR 文件，在安装了 JRE 的 Windows 系统中，可以双击直接运行。也可以在控制台，通过命令"java -jar xxx.jar"来执行对应的可执行 JAR 文件。

B.5　Eclipse 常用快捷键

掌握 Eclipse 快捷键，能在使用过程中提高工作效率，节省更多的工作时间。Eclipse 中的快捷键非常多，这里只列举最常用的部分快捷键。

- Alt + ?：自动补全 / 提示代码。例如，当输入"sysout"后按下 Alt + ?，Eclipse 就会自动将其补全为"System.out.println();"了。
- Ctrl + 1：快速修复。如果当前行代码出现编译错误，可以用这个快捷键查看错误原因，而且 Eclipse 还会提示出错误的修改意见，可以帮我们快速地解决问题。
- Ctrl + Shift + F：格式化当前代码。当编辑的代码比较混乱，例如出现缩进未对齐等问题时，可以用这个快捷键让 Eclipse 帮我们整理代码，使其格式规范。
- Ctrl + /：注释当前行。在当前行按下这个快捷键，将在这行代码前加上"//"单行注释。在已注释的代码行按下这个快捷键则将取消注释。
- Ctrl + Shift + /：添加多行注释/* */。在选中被注释的代码块后按下此快捷键即可取消多行注释。
- Ctrl +D：删除当前行。

- Alt + ↓：将当前行和下一行互换位置。
- Alt + ↑：将当前行和上一行互换位置。
- Shift + Enter：在当前行的下一行插入空行。

当然，在 Eclipse 中也可以使用很多通常文本编辑器都支持的快捷键，比如 Ctrl + S（保存），Ctrl + C（复制），Ctrl + X（剪切），Ctrl + V（粘贴），Ctrl + Z（撤销），Ctrl + Y（重复），Ctrl + F（查找）。

还有很多快捷键就不在本书中一一列举了，可以通过打开菜单栏 Window→Preferences→General→Keys 来查看或者设置 Eclipse 中使用的快捷键，如图 B-8 所示。

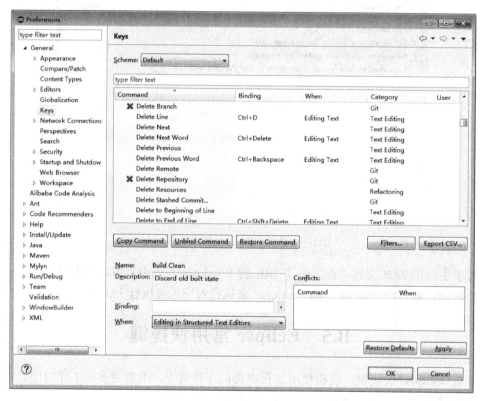

图 B-8　查看设置快捷键

B.6　Eclipse 中常见的错误提示

这部分中，我们会借助 Eclispe 提供的编译错误提示，帮大家梳理初学者常见的 Java 程序编译错误，这些错误通常是由基础语法问题引起的。我们会列举一些编译错误提示及对应的处理方法。

（1）The public type XXX must be defined in its own file：公共的类 XXX 必须定义在它自己的文件中。造成这种错误的原因是一个 Java 源代码文件中，定义的 public 公共类的名字和源代码的名字不一致导致的。如图 B-9 所示，原文件名为 Hello，而公共类名为 hello，只将这两个名字设为一致即可。

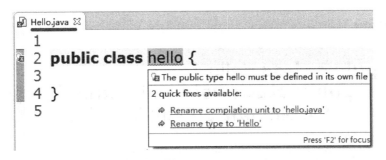

图 B-9　类名和源代码文件名不一致

（2）XXX cannot be resolved to a variable：XXX 不能被解析为一个变量。造成这种错误的原因是某个变量在未被定义的情况下就已经使用了，通常是拼写错误导致的。如图 B-10 所示，定义的变量名为 average，后面赋值的时候拼写错误了。类似的错误还有：XXX cannot be resolved to a type（XXX 不能被解析为一个类型）等。

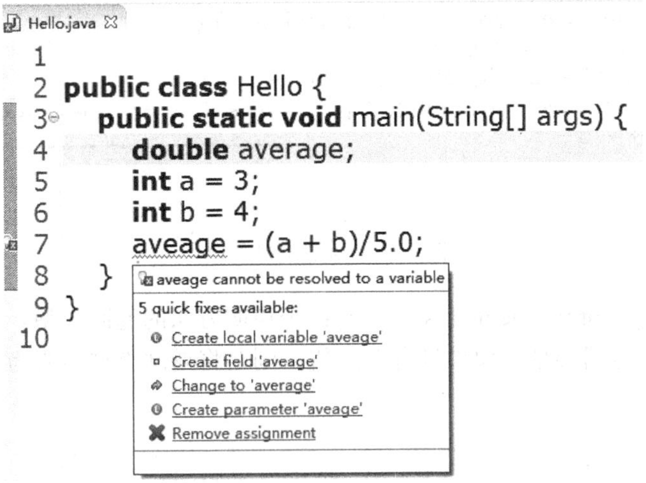

图 B-10　变量名无法解析

（3）Syntax error…：语法错误。造成这种错误的原因包括：括号不匹配、代码没有写在一个方法中、少分号、变量名不对、少半个大括号等。绝大部分还是因为括号没有对齐造成的。图 B-11 中多了一个右大括号，需要删掉；图 B-12 中少了一个右大括号，需要插入；图 B-13 中少了一个右小括号，需要插入，以补完整 if 语句。

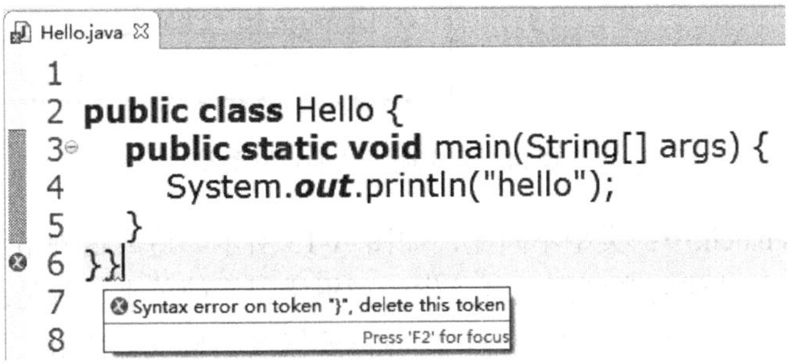

图 B-11　语法错误（1）

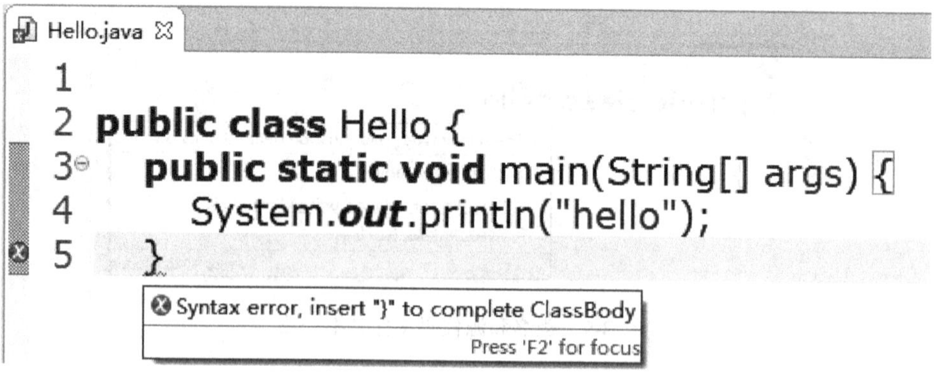

图 B-12 语法错误（2）

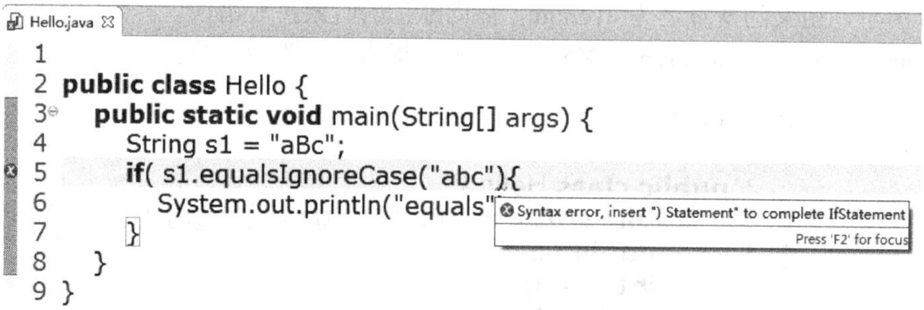

图 B-13 语法错误（3）

（4）Return type for the method is missing：未声明方法的返回类型。除了构造方法外，其他方法都要声明返回类型，如果没有返回值，则要将返回类型声明为 void，如图 A-14 所示。

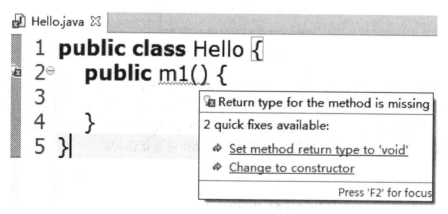

图 B-14 未声明方法的返回类型

（5）Type mismatch:…：类型不匹配，如图 A-15 所示。造成这种错误的原因是赋值语句尝试对变量与表达式进行类型匹配时发生的逻辑错误，简单来说就是：等号右边值的类型不能自动转换为等号左边变量的类型。此时需要修改类型或者使用类型的强制转换。

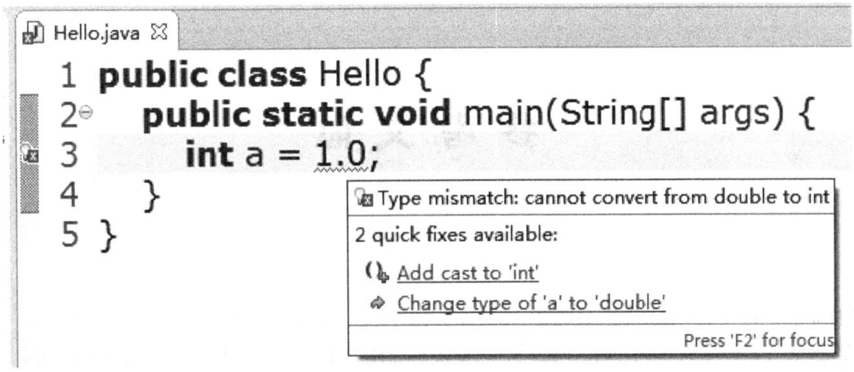

图 B-15　类型不匹配

　　Eclipse 中的错误提示有很多，本书无法一一列举，这里只罗列了少部分初学者常见的错误提示。在本书的其他章节中，也结合知识点罗列了部分错误提示的说明，包括：图 2-2 不能定义方法签名相同的方法；图 2-3 无参构造方法未定义错误；图 3-7～图 3-10 和关键字 final 相关的错误提示；图 3-12～图 3-16 和访问控制相关的错误提示；图 3-18 抽象类和抽象方法的关系；图 3-19 子类实现父类中的抽象方法。这些错误提示都是初学者刚使用 Eclispe 进行开发会遇到的，希望大家能重视并总结归纳这些错误提示，早日解决学习 Java 编程语言中遇到的基础语法问题。

参 考 文 献

[1] Cay S Horstmann, Gary Cornell. Java 2 核心编程[M]. 北京：清华大学出版社，2003.
[2] Ian F Darwin. Java 经典实例[M]. 关丽荣，张晓坤，译. 北京：中国电力出版社，2009.
[3] 耿祥义，张跃平. Java 课程设计[M]. 北京：机械工业出版社，2012.
[4] 叶核亚. Java 程序设计实用教程[M]. 3 版. 北京：电子工业出版社，2012.
[5] 李刚. Java 数据库技术详解[M]. 北京：化学工业出版社，2010.
[6] 孙卫琴. Java 面向对象编程[M]. 北京：电子工业出版社，2006.
[7] Bruce Eckel. Java 编程思想[M]. 4 版. 陈昊鹏，译. 北京：机械工业出版社，2007.
[8] C3P0. http://www.mchange.com/projects/c3p0/.
[9] DbUtils. http://commons.apache.org/proper/commons-dbutils/.

图书资源支持

感谢您一直以来对清华版图书的支持和爱护。为了配合本书的使用,本书提供配套的资源,有需求的读者请扫描下方的"书圈"微信公众号二维码,在图书专区下载,也可以拨打电话或发送电子邮件咨询。

如果您在使用本书的过程中遇到了什么问题,或者有相关图书出版计划,也请您发邮件告诉我们,以便我们更好地为您服务。

我们的联系方式:

地 址:北京海淀区双清路学研大厦 A 座 707

邮 编:100084

电 话:010-62770175-4604

资源下载:http://www.tup.com.cn

电子邮件:weijj@tup.tsinghua.edu.cn

QQ:883604(请写明您的单位和姓名)

用微信扫一扫右边的二维码,即可关注清华大学出版社公众号"书圈"。

书 圈